U0183378

工业文化研究 第3辑

工业旅游与工业研学：文化内涵和教育意义

Study of Industrial
Culture No.3

彭南生 严 鹏 主编

社会科学文献出版社
SOCIAL SCIENCES ACADEMIC PRESS(CHINA)

本刊编委会

弘扬工业文化　建设制造强国

（代寄语）

王新哲*

文化是一个国家、一个民族的灵魂。习近平总书记指出："我们要坚定理论自信、道路自信、制度自信，最根本的还要加一个文化自信。""一个国家、一个民族的强盛，总是以文化兴盛为支撑的，中华民族伟大复兴需要以中华文化发展繁荣为条件。"今天，我们要进行伟大斗争、建设伟大工程、推进伟大事业、实现伟大梦想，都离不开文化激发的精神力量。

制造业是国民经济的主体，是立国之本、兴国之器、强国之基。正因为如此，党中央、国务院历来高度重视制造业发展。在影响制造业发展的诸多要素中，一个非常重要的方面就是文化的作用。苗圩部长曾经强调，"实施制造强国战略，不仅需要技术发展的刚性推动，更需要文化力量的柔性支撑，需要努力培育和发展符合时代要求的工业文化"，并明确要求"发展工业文化，促进实业精神振兴"。

工业文化概述

工业文化是伴随着人类文明的进步而产生的，但它真正上升到指导人们生产实践的主导性地位，则自近代文明的出现，也就是工业文明出现后的大机器生产阶段。随着18世纪工业革命的推进，世界工业的重心由欧洲、北

* 王新哲，工业和信息化部原总经济师。

美向东亚转移。这种转移，从表面上看，是地理位置的转移，实际上则是工业创新与发展能力强弱转换的结果。谁发展得快，谁就会领导发展潮流，站在舞台的中央。同时，在这个工业重心转移的过程中，工业文化伴随着工业制造业的发展，由英国、法国、德国传播到整个欧洲，然后漂洋过海传播到美国乃至整个北美洲，又到达日本、韩国等东亚地区，直至扩散到全世界几乎每个角落。从这一时期开始，工业文明逐渐代替了农业文明，站在了历史舞台的中央，工业文化也就代替了农业文化的历史地位，成为推动人类生产实践活动的主导性文化。

因此，我们认为，工业文化是伴随工业化进程而形成的，是工业发展中的物质文化、制度文化和精神文化的总和。这其中，工业物质文化、制度文化、精神文化，三者之间不是相互割裂的，是你中有我、我中有你，相伴而生的。归结起来，我们可以说，工业物质文化是基础，工业制度文化是保障，工业精神文化是灵魂。工业文化是人类社会发展到一定阶段的产物，体现了工业社会的客观现象，反映了社会经济发展的内在需求。随着人类认识自然、改造自然的能力不断增强，科技创新能力不断提高，支撑和壮大工业文化形态的工业技术和产品也在不断增多，使得工业文化这个主体的内核越发丰富和饱满。

工业文化与中华优秀传统文化的关系

中华优秀传统文化是我们民族的“根”和“魂”，是中华民族的精神命脉，是涵养社会主义核心价值观的重要源泉。工业文化源于中华民族五千多年文明历史所孕育的优秀传统文化，是对优秀传统文化的传承和发扬。结合实际，我们可以看到：中国工业发展新理念的提出，很多来自中华传统优秀文化如包容、创新、以人为本等发展理念；中国现代工业精神是对中华优秀传统文化中人文精神的继承和发扬；中国工业产品在设计、研发方面融合了大量中华优秀传统文化元素，丰富了工业产品的种类、使用功能，也承载着中华优秀传统文化的内涵。

工业文化是当今中国特色社会主义文化的重要组成部分。

首先，中国工业精神的凝聚、传承和发扬是对社会主义核心价值观的最好诠释。如：以“爱国、创业、求实、奉献”为主要内容的“铁人精神”，以“热爱祖国、无私奉献，自力更生、艰苦奋斗，大力协同、勇于登攀”为主要内容的“两弹一星”精神，以“特别能吃苦、特别能战斗、特别能攻关、特别能奉献”为主要内容的载人航天精神，以“追逐梦想、勇于探索、协同攻坚、合作共赢”为主要内容的探月精神，等等。这些工业精神中所包含的价值理念，都是社会主义核心价值观的集中体现。

其次，工业文化通过工业活动、制度规则和工业产品等这些载体，深刻影响人的思想观念、行为方式和知识体系，并在这个过程中不断传播中国特色社会主义文化。如很多现代工业创意产品融入了友善、和谐、文明等体现社会主义核心价值观的文化元素。

最后，工业文化促进丰富了中国特色社会主义文化业态。工业文化引领了工业领域的创新，丰富了文化产品，催生了文化新业态，如由无线电、电视机、收音机等工业产品衍生出来的现代影视文化、广播文化等，近年来机器人、虚拟现实、可穿戴设备、无人机、智能汽车等工业产品的创新发展和运用，也将孕育出新文化业态。工业文化的发展进步将进一步丰富和繁荣中国特色社会主义文化。

工业文化助力制造强国建设

当前，人类资源勘探开发和技术创新能力大幅提升，世界经济全球化的迅猛发展和互联网的应用普及促进了资源共享，加速了技术扩散，单纯控制资源、技术和资金已难以保持竞争力，许多国家和企业都开始注重强化文化的力量，依托游戏规则的制定权，依托文化的培育和传播提升核心竞争力。对于一个国家来讲，由工业文化形成的竞争力不可复制、不可购买，却是一种持久的、强大的竞争力，拥有巨大的能量。

第一，工业文化为制造强国建设提供精神动力。中国工业取得今天的伟大成绩，是中华民族伟大的工业精神支撑的结果。像铁人王进喜，“宁可少活二十年，拼命也要拿下大油田”；像“两弹一星”工作者，仅用两年多的时间就创造了由原子弹成功试爆到两弹成功结合的奇迹；还有许许多多的科研人员，在国外企业丰厚的待遇面前不忘初心，投入国家工业建设，研发出高铁、第三和第四代核反应堆、超高压输变电等世界瞩目的工业产品，这些无一不包含着工业精神的具体实践。因此，建设制造强国需要发展工业文化，使老一辈建设者崇高的工业精神得以传承，当代优秀工业精神得到传播，增强中华民族的荣誉感、自信心和自豪感，团结和调动社会各界力量投入制造强国建设。

第二，工业文化为制造强国建设提供先进价值观。工业文化所蕴含的先进价值观对制造强国建设具有先导作用。英国、德国、美国等欧美国家先后成为制造强国，主要得益于其较早地突破了以宗教神学文化为主导的落后价值观。这些国家培育并使“倡导人性自由、崇尚创新创造”等有助于工业发展的先进价值观深入人心，进而加速了英美等国工业生产技术和产品的创新，使之在工业革命中占得先机。面对激烈的国际竞争，我国必须树立和传播适于制造强国建设的先进价值观。

第三，工业文化推动中国制造向中国创造转变。今天的欧美发达国家和世界知名企业都重视通过文化元素的植入和传播带动产品创新发展。中国制造行销全球，但热销的多是低端廉价产品，主要原因是高端产品的文化附加值不够高，无法满足消费者的精神需求，难以激发产品的研发创新。发展工业文化的培育和传播，将促进更多的国内外消费者喜欢上中国文化，爱上富含中国文化的产品，从而激发中国人对产品的创造热情，推动中国制造转向中国创造。

第四，工业文化是中国制造从大国迈向强国的助推器。成为世界公认的制造强国，不仅要求中国的产品、技术、装备、产能“走出去”，中国工业文化也要“走出去”。当前，中国从制造业企业到政府部门，很多人对东道国的文化不熟悉，影响了文化沟通的效果。培育能被世界所接纳的强国工业文化，将在中国与世界之间构建起文化桥梁，便利中国与世界的文化沟通，克服与东道国间的文化障碍，推进企业、科研机构、政府、社会团队等与世界的交流合作，降低中国与东道国之间的合作成本，深化合作领域，提高合作效率，使中国以制造强国的崭新姿态屹立于世界东方。

文化兴则国运兴，文化强则民族强。工业文化凝结着制造业的时代精神，是制造业的灵魂，传播工业文化知识，促进工业文化教育，是发展工业文化的重要工作。愿社会各界共同努力，为弘扬工业文化、建设制造强国贡献力量！

［本文原为陈文佳、严鹏著《工业文化基础》
（电子工业出版社，2019）序］

目　录

· 工业调研 ·

· 文献翻译 ·

· 书评 ·

· 工业文化年度述评 ·

卷首语

彭南生

2019年是新中国成立七十周年，七十年来，中国建立起了世界上罕有的门类齐全的工业体系，创造了人类工业革命历史上的奇迹，在巨大的成绩背后，少不了工业文化的支撑。当中国工业实现了从无到有和从小到大的转变后，由大变强就成为亟待解决的重要课题，也是当前形势下中国经济面临的重大挑战。习近平总书记指出：“不论经济发展到什么时候，实体经济都是我国经济发展、在国际经济竞争中赢得主动的根基。我国经济是靠实体经济起家的，也要靠实体经济走向未来。”发展工业文化，正是为了营造适宜实体经济生存与发展的社会氛围，是促进中国工业转型升级的重要举措。

发展工业文化的重要目的是培养青少年和广大国民对工业的兴趣，增强实体经济对青少年的吸引力，为工业经济的可持续发展培养合格的接班人。因此，开展工业旅游和工业研学，以生动活泼的形式塑造工业新形象，以寓教于乐的方式普及工业基础知识，就成为发展工业文化的重要内容。本辑《工业文化研究》以“工业旅游与工业研学：文化内涵和教育意义”为主题，旨在挖掘广义工业旅游的综合价值，提升工业旅游的文化品位，进而实现工业旅游传播工业文化的教育功能。这一文化与教育的视角，在目前国内工业旅游的相关研究中尚极为少见。在本辑文章中，严鹏、陈文佳的《工业旅游的文化内涵与价值体系构建——以杰克缝纫机股份有限公司为例》运用工业文化这一新概念，从理论的角度分析了工业旅游的文化内涵，并结合浙江台州杰克缝纫机股份有限公司的工业旅游项目进行了设计。日本的研学教育堪称世界一流，工业研学在日本研学活动中占非常大的比重。2019

年，华中师范大学中国工业文化研究中心赴日调研了工业研学，并与日本相关机构建立了合作关系。在本辑文章中，刘玥的《论日本工业研学旅游的发展》较为详细地梳理了日本的经验。

当前，贸易摩擦的阴云笼罩着世界经济，从历史角度看，贸易摩擦的思想与实践根深蒂固地植根于西方工业文化中，并一直贯穿于近代以来的工业史。本辑“工业史研究”专栏，特意组织了周小兰的《从重商主义到保护主义——近代法国经济国家主义的流变》与林彦樱的《战后美日贸易摩擦的历史概述》，对贸易摩擦的历史与文化根源，从不同的侧面进行了剖析。我们希望，通过对工业文化开展有历史纵深的研究，能够帮助大家更全面、更深入地理解当前世界工业的发展格局以及中国工业面临的挑战。

工业遗产是工业文化的核心内容之一，本辑也收录了两篇相关文章。秦梦瑶的《青岛啤酒的发展历程及其工业遗产研究》以青岛啤酒这一国家工业遗产为研究对象，运用工业文化理论，分析了企业的发展历程，介绍了工业遗产的基本情况，并从工业文化教育的角度提出了若干设想。李瑞丰的《富冈制丝厂的早期发展及其工业遗产》介绍了日本国宝级工业遗产富冈制丝厂的早期历史及其留下的工业遗产。目前，以工业遗产为主题申报的世界遗产在东亚仅有日本的两处，富冈制丝厂即其中之一。未来，华中师范大学中国工业文化研究中心将持续组织力量对这一世界遗产展开研究，并将成果于本刊发表。

工业文学与工业艺术是工业文化的重要组成部分，但学术界尚缺乏系统的研究。本辑收录了黄明慧的《复制技术结合讽刺艺术的知识生产——以东德画报为例》，对本刊而言属于一个突破，也希望今后能陆续收到相关领域的佳作。

自第2辑开设“工业调研”专栏后，华中师范大学中国工业文化研究中心结合专业教学，继续组织学生开展对工业的调研，并选取部分优秀的调研成果刊发。本辑所收调研报告，形式不一，调研对象涉及老牌国企、新兴民企，既有小型企业，又有世界500强企业，类型丰富，内容具有一定的史料价值。这些调研报告如水滴般折射了中国工业七十年的发展历程。

在“文献翻译”专栏，本辑刊登的是德国历史学派经济学家施穆勒的名作《重商主义制度及其历史意义》，该文为工业文化历史上重要的文献，对于理解贸易摩擦阴影下的当前世界形势具有重要的参考价值。

本辑还刊登了王锐针对《工业革命：历史、理论与诠释》一书所写的书评，同样为理解工业文化提供了具有历史纵深度的视角。

希望《工业文化研究》第3辑能为中国的工业文化事业做出一点贡献！

工业旅游的文化内涵与价值体系构建

——以杰克缝纫机股份有限公司为例

严　鹏　陈文佳*

摘　要　工业旅游是工业文化的延伸，是工业文化展示与传播自己的一种工具。与一般文化旅游不同的是，工业旅游是附属于工业的旅游，要为工业的发展服务，也受制于工业的发展。以企业家精神和工匠精神等为内涵的工业精神是工业旅游的文化内核，是工业旅游真正的文化性所在。但是，工业旅游对工业精神的展示与传播，仍须遵循基本的旅游业规律，努力满足工业旅游者的工业文化体验，从而实现经济价值、文化价值与社会价值等多层次的价值。台州杰克缝纫机股份有限公司以行业龙头企业的实力为基础，以企业家精神与工匠精神为内核，以智能生产车间和工业互联网等为吸引物，通过开展工业旅游来传播工业文化，并助力台州民营经济实现新辉煌。

关键词　工业旅游　工业文化　文化旅游　杰克缝纫机

工业是以生产活动为主的第二产业，旅游是以服务活动为主的第三产业，工业旅游作为工业与旅游的结合，是一种既服务于普通消费者又服务于工业生产的第三产业，与一般的旅游类别有显著差异，在很大程度上附属于第二产业。工业旅游是工业文化在产业上的一种体现，具有独特的文化内

* 严鹏，华中师范大学中国工业文化研究中心；陈文佳，华中师范大学中国工业文化研究中心，福建省福州第二中学。

涵。在已有学术成果中，学者一般关注工业旅游的模式与对策，[①] 并多结合具体案例展开个案分析。[②] 事实上，工业旅游研究在本质上属于应用型研究，必须服务于现实，因此，总结已开发案例的经验与教训，挖掘待开发案例的潜力，是工业旅游研究的基本研究思路。然而，工业旅游是工业文化的产业延伸与外在体现，也应从基础理论的角度研究其文化内涵。这种工业文化理论研究，对应旅游哲学研究中的真、善、美命题，[③] 是对工业旅游的本质意义的探讨。本文将在此前研究的基础上，[④] 对工业旅游的文化内涵与价值体系构建展开分析，并结合浙江台州杰克缝纫机股份有限公司打造工业旅游项目的构想进行验证与设计。

一　性质：附属于工业的文化旅游

目前，国内学界对工业旅游的定义尚未达成一致。有论者认为，工业旅游是以产业形态、工业遗产、建筑设备、厂区环境、研发和生产过程、工人生活、工业产品，以及企业发展历史、发展成就、管理方式和经验、企业文化等内容为吸引物，融观光、游览、学习、参与、体验、娱乐和购物为一体，经创意开发，满足游客审美、求知、求新与保健等需求，实现经营主体的经济、社会和环境效益的专项旅游活动。[⑤] 这一定义较为全面，包含了工业旅游的性质、吸引物、价值等基本内容。另有学者指出，工业旅游可由四个方面加以界定：首先，工业旅游是产业旅游的一个重要分支，是对旅游资源深层次的开发；其次，工业旅游以工业生产场景、科研与产品、历史与文物、企业管理和文化等工业资源为吸引物；再次，工业旅游融工业生产、观光、参与及体验等为一体，满足游客好奇心和求知欲等需求，同时是实现企

---

① 王明友、李森焱：《中国工业旅游研究》，经济管理出版社，2012，第100～109页。

② 孙喜、丁一：《工业旅游的宽度取决于工业竞争力的高度——来自大连光洋的启示》，彭南生、严鹏主编《工业文化研究》第1辑，社会科学文献出版社，2017，第189～194页。

③ 〔英〕约翰·特赖布主编《旅游哲学：从现象到本质》，赖坤等译，商务印书馆，2016，第2～3页。

④ 陈文佳：《红色工业文化旅游开发初探——基于杰克机床的探讨》，彭南生、严鹏主编《工业文化研究》第2辑，社会科学文献出版社，2018，第99～108页。

⑤ 王新哲、孙星、罗民：《工业文化》，电子工业出版社，2018，第342页。

业效益最大化的一种专项旅游活动；最后，工业旅游是在工业遗址上发展旅游业，是以工业考古与工业遗产的保护和再利用以及促进产业结构调整和经济转型为目的的新的旅游方式。[①] 这一界定同样非常全面，但其第四个方面专门强调工业遗产是工业旅游的基础，既与现实中的工业旅游实践情形不符，又与其界定中的其他几个方面存在逻辑上的冲突。

从本源上看，旅游是由旅游者、吸引并接待其来访的旅游供应商、旅游接待地政府、旅游接待地社区以及当地环境等各方面之间的关系与互动所引发的各种过程、各种活动及其结果。[②] 旅游者或游客作为旅游的主体，是旅游的核心要素之一，被《韦氏词典》定义为“为了愉悦或文化而旅行的人”。[③] 这一定义从需求与动机的角度阐明了旅游者的身份，也暗示了旅游者和因工作等目的而出行的旅行者是有区别的。旅游者是旅游活动的中心，旅游的其他核心要素都围绕旅游者展开。为了完成旅游活动，旅游者必须造访一定的目的地，至于旅游者以何种方式抵达目的地，在目的地参与何种活动，其活动产生何种结果，都附属于旅游者与旅游目的地之间发生的关系。因此，旅游目的地是旅游的客体，旅游者与旅游目的地组成了旅游的基本架构，旅游的其他要素皆在这一主客体相依的架构内存在与变化。就此而论，工业旅游的显著特征在于其旅游目的地具有明确的属性范围，即一切与工业有关的场所，无论该场所是仍在生产的工厂车间，还是已经成为遗迹的废弃厂房。换言之，工业旅游可以简单地界定为以工业场所为旅游目的地的专项旅游。

以工业场所为旅游目的地，是工业旅游得以确立为一种独立的旅游类别的特性。此处所谓的工业场所既包括工业现场，又包括工业遗址。而工业现场与工业遗址不过是不同时间阶段的工业活动在空间上的不同体现。工业现场承载着正在进行中的工业活动，工业遗址则是已经发生过的工业活动的遗存。有学者将中国的工业旅游资源类型划分为工业企业、现代工业园区、创意产业集聚区、行业博物馆和工业遗产五种。[④] 实际上，从旅游资源的角度

① 王明友、李森焱：《中国工业旅游研究》，第22～23页。

② 〔美〕查尔斯·格德纳等：《旅游学》，李天元等译，中国人民大学出版社，2014，第4页。

③ 〔英〕约翰·特赖布主编《旅游哲学：从现象到本质》，第29页。

④ 王明友、李森焱：《中国工业旅游研究》，第26～28页。

看，工业旅游应分为四种类型，即工业企业旅游、工业园区旅游、工业遗产旅游与工业博物馆旅游，前两者主要发生于工业现场，后两者则更多地发生于工业遗址。工业企业旅游是指参观单个企业的工业旅游，一般能够深入企业的车间等生产现场，了解产品的具体制造过程，在时间充裕的情况下，对所参观的特定企业的历史、文化与现状能够有充分认识。工业园区旅游是指参观整个工业园区的工业旅游，是工业企业旅游的扩大与升级，其基础仍然是对单个企业的参观，但在单位时间内参观的企业数量有所增多，并能对企业聚集的工业园区有更多认识。工业遗产旅游是指造访各类工业遗产的工业旅游。已开发的工业遗产的形态多种多样，有的会被改造为博物馆或艺术馆，有的会转型为创意园区，有的会被保留为单纯的社区地标，还有的会被开发为商用办公楼。而无论工业遗产被怎样开发利用，只要是到工业遗产所在空间内进行参观游览的活动，都可以视为工业遗产旅游，但其目的与形式则依工业遗产利用的类型而存在差异。工业博物馆旅游是指参观各种类型工业博物馆的工业旅游。工业博物馆的种类很多，既包括由工业遗产改造成的侧重历史的博物馆，也包括在现代化的建筑里展示工业技术的博物馆。尽管“博物馆”一词给人以历史感，而且很多工业博物馆就是在工业遗产的基础上建成的，但工业博物馆与工业遗产是两种不同的事物，工业博物馆旅游也是一种独立的工业旅游子类型。由于工业旅游资源类型的复杂性，对工业旅游种类的划分也不可能是绝对精确的。例如，青岛啤酒博物馆既是工业博物馆，又是工业遗产，还毗邻着可以参观的现代化生产车间，去青岛啤酒博物馆参观游览就同时具有多种工业旅游的性质。因此，不管现实中具体的工业旅游活动可以被细分为何种形式，工业场所都是其核心要素，是其存在的基础。表1为工业旅游的类型。

表1　工业旅游的类型

类型	主要内容	主要发生场所
工业企业旅游	游览单个工业企业	工业现场
工业园区旅游	游览多个工业企业聚集在一起的园区	
工业遗产旅游	游览历史上工业企业或园区留下的工业遗产	工业遗址
工业博物馆旅游	游览以工业为主题的博物馆	

工业旅游是一种文化旅游。文化旅游是指去体验某些地方和活动的旅游，这些地方和活动能真实反映过去与现在的人和事，包括历史、文化和自然资源。[①] 不过，与一般类型的文化旅游不同的是，工业旅游的旅游目的地即工业场所承担着非旅游的功能，在大多数情况下，工业场所并不以旅游目的地为其本质属性。在前文划分的工业旅游的四种类型中，只有工业博物馆旅游的场所是较为纯粹的旅游目的地；而工业遗产既可能被改造成专门的文化旅游目的地，又可能承担着非旅游目的地性质的功能，如创意园区、商务办公场所等。至于工业企业和工业园区，其主要职能是工业生产，提供旅游空间只是其附带的功能。因此，工业场所在绝大多数情况下是工业生产活动的空间，承担着工业经济的职能，只是附带具有开展旅游活动的可能性。以工业场所为旅游目的地的工业旅游，也就只能是一种附属于工业的文化旅游，工业本身的发展与需求对工业旅游具有决定性的影响。

工业旅游作为第三产业，却附属于第二产业，这一性质很容易从常识角度加以理解。从旅游要素的角度说，一般情况下，旅游供应商都是专职的，文化旅游的供应商也不例外。譬如，在文化旅游中吸引游客造访的自然风景区、博物馆、文化街区等，都是专门提供旅游服务的。但是，在工业旅游中，除去工业博物馆和博物馆类型的工业遗产外，其他类型的旅游供应商只是在从事工业活动之余提供旅游服务。于是，相关的旅游活动在场地、时间、游客接待数量、游览内容等方面都受到工业活动的制约，要服从作为主业的工业活动。这就不难理解，不少工业旅游供应商因为害怕旅游活动干扰工业生产，提供的旅游产品规模有限，甚至有的工业旅游供应商会暂时或永久取消旅游项目。一本西方的旅游学教科书指出，当参观工厂或企业成为一种适宜且令人愉悦的经历时，旅游机构就应该鼓励这种工业旅游，“应该保留这种能够提供工业旅游的工业组织和机构的名单”。[②] 言下之意，能够提供工业旅游服务的组织和机构是颇为特殊的，具有一定的准入门槛和实施条件，必须专门登记在案。以中国的现状来说，工业旅游虽然早有提倡，但一直局限为一种小众的旅游类型，吸纳游客数量有限，也未在国家文旅事业的

---

① 〔美〕查尔斯·格德纳等：《旅游学》，第217页。

② 〔美〕查尔斯·格德纳等：《旅游学》，第227页。

最高级别政策中有所反映，其重要原因即在于工业旅游特殊的性质。一方面，作为一种附属于第二产业的第三产业，很难对工业旅游施用一般性的服务业政策；另一方面，工业旅游的附属性也使其很容易被作为旅游供应商的工业主体主动加以限制。因此，工业旅游的性质决定了其发展的困难，也要求在工业与旅游之间建立起和谐的关系。这就必须构建工业旅游的价值体系，而工业旅游的内在价值源于工业文化。

二　文化内核：工业精神的展示与传播

工业旅游是一种文化旅游，其吸引物应具有文化性。不过，工业旅游的文化内核是由工业文化决定的。在从文化旅游产业的角度分析工业旅游的文化吸引物（cultural attractions）之前，必须先回溯工业旅游的本源性的文化内核。

工业文化尚无统一的严格定义，但可以认为，工业文化是在工业化进程中形成的与工业经济和工业社会相适应的价值观体系。强调工业文化是一种价值观体系，意在表明精神因素是工业文化的核心所在。王新哲等人将狭义的工业文化界定为伴随着人类工业活动而形成的包含于工业发展中的物质文化、制度文化和精神文化的总和。他们亦强调精神文化是这其中最核心、最稳定的部分，对物质文化、制度文化的发展起到巨大的制约作用。① 进一步说，他们认为工业文化具有三个层次的结构，工业物质文化处于表层，工业制度文化居于中层，工业精神文化潜沉于里层。② 这一结构划分有助于理解工业旅游文化吸引物的层次性。从定义上看，文化旅游依赖于目的地的文化遗产资产并将它们转化成可供旅游者消费的产品。③ 根据这一定义，文化遗产资产是文化旅游对旅游者产生吸引力的主要来源，也是文化旅游存在的基础与前提条件。如果对文化遗产资产进行宽泛的理解，则工业文化也可以生成文化遗产资产或一般性的文化资产。作为文化资产的工业文化对旅游者产

① 王新哲、孙星、罗民：《工业文化》，第27～28页。

② 王新哲、孙星、罗民：《工业文化》，第52页。

③ 〔澳〕希拉里·迪克罗、〔加〕鲍勃·麦克彻：《文化旅游》，朱路平译，商务印书馆，2017，第7页。

生的吸引力依旅游者接触工业文化不同层次的顺序而由表及里。通常情况下，旅游者作为非工业生产者，对于工业的最初接触与最基本接触就是工业产品，并延伸至生产工业产品的具有工业景观的工业场所。工业产品、工业景观以及工业场所都是物质性的存在，是工业文化的物化体现，可视为工业物质文化。当旅游者亲临工业场所，并将目光由静态的工业产品转向动态的工业产品生产过程时，就会接触到工业生产的活动与组织，而工业生产的活动与组织是可以凝结为各种制度的。于是，旅游者在接触工业产品生产过程时，潜在地就接触到了工业制度文化。任何制度的运转都依赖人去落实，企业在明文规定的制度之下，存在着不成文的文化氛围，左右着企业成员的行为，直接影响到制度的实效。这种文化氛围是思想性与精神性的，既无形，又往往不成文。但是，当旅游者对造访的工业场所进行深入接触时，必然会触及这一精神层面，也就是接触到工业精神文化。因此，根据旅游者对工业旅游目的地由浅到深的接触，其感观与认知将会从具象的物质层面进入抽象的精神层面，在自然状态下会依次接触工业物质文化、工业制度文化和工业精神文化。工业文化作为工业旅游的文化吸引物，由工业物质文化、工业制度文化和工业精神文化这三个部分构成。

不过，以旅游者为主体的接触工业文化不同层次的顺序，如果以工业文化自身的发展为主体来看，则恰好颠倒过来。工业文化是产生于工业活动并与工业活动合为一体的文化。工业活动与其他类型的人类活动一样，是由一定动机支配下的特定行为构成的。从逻辑上说，动机之于行为具有优先性和先行性。在决定动机的因素中，进行判断与选择的价值观体系至为重要，这就使得人的活动的根源可以追溯至头脑中的精神价值观。由此推论，依托工业活动而存在的工业文化，其起始点与内核也应该是支配工业活动的价值观体系，换言之，工业文化的内核是工业精神。例如，在工业企业经营的过程中，企业决策者与管理者的企业家精神对于企业的战略发展有决定性作用，基层工人的工匠精神对于产品制造的绩效有直接作用。可以说，企业的生产经营就是企业家精神与工匠精神在行为层面的呈现与扩展。而在具体的生产经营过程中，现代企业需要协调与利用各种资源，就必须建立起一定的制度。制度既是工业文化从精神转化成行为的中介，又是精神意图在实际行为中得到落实的保障。于是，在工业企业的生产经营过程中，各种成文的规章制度逐渐建立起来，用来显示与支持无形的工业精神。工业文化亦由此拓展至工业制度文化层面。在一定的制度约束下，工业企业生产出实体性的工业产品，这些产品是工业精神在物质层面的凝结，也就体现为工业物质文化。因此，工业文化自身的发展顺序，从理论上说是先形成工业精神文化作为内核，再借由工业制度文化作为中介，最终输出为工业物质文化。换言之，旅游者被动接触工业文化吸引物的顺序，与工业文化自身文化性的价值层级，在排列上是相反的。

如果从马克思主义物质与精神两分法的分析框架出发，上述三个层次的工业文化层级理论可以简化为工业文化物质层面与工业文化精神层面这两个大的部分。此处一个现实的问题是，在原有理论中，制度具有复杂性，一方面它是成文可见的，但另一方面它的本质又是非实体的思想与行为。为了方便分析，可以参考新制度主义经济学的思路，将制度归于非物质层面。这样一来，工业文化可以划分为物质性工业文化与非物质性工业文化。非物质性工业文化中的工业精神是工业文化的内核。工业文化是工业旅游的文化吸引物，但从根本上说，工业文化才具有真正的主体性与决定性，附属于工业的工业旅游同样附属于工业文化。因此，超越旅游来看，工业旅游是工业文化对于自身的展示与传播，其展示与传播的文化内核是工业精神，其他文化吸引物皆由工业精神延伸与展开。实际上，将工业精神视为工业旅游的文化内核，也符合文化旅游为旅游者创造更佳体验的理论。有学者将文化旅游目的地描述为有故事的目的地，文化旅游则是讲述这一故事的过程。文化资产本身并无多少意义，除非它们的背景或者它们的故事能够被传达出来。讲述故事能使文化资产活态化，使旅游者的发现之旅变得更加激动人心。[①] 对工业旅游而言，其最具吸引力的故事是在一定的工业精神驱动下的各类工业活动，故从文化旅游的文化资产活态化角度看，工业精神也是工业旅游最核心的文化内涵。

综上所述，工业文化是由包括企业家精神与工匠精神等在内的工业精神作为内核的价值观体系，能够对工业活动起到促进作用。工业文化需要以各种形式来展示与传播工业精神，从而实现其促进工业发展的功能，进而使其

---

① 〔澳〕希拉里·迪克罗、〔加〕鲍勃·麦克彻：《文化旅游》，第261页。

自身的存在具有意义。工业旅游是对工业进行展示的活动，这种展示功能意味着工业旅游是工业文化的延伸，其展示物既包括物质性工业文化，也包括非物质性工业文化。非物质性工业文化中的工业精神是工业旅游的文化内核，是工业旅游展示与传播的工业文化的核心内容。工业旅游展示与传播的其他工业文化内容都应以工业精神为中心，围绕其展开。工业旅游的文化性，也就集中于展示与传播工业精神。以工业精神为中心，工业文化为工业旅游提供可用于展示的文化资产，主要包括工业史、企业制度、工业产品、工业生产现场、工业景观等。表 2 为工业旅游的工业文化资产构成示意。

表 2　工业旅游的工业文化资产构成

<table>
<tr><td>工业文化类别</td><td colspan="3">工业文化资产内容</td></tr>
<tr><td rowspan="3">非物质性工业文化</td><td rowspan="2">工业精神</td><td>企业家精神</td><td rowspan="3">工业史
企业史</td></tr>
<tr><td>工匠精神</td></tr>
<tr><td colspan="2">企业制度</td></tr>
<tr><td rowspan="3">物质性工业文化</td><td colspan="3">工业产品</td></tr>
<tr><td colspan="3">工业生产现场</td></tr>
<tr><td colspan="3">工业景观</td></tr>
</table>

需要指出的是，以上讨论主要基于以工业现场为游览场所的工业旅游。不过，工业文化作为一种理论，其优势就在于可以整合不同类型的工业旅游。要之，工业文化是一种具有时间维度的演化性存在，工业企业与工业遗产是工业文化在不同演化阶段的不同载体。而不管处于何种阶段，工业精神都是工业文化的内核。对仍在进行工业活动的工业企业来说，工业精神是其重要的发展动力。对已经丧失工业活动功能的工业遗产来说，其物质遗存之所以值得保留，最根本的原因在于这些物质遗存见证和反映了人类曾经发展工业的努力，而那些努力既依靠工业精神去驱动，又因为凝结了工业精神而具有传承的价值。因此，工业精神也是工业遗产旅游的文化内核，是真正居于中心地位的工业文化遗产资产。进一步说，以工业遗址为游览场所的工业旅游，与以工业现场为游览场所的工业旅游，其工业文化资产中的非物质性工业文化的内容是相同的。毕竟，非物质性的精神具有穿透时间的力量，不因工业活动的停止而消散。而在物质性工业文化层面，以工业遗址为游览场

所的工业旅游的工业文化资产缺少工业生产现场一项，也连带缺乏现场制造的工业产品。但是，工业景观作为工业场所在空间上的基本架构和标识，是恒定存在的。这样一来，如以表2为衡量标准，则基于工业遗址的工业旅游与基于工业现场的工业旅游的工业文化资产构成基本相同，只不过前者较后者少了两项而已，但两者的文化内核是一致的。换言之，表2所示工业旅游的工业文化资产构成是具有普遍适用性的。

工业精神是工业旅游展示与传播的文化内核，是工业旅游真正的文化性所在。但这一认识是以工业文化本身为主体得出的。然而，工业旅游的复杂性在于，如果从旅游的角度出发，则旅游者亦是具有主体属性的核心要素，且工业文化资产必须转化为能成功销售的产品，这就在文化性之外提出了经济性的要求。也就是说，工业旅游内部包含着不同的价值取向，这使得构建工业旅游的价值体系成为必要。

三 价值体系：文化-产业的良性循环

工业旅游是一种经济活动，就和其他经济活动一样，由供给面和需求面构成。只有当供给者和需求者同时得到满足时，工业旅游才真正实现了其价值。然而，就价值来说，工业旅游同时包含文化价值与经济价值，两者的实现路径是有区别的。构建工业旅游的价值体系，重要的是要实现文化与产业间的良性循环。

工业旅游是工业文化的延伸，也是工业文化的一种载体，承担着为工业文化进而为工业发展服务的职能。但是，工业旅游毕竟也是一种旅游，同样受旅游业规律的影响。旅游理论划分了文化旅游的四种要素：旅游、文化资产利用、体验和产品消费以及旅游者。从一般意义上说，文化旅游的确立有赖于文化资产被转化为文化旅游产品，这一过程即“把文化资产转变为可被旅游者轻松理解的、喜欢的东西，从而实现了资产的潜在价值”。[①] 工业旅游作为文化旅游的一种，在这一点上并无不同。从供需两方面看，工业旅游就是旅游供应商把工业文化资产转化为产品供旅游者消费的过程。这个过程涉

① 〔澳〕希拉里·迪克罗、〔加〕鲍勃·麦克彻：《文化旅游》，第9页。

及旅游供应商、转化环节和旅游者这三个要素，每个要素的内容都颇为复杂。

从供给面说，如果将工业企业等工业主体视为工业旅游的供应商，则工业旅游的供应商比一般旅游供应商要复杂，其原因就在于大量工业旅游供应商并不以旅游为主业。对一些工业企业来说，开辟工业旅游项目是为了承担企业的社会责任，不管其动机是积极主动的还是迫于政府或主管部门的压力被动为之，其客观效果都是展示与传播工业文化，其性质都具有浓厚的公益色彩。事实上，部分工业企业的工业旅游项目是不收费的，或仅象征性收取少量费用，而通过企业的其他部门来补贴不赢利的工业旅游项目。当然，有一些企业提供免费的工业旅游服务，也是为了给企业做宣传，甚至可以视为一种大型的体验式市场营销手段。但不管怎么说，这一类工业旅游供应商都可以统称为非营利性工业旅游供应商；与之相对应的则为营利性工业旅游供应商，即必须依赖工业旅游的收入来维持生存的工业旅游供应商。这些供应商通常会将工业旅游视为主业，要么通过收取工业旅游的费用营利，要么通过在工业旅游的过程中售卖工业产品或文化创意产品来营利。显然，非营利性工业旅游供应商和营利性工业旅游供应商的动机以及价值实现方式是不一样的。非营利性工业旅游供应商通常更看重其所体现的工业文化的展示与传播，即使这种展示与传播隐藏着广告的性质，也不会聚焦于短期的获利。此外，非营利性工业旅游供应商为社会公众提供的工业旅游基础设施，也常常会被用来进行内部的企业文化建设。相反，营利性工业旅游供应商更接近于普通旅游业的经营者，必须以赚钱为首要目标，在这一过程中会附带展示与传播工业文化。因此，非营利性工业旅游供应商和营利性工业旅游供应商重视的工业文化资产的内容会有所差异，将工业文化资产转化为产品的过程与结果也有所区别。不过，企业不是公益机构，即使非营利性工业旅游供应商不着眼于短期获利，但其展示与传播工业文化的目的也包含着品牌推广和培育潜在市场的动机，甚至还可能在为自己培养潜在的劳动力，故仍具有相当强的经济性。从这个角度说，在供给侧的工业旅游供应商均以经济价值为其目标，区别仅在于其追求的经济价值是直接的还是间接的。

从需求面说，文化旅游的旅游者具有五种不同的类型，每种类型旅游者的动机与需求不同，其价值取向及实现方式也就不同。工业旅游的旅游者亦不例外。学者依据动机强弱和体验深度的不同，将文化旅游者划分为目的型文化旅游者、观光型文化旅游者、意外发现型文化旅游者、随意型文化旅游者和偶然型文化旅游者五种。[①] 这五种类型也完全适用于工业旅游者的划分。目的型工业旅游者以感知或学习工业文化为首要目的，也能够从工业旅游中获得深刻的文化体验。观光型工业旅游者在访问某一目的地时以体验工业文化为其首要的或主要的理由，但体验较目的型工业旅游者肤浅。意外发现型工业旅游者不为工业文化的原因而旅行，但在参与工业旅游活动后却获得了深刻的文化体验。随意型工业旅游者不以工业文化为其访问某一目的地的主要动机，其体验亦较肤浅。偶然型工业旅游者不以工业文化为目的旅行，但无意间参与了工业旅游活动，有肤浅的体验。然而，无论何种类型的工业旅游者抱以何种动机参与工业旅游，又取得了何种程度的体验，其共性特点在于都追求一种文化价值的实现。这五种类型工业旅游者的动机与体验如表3所示。

表3　工业旅游者的动机与体验

旅游者类型	了解工业文化的动机	对工业文化的体验
目的型工业旅游者	强	深
观光型工业旅游者	强	浅
意外发现型工业旅游者	无	深
随意型工业旅游者	弱	浅
偶然型工业旅游者	无	浅

因此，从供需两方面看，工业旅游有两种类型的供应商，有五种类型的旅游者，每一种不同的供应商与旅游者的组合，均会使工业旅游活动产生不同的效果，要同时实现供需双方的价值，实属不易。总的来说，不管工业旅游者属于何种类型，工业旅游供应商都必须提升旅游者对工业文化的体验，因为不管是从传播文化还是从刺激消费的角度说，只有在体验加深的情况下，旅游者才更愿意认同供应商展示的工业文化，并激起更大的消费欲望。换言之，工业旅游供应商实际上需要使观光型工业旅游者向目的型工业旅游者转化，或使随意型工业旅游者和偶然型工业旅游者向意外发现型工业旅游

① 〔澳〕希拉里·迪克罗、〔加〕鲍勃·麦克彻：《文化旅游》，第154～156页。

者转化。这种转化能否成功，取决于供应商提供的服务，即旅游目的地的工业文化资产是否能形成具有吸引力的产品。

综合来看，在工业旅游活动中，工业旅游供应商为工业旅游者创造的主要是文化价值，工业旅游者回馈给工业旅游供应商现实的或潜在的经济价值。诚然，部分企业在开展工业旅游的过程中出售了产品，但是，这种产品销售渠道对大中型工业企业来说规模极为有限，意义不大。与带来直接的经济回报相比，通过工业旅游来推广企业品牌，从而培养潜在的具有品牌忠诚度的产品消费者，更符合一般工业企业的实际情况。从这个角度说，工业旅游供应商为旅游者提供的是文化体验，这种体验或直接满足旅游者的精神需求，或塑造旅游者的品牌认知，进而诱导旅游者购买产品。部分工业旅游供应商如工业遗产单位或工业博物馆等，主要依靠门票或创意产品来获取直接收入，但其盈利能力在很大程度上同样取决于能否创造具有吸引力的文化体验。而在供需双方所追求的价值均能实现的情况下，工业文化得到传播，更高层次上的社会价值也实现了。这种社会价值包括对青少年实施了工业文化教育、激发了青少年学习知识和投身工业的兴趣，这就为工业发展培养了后备力量，实际上也满足了企业的长远利益。表 4 是工业旅游的供需关系示意。

表 4　工业旅游的供需关系

<table>
<tr><th colspan="4">供给方</th><th rowspan="2">转化中介</th><th colspan="3">需求方</th></tr>
<tr><th>目标</th><th>工业旅游供应商类型</th><th>提供旅游服务的动机</th><th>提供</th><th>获取</th><th>工业旅游者类型</th><th>目标</th></tr>
<tr><td rowspan="5">经济价值</td><td rowspan="3">非营利性供应商</td><td>展示与传播工业文化</td><td rowspan="5">文化体验</td><td rowspan="5">工业文化资产</td><td rowspan="5">文化体验</td><td>目的型工业旅游者</td><td rowspan="5">文化价值</td></tr>
<tr><td>推广企业品牌</td><td>观光型工业旅游者</td></tr>
<tr><td>建设自身企业文化</td><td>意外发现型工业旅游者</td></tr>
<tr><td rowspan="2">营利性供应商</td><td rowspan="2">创造收入</td><td>随意型工业旅游者</td></tr>
<tr><td>偶然型工业旅游者</td></tr>
</table>

当然，以上分析只是从理想型角度对现实进行的抽象，实际上，就和工业旅游的四种类型在现实中是交叉存在的一样，工业旅游供应商的类型和工业旅游者的类型，在现实中也可能不是泾渭分明的。但总的来说，在工业旅游中，工业旅游供应商通过为旅游者创造文化价值来实现自身的经济价值，而这个过程还创造了更广泛的社会价值。因此，工业旅游的价值体系同时包含经济价值、文化价值与社会价值，而这些价值的实现有赖于在工业文化与工业旅游产业之间实现一种良性循环。

四　案例：杰克缝纫机股份有限公司的工业旅游潜力

从前文的理论分析可以推导出，工业旅游是一个工业旅游供应商通过将工业文化资产转化为产品，令工业旅游者的文化体验需求得到满足的过程。因此，在设计工业旅游方案时，工业文化资产的价值挖掘处于核心环节。对那些已经提供工业旅游服务的供应商来说，应该从工业文化资产的角度出发，优化与完善其服务。对那些考虑提供工业旅游服务的潜在供应商来说，分析工业文化资产，能够真正探明其开展工业旅游项目的潜力。有学者指出，在当前这样一个产品同质化的时代，不同地区的文化旅游产品很难区分，因此，鼓励文化的多元化发展很有必要，这样能彰显文化吸引物的独特之处。[①] 对工业旅游来说，在普遍性的工业文化之下，挖掘每一个工业旅游景点独特的文化吸引力，同样是提升旅游者文化体验度的基本途径。本文拟从这一理论认识出发，分析台州杰克缝纫机股份有限公司（以下简称“杰克缝纫机公司”或“杰克公司”）的工业文化资产，进而挖掘其开展工业旅游的潜力。[②]

（一）跃居行业龙头：夯实工业旅游竞争力之基础

工业旅游是附属于工业的服务业，要为工业企业的发展服务，是工

① 〔美〕查尔斯·格德纳等：《旅游学》，第217页。

② 以下内容所依据材料，除注明出处者外，均由杰克缝纫机股份有限公司提供。

业企业展示自身文化进而传播工业文化的一种途径。因此，工业旅游的竞争力即其本源性的文化吸引力，取决于工业企业自身的实力。尤其对工业企业旅游和工业园区旅游这两种类型的工业旅游来说，工业旅游供应商自身的发展水平越高，旅游者的看点越多，其工业旅游项目的吸引力就越强。就此而论，工业企业增强自身实力是其开展工业旅游项目的基础。杰克缝纫机公司作为行业龙头企业，具备了发展工业旅游在文化上的基本条件。

杰克缝纫机公司是台州本土的民营企业，由阮福德、阮积明、阮积祥三兄弟创办。1989 年，家用缝纫机仍然是中国社会需求量颇大的耐用消费品，阮氏兄弟中最小的阮积祥看准商机，在台州开设了名为“飞达”的缝纫机商店。1994 年，有了一定资金积累的阮积祥大胆决定自己办一家缝纫机工厂，并说服两个哥哥与其联手。1995 年 7 月 18 日，阮氏兄弟的台州市飞球缝纫机有限公司正式成立。成立之初的飞球缝纫机有限公司是一间破庙加一个废弃学校的小作坊，总面积不到 200 平方米，仅拥有十来个工人。1999 年 1 月，公司做出战略决策，决定征地、扩建厂房，走规模经营之路，并达成“制度第一，总经理第二”的共识，走现代管理之路。当年底，公司销售额实现 2000 万元，与当地一些家庭作坊拉开了差距，开始向大中型企业靠近。2000～2003 年，公司实现了质的飞跃，并正式改名为“杰克”，既有着英文意译“王者风范”的内涵，又包含中国传统文化“杰出人生”“克己复礼”的意味。2004 年，阮积祥提出要二次创业，经过一系列发展，2007 年，占地 300 亩的杰克临海工业园破土动工。2009 年，杰克公司成功收购德国企业奔马（Bullmer）和拓卡（Topcut），成为全球唯一一家集缝前、缝中于一体的成套缝制设备制造商。2011 年，在由中国轻工业联合会和中国缝制机械协会联合发布的中国缝制机械行业十强名单中，杰克公司的综合实力位列第一。[①] 杰克公司已经从小作坊成长为名副其实的大企业。表 5 为 2003～2018 年杰克公司的营业收入与净利润。

① 陈霜晶：《民企杰克：中国民营企业管理案例》，浙江工商大学出版社，2015，第 2～8 页。

表5　2003～2018年杰克缝纫机股份有限公司的营业收入与净利润

单位：万元

年份	营业收入	净利润
2003	1012.73	44.19
2004	14841.51	1548.85
2005	39603.88	3977.41
2006	50868.77	6458.05
2007	57401.27	4824.24
2008	38882.19	640.34
2009	43124.08	719.80
2010	103992.72	8094.12
2011	134796.25	6968.50
2012	103280.43	5179.12
2013	154521.07	17426.43
2014	172317.17	19562.67
2015	159162.45	16935.81
2016	185713.47	22082.16
2017	278662.31	32390.80
2018	415150.07	45533.16

资料来源：数据由杰克缝纫机股份有限公司提供。

从2003年到2018年，杰克公司的规模不断壮大，在国内缝制机械行业的市场份额也逐渐成为第一。按行业各主要企业缝制机械产品的营业收入除以中国缝制机械行业骨干企业合计销售收入计算，2013年，杰克公司占国内市场份额的9.34%，2014年占10.43%，2015年占10.28%，2016年上半年占11.79%。另有数据表明，杰克公司的工业缝纫机产量2015年为75万台，2016年为86万台，2017年为136万台。其在国内市场的占有率，2015年为14.51%，2016年为18.18%，2017年为18.86%。同期该产品在全球市场上的占有率则分别为11.79%、14.55%与17.48%。而不管在国内市场还是在全球市场，2015～2017年杰克公司的工业缝纫机的市场占有率都是排名第一位的。杰克缝纫机公司已经成为全球缝制机械行业的龙头企业。

行业龙头地位赋予了杰克缝纫机公司最基本的工业文化资产。工业文化依托于具体的工业企业等主体来承载，相关主体的发展越充分，其所承载的工业文化的内涵就越丰富，其工业文化资产也就越充实，工业文化资产转化为工业旅游产品的潜力就越大。因此，作为行业龙头，杰克缝纫机公司有发展工业旅游的强大的潜在竞争力。

（二）凝结文化内核：聚焦企业家精神与工匠精神

工业精神是工业旅游的文化内核，从文化价值和社会价值角度说，也是工业旅游所应该展示与传播的工业文化的主要内容。事实上，杰克缝纫机公司能从小作坊成长为行业龙头，离不开工业精神的驱动，其最重要的两个层面就是企业家精神与工匠精神。杰克公司要开展工业旅游，应从展示与传播工业精神着手，凝结工业旅游的文化内核。

企业家精神是一种内涵丰富的心理机制，其核心即为创新。企业家精神要靠企业家来发挥，而企业家精神的展示与传播，最直接的途径即为企业家事迹的宣传，企业家的事迹往往需要通过企业史的研究来整理与提炼，传播企业家精神也就成为企业史的功能之一了。回顾杰克公司的历史，创始人的企业家精神是驱动企业成长的重要动力，这一历史及其承载的精神也就构成了公司重要的工业文化资产。

杰克公司的创始人阮氏兄弟出身于台州的普通农民家庭，“很穷”是三兄弟对儿时生活的深切记忆。改革开放初期，三兄弟曾到东北当补鞋匠，赚到人生的第一桶金。靠着吃苦耐劳，1985 年，阮积祥的月收入达到 1500 多元，而当时一起出去打工的老乡平均月收入只有 200 元。阮积祥回忆称：“坚持到底，忍受常人难以忍受的痛苦，才能比常人走得更远，看得更高，想得更深。”[①] 后来，兄弟三人分开干，阮积祥想拿分家的 2 万元钱租店铺销售缝纫机，但因为在义乌被人骗了 15000 元，所以家里人不同意。阮积祥回忆：“我就给他们算笔账，结论是基本保本，赚钱有戏。我对象听我的，家里还是反对。我说一定要做，既然分家了，他们也没办法。”这个关键的一步使阮积祥到 1995 年积累到了 1000 万元，为投身工业准备了资本。但回溯历史，阮积祥当时的决策冒着血本无归的失败风险。经典企业家精神理论的提出者熊彼特是这样描述企业家的：“典型的企业家，比起其他类型的人

① 陈霜晶：《民企杰克：中国民营企业管理案例》，第 4 ~ 5 页。

来，是更加以自我为中心的，因为他比起其他类型的人来，不那么依靠传统和社会关系；因为他的独特任务——从理论上讲以及从历史上讲——恰恰在于打破旧传统、创造新传统。”① 阮积祥很符合熊彼特式英雄企业家的形象。实际上，此后，在杰克公司的创业历史中，面临着很多关键抉择时刻，如从商业进入制造业，如走扩大规模与建立现代企业制度之路，如二次创业等，均需要冒风险大胆决策。而创新从心理与行为机制上说，就是一种敢冒风险和尝试与众不同道路的行为。因此，依靠创新的企业家精神，杰克公司在一个个关键抉择时刻选择了正确的道路，遂能够持续成长壮大。例如，阮积祥回忆道，杰克公司从小作坊发展成大企业时，领导层也是做出了力排众议的战略决策：“成立三年多时间，我们通过出口转内销迅速撕开了一条路子。当时多数企业都在做出口生意，把缝纫机卖给比较穷的发展中国家，这些国家对质量的要求比国内低，所以都在拼这条老路。我们开始也做出口，后来转向了内销，战略上坚持走质量发展的道路，而且内销的利润也高。不到三年半时间，我们的家用包缝机（缝纫机的一种）销量做到了全球第一。一年有上千万的利润，我们在当地算有钱，从个人富裕到家庭富裕也实现了。”新的战略对企业的能力提出了新的要求，而要掌握新能力，企业就要重新安排与分配内部资源，这同样需要大胆的取舍。阮积祥称：“当时我们有七十多号员工，内部存在严重的分歧。然后我们三兄弟和几个核心员工，二十多人，一起开了三天三夜的会，研究未来怎么走，最后决定要走现代企业的发展道路，走工业缝纫机的发展道路。当时工业缝纫机的技术很难，但我认为，工业化的服装制造未来一定会大发展。于是半年不到，停掉了原先的家用产品。这意味着停掉了1000多万的销售额。但不停掉，你就没有决心走另一条路。”事后证明，这个战略决策是正确的。通过从国有大厂聘请退休的总工程师滕书昌，杰克公司发展出了制造工业缝纫机的新能力。

杰克缝纫机公司的创业史彰显着以创新为内涵的经典企业家精神，与此同时，杰克公司领导层对制造业的坚守也体现着专注实体经济的工业精神。改革开放以来，缝纫机行业经历过多次潮起潮落，在房地产发展如火如荼时，阮氏兄弟私下也羡慕过制造业同行在房地产上的快速收益，感叹在利润

① 〔美〕约瑟夫·熊彼特：《经济发展理论》，何畏等译，商务印书馆，2015，第105页。

薄、竞争大的环境下做实业不容易。但是，阮氏兄弟在制造缝纫机上展现了执着的一面，坚持了下来。[①] 工业文化的核心功能之一就是防止社会经济脱实向虚，因此，杰克公司领导层专注主业的企业家精神，也构成了在当下中国社会弥足珍贵的工业文化资产。

工业企业的发展，要靠企业家在高层引领，也要靠基层工人在实际制造过程中坚持高品质。产品品质的保障，首先需要制造者有明确的品质意识，认识到品质的重要性，进而落实到行为中，这就是工匠精神。杰克缝纫机公司的工匠精神是由上至下灌输，渗透进整个企业文化中的。阮福德经常挂在嘴边的话就是："即使是做一颗螺丝钉，我们也要做全球最好的。"[②] 2001年，杰克公司引入了日本的6S管理，进入精细化生产管理阶段。2004年，公司将精益生产引入生产线。2009年，公司推行质量年活动，贯彻全员质量管理理念。2013年，杰克精益道场开班。这一系列制度建设是对工匠精神的保障。2002年，杰克缝纫机公司刚开始制造JK788包缝机。振动大小是性能检测的重要检测指标之一，有一天阮积祥来到车间，在JK788缝台上立了一根香烟，让机器运转2～3分钟，说如果香烟不倒，机器的振动才算合格，香烟倒了就说明振动有点大，不能进入下一道工序流。这充分说明了早在创业阶段，杰克公司的领导层就视产品品质为立足之本。[③] 在领导层的高度重视下，杰克缝纫机公司拥有了一批具有工匠精神的员工。杰克公司品质中心的王渭莉出生于陕西渭南，身为干部子弟，当了一辈子工人，在她眼里，缝纫机制造就是"研发把图纸画对，车间严格按照图纸生产，检验员严格遵循图纸给出检验，只要每个人把自己的事情做好，就能生产出好的机器，很简单"。2009年，王渭莉来到杰克公司，也用她一贯的高标准、严要求对待零件质量管理，完善图纸、严格按图纸生产、严格按图纸检验。在她的辅导下，杰克零件管理水平得到了大幅提升，整机性能也得到了明显提高。上海人肖立江21岁就进入上海惠工缝纫机厂（即标准缝纫机公司前身）工作，当工厂搬迁到西安时，也跟着一起过去。肖立江对自己要求严

① 陈霜晶：《民企杰克：中国民营企业管理案例》，第7页。
② 陈霜晶：《民企杰克：中国民营企业管理案例》，第7页。
③ 陈霜晶：《民企杰克：中国民营企业管理案例》，第157页。

格，他回忆，当年画上袖机压架图纸的时候，出现了1.8毫米的高低误差，导致生产出来的零件无法使用，他感到很懊恼，每每把这个当成教训，每次画完图，都会反复核对。来到杰克公司后，肖立江成为技术顾问，用言行感染着周围的员工。西安人李创来到杰克公司后，受命研发新产品双针直驱平缝机、电子花样机，当时就抱有“要么不做，要做就做最好的”理念。最初的研发并不顺利，后来，公司购买了几台当时世界上最先进的缝纫机，李创为了进行研究，每天凌晨五六点就往厂区赶，后来他回忆自己“每天加班两个小时，周六日连轴转也不觉得苦”。凭着这股拼劲，研发获得了成功。在这样的文化氛围下，杰克公司提出了“质量是制造出来的，不是检验出来的”的质量理念。[①] 工匠是杰克公司发展的基石，他们的工匠精神，也是公司重要的工业文化资产。

以企业家精神和工匠精神为内核，杰克缝纫机公司形成了自己的核心价值观：聚焦、专注、简单、感恩。这种在市场竞争中经过检验而行之有效的企业文化，既是杰克缝纫机公司通过开展工业旅游可以向整个社会传播的优秀工业文化，也是其工业旅游吸引抱着学习目的的旅游者的最大资本。

（三）承担产业责任：提升装备制造业的文化价值

工业文化具有层次性，从个人的企业家精神、工匠精神，到企业的价值观与企业文化，再到国家层面的文化氛围与实业精神等，是一个复杂的体系。在这一体系中，行业文化是不可或缺的环节。企业开展的工业旅游，在传播企业自身文化的同时，也展示着行业文化。对行业龙头企业来说，承担产业责任，使行业自身的文化价值得到发挥，可谓应有之义。杰克缝纫机公司便有这样的担当，其愿景同样构成了重要的工业文化资产。

杰克缝纫机公司隶属于缝制设备行业。在中国，过去的计划经济体制部门管理模式将缝制设备行业划归为轻工业，其实，缝制设备行业也是一种为其他工业部门提供生产资料的装备制造业。装备制造业的文化价值，从根本上说，就是要通过为用户的服务，创造一个更美好的世界。

---

① 陈霜晶：《民企杰克：中国民营企业管理案例》，第157页。

在发展过程中，杰克公司一直注重为用户服务。在公司眼中，服务不仅是一种竞争策略，更应该上升为一种品牌定位，并将“服务是一种投资”作为企业坚守的理念。[①] 这就将服务升华到企业文化的高度了。2001 年，杰克公司组建了第一支专业的售后服务队伍，正式成立了售后服务部，定期举办经销商维修人员培训班，使企业的服务体系走上了正规化道路。从 2003 年起，杰克公司特意从海尔等国内知名企业请来专业服务团队进行指导，此后，杰克公司在全行业率先成立了 24 小时呼叫中心，使之成为企业与客户之间的一条纽带。从 2006 年开始，杰克公司大量开展本地化培训项目，加强经销商自身服务力量，引导经销商做好终端客户服务。当年 7 月，公司将服务提升到战略高度，决心把服务打造成公司的核心竞争力，提出“快速服务 100%”的服务理念。2012 年，杰克公司再一次强化服务的功能和地位，明确提出“聚焦快速服务”，将“快速服务 100%”作为企业的品牌定位，各项资源都向服务聚焦，人员、设备的投入和配置也进一步加大。[②] 因此，杰克缝纫机公司打造了一个高效的服务体系，用来践行其服务至上的文化理念。

不仅如此，杰克缝纫机公司还将为客户服务的理念提升到了产业的高度。公司提出的愿景是：“让天下没有难做的服装，让服装产业工人幸福、快乐地工作。”这一愿景，准确地定位了装备制造业为用户服务的角色，为缝制设备行业提供了一种精准可行的行业文化，也表明其龙头企业的产业责任。杰克缝纫机公司的愿景不是空洞的，而是有着实际的功能与价值。一方面，杰克公司的愿景站在用户的角度对装备制造业提出了更高的要求，要求装备制造企业生产出更加智能化的设备，降低劳动的难度与强度，使产业工人的身心得到解放；另一方面，该愿景的实现将使产业工人不再只是简单的生产者，而是一个有血有肉的完整的人，将生产与生活平衡起来。因此，杰克公司的愿景既具有实际的产业引领功能，又具有高度的人文关怀。这就真正挖掘出装备制造业的文化价值了。这一愿景，以及落实到生产与服务环节的行动，同样是开展工业旅游所必须依赖的工业文化资产的构成要素。

---

① 陈霜晶：《民企杰克：中国民营企业管理案例》，第 73 页。

② 陈霜晶：《民企杰克：中国民营企业管理案例》，第 74 页。

（四）引领产业前沿：智能生产车间与工业互联网

工业旅游的文化内核是非物质性的工业精神，但在旅游过程中，必须将非物质性的工业文化资产转化为物质性的可视化的展示物，才能最大限度地提升旅游者的工业文化体验。因此，工业旅游供应商必须提供实体性的可展示之物，通过这些展示物来表达与传播工业精神。毫无疑问，工业旅游供应商展示的物项越具吸引力，为工业旅游者创造的文化体验度就越深，其传播工业文化的效果也才越好。在这一方面，杰克缝纫机公司也拥有极为可观的工业文化资产。

从一般角度看，杰克缝纫机公司的生产车间和生产线已经具备工业旅游的参观价值。但是，真正使杰克公司开展工业旅游具有强大潜在竞争力的物质性工业文化资产，是它的智能生产车间与工业互联网平台建设。

杰克缝纫机公司的智能生产车间是用来制造缝纫机机壳的。公司的机壳精加工经历了五个阶段：1995～2009年是纯手工装夹、搬运，加工精度完全由人来控制；2009～2012年进行了一些改造，运用了一些手推式设备，实行液压装夹，加工精度也还是由人来控制；2012～2013年引进了部分机械装置，一定程度上解放了人的双手，生产效率得到了提高；2013～2015年实现了半自动化生产，输送采用气缸驱动，装夹采用液压驱动；2015年至今实现了智能生产，全程无须人为干预。目前整个车间有3条智能生产线，分别生产不同型号的机壳，总投资3亿元，年产机壳100万台。未来，计划还将继续投资5亿元，增设4条生产线，涵盖平、包、绷三大系列产品的机壳制造。这3条智能机壳生产线是杰克公司与东风设备制造厂共同研发、根据杰克公司的需求量身定制的，设备自带的智能检测非常先进，能检测不同的温度条件下设备的精度变化，并能自动修正，从而确保质量稳定性。车间里每条智能生产线运用了上万个传感器，这些传感器都是相互连接的。机械手是物流输送系统，通过传感器、控制器，与加工中心之间相互指令交换，无缝连接，从而实现了无人化。同等产能下，原来需要1000人左右，现在只需要50人左右。目前人员主要的工作是维护生产线的正常运行、设备检修、质量检查，还有上下料。未来，上下料人员也可以不用。该智能生产线效率优势明显，在人工成本方面，单台人工成本下降 80%，同时员工劳动强度大大降低；在质量提升方面，因为 100% 由系统控制完成，每个动作模块都可实现标准化操作，生产一次合格率高达 99%；在标准化方面，达到了每个动作的压力数据、压紧位置、切削参数的一致性，真正实现了过程标准化，同时通过刀具的标准化管理，实现对刀具加工件数的实时管控，消除刀具在磨损过程中引起的质量波动及由于刀具未及时更换而产生的刀具损失；在环境方面，清除了加工产生的大量灰尘、油雾，防止环境污染，通过环保的产品制造为地球环境保护贡献了一份力量，也让员工拥有了一个相对舒适的作业环境，使员工的身心健康得到有效保障，践行了公司“为员工创造福祉”的使命，达到企业、员工与社会的和谐统一。

值得一提的是，东风设备厂主要是给东风汽车供应装备的企业，杰克缝纫机公司的智能车间是其走出汽车行业进入更大的制造领域的第一个项目，对于民族装备制造业的发展也具有重要意义。因此，杰克公司在智能车间里除了展示先进的制造技术之外，还展示了自主创新的工业精神。

在工业互联网方面，杰克缝纫机公司主要是与中国移动台州分公司合作，一起将 5G、工业物联网标签等一系列最新技术融入产品的生产各环节之中。杰克缝纫机工业互联网平台项目是杰克工业互联网建设的第一部分，自 2018 年 6 月开始，经过近一年的开发建设，已完成一期应用试验。项目依托台州移动提供的先进 5G 网络，完成对绗缝机、机床等新旧设备的无线联网和数据整合，成功实现工业设备与 MES 制造执行系统的互联互通；同时，借助 5G 超大带宽、低时延等特性，有效解决由于时延问题引起的各类生产故障，助力企业运营降本增效。此外，基于 5G 网络环境，本项目可实现对无人车间生产制造过程的高清图像实时回传，结合部署在边缘云的图像 AI 开展质量分析处理，对提升产品质检效率起到了积极作用。通过建设杰克缝纫机工业互联网平台，杰克公司实现了工艺流程可视化、柔性化，有效提升缝纫设备多品种批量化生产效率及数据采集效率，并可对制造过程进行追溯，成功实现传统制造业的 5G 信息化升级。该平台建设完成后，将申报国家级创新平台，为缝纫制造行业的产业链、供应链、服务链数字化升级换代提供一条可行路径，推动5G新型生态圈的孵化建设。

项目第二部分为杰克工业互联网标识解析体系建设。工业互联网标识解析体系，是全球工业互联网核心基础设施，是工业互联网网络架构的重要组成部分，也是支撑工业互联网互联互通的神经枢纽。通过赋予每一个产品、零部件、机器设备唯一的“身份证”，实现全网资源的灵活区分和信息管理。杰克公司成立至今，产品标识已经经历过两次变革，为适配业务的规模将原8位私码升级为12位私码。如今，杰克公司又一次与中国移动携手，共同打造本地二级节点示范。待全部系统开发完成后，不仅可以打通产品、机器、车间、工厂，实现底层标识数据采集成规模、信息系统间数据共享，更可以横向连接杰克的上下游企业，利用标识解析按需查询数据，最终打通设计、制造、物流、使用的全流程，实现真正的全生命周期管理。项目第三部分为杰克智慧园区建设。杰克智慧园区按照“113N”的总体思路进行建设，即一张智能网络、一个综合管理平台、三个智慧园区大脑，最后再加N个智慧应用，标志着杰克集团整体信息化水平由中级阶段向高级阶段迈进。

综上所述，智能生产车间与工业互联网平台建设是目前杰克缝纫机公司已经建成和着力推进的两个先进制造业项目，对于中国工业的转型升级具有示范性作用，在产业内具有引领性。这些可视化的实体展示物会对旅游者形成视觉与心理的冲击，产生强大的吸引力，真正提升工业文化的体验度，从直观的角度佐证工业精神的重要性，因此，它们是杰克缝纫机公司可转化为旅游产品的工业文化资产。

（五）营造整体氛围：与吴子熊玻璃艺术馆的联动

工业旅游是附属于工业并为工业服务的旅游业，但其终究是一种旅游，遵循旅游业而非工业的基本规律。对旅游者来说，需求的满足往往是综合性的，既取决于目的地景点的吸引力，又受到景点所在地区整体氛围的影响。而从旅游产业的角度说，旅行社等机构组织旅游者去单一景点往往在成本上是不划算的。因此，工业旅游要提高吸引力并导入更多数量的旅游者，就必须具有整体意识，在以工业企业为主体的核心工业旅游供应商之外，增加工业旅游乃至非工业旅游景点，从而营造整个地区的工业旅游整体氛围，强化旅游者的工业文化体验以及一般意义上的愉悦感。在这一方面，杰克缝纫机公司已经与台州吴子熊玻璃艺术馆开展合作，通过联动来打造更完善的工业旅游线路。

吴子熊玻璃艺术馆是台州市重要的工艺美术行业展示场所，也是传统工业文化的一个代表。工艺大师吴子熊生于1942年，是台州人，自幼失去双亲，11岁因无钱上学，开始流浪生活。新中国成立后，吴子熊成为海门玻璃厂第一代玻璃刻花工人，凭着坚韧不拔的顽强意志和孜孜不倦的艺术追求，将玻璃雕刻艺术推上一个新的境界，成为这一领域的佼佼者。他的作品集东西方艺术于一体，既有传统意蕴，又有现代气息，具有极高的艺术性。1993年，吴子熊成立吴子熊玻璃艺术公司，三年后在椒江区星明路建设起生产、办公、展示为一体的4000多平方米的吴子熊玻璃艺术馆。2002年，又在市民广场旁建新馆，并于2004年5月建成开馆。艺术馆占地1万多平方米，绿化面积占60%，展区面积7000平方米，为台州市、椒江区两级爱国主义教育基地、国家AAA级旅游景点、台州市十大旅游景点之一。吴子熊说过："一个城市，只有高楼大厦，只有繁荣的城市景象是不够的，文化艺术才是一个城市生存的灵魂。"因此，吴子熊玻璃艺术馆不仅以技艺高超的玻刻作品展示了工匠精神，还在更大层面上丰富了台州市的工业文化内涵。如今，吴子熊的儿子吴刚与孙子吴岳也继承了玻刻手艺，专注于玻刻艺术，取得了不俗的成绩，体现着工匠精神与工业文化的传承。从教育意义和观光性两方面说，吴子熊玻璃艺术馆都是台州市工业旅游具有吸引力的重要景点。

于是，当杰克缝纫机公司与吴子熊玻璃艺术馆联动之后，就从整体上营造了台州市适宜工业旅游的文化氛围。在这条线路中，旅游者一方面能够感受到先进制造业的新奇与震撼，另一方面能体验传统工艺的魅力，对于工业文化就能有一个相当丰富而且比较完整的体验了。因此，与吴子熊玻璃艺术馆的联动对杰克缝纫机公司的工业旅游项目具有极大的促进作用，也可以视为杰克公司工业旅游项目整体环节的一部分。

小结：以工业旅游助力民营经济新辉煌

工业旅游是工业文化的延伸，是工业文化展示与传播自己的一种工具。与一般文化旅游不同的是，工业旅游是附属于工业的旅游，要为工业的发展服务，也受制于工业的发展。以企业家精神和工匠精神等为内涵的工业精神是工业旅游的文化内核，是工业旅游真正的文化性所在。但是，工业旅游对工业精神的展示与传播，仍须遵循基本的旅游业规律，努力满足工业旅游者的工业文化体验，从而实现经济价值、文化价值与社会价值等多层次的价值。

台州杰克缝纫机股份有限公司是中国缝制设备行业的龙头企业，企业自身实力构成了开展工业旅游的潜在竞争力。杰克公司的发展是工业精神驱动的产物，其工业旅游也应以工业精神为凝结工业文化的内核。智能生产车间与工业互联网平台建设，既是杰克公司新的亮点，又是可视化的工业旅游吸引物。2018 年 9 月 28 日，李克强总理在杰克公司调研时，勉励杰克公司要以技术进步塑造竞争新优势，以创新和品质升级打造行业“隐形冠军”。李克强总理的勉励，正是基于杰克公司各项工业文化资产的展示。而杰克公司开展工业文化旅游，也就是要在更大范围内发挥其工业文化资产的作用，将工业文化资产转化为具有高体验度的产品，传播工业文化，实现经济价值、文化价值与社会价值的综合统一。习近平总书记曾鼓励台州民营经济创造新辉煌。杰克缝纫机股份有限公司在专注于主业的同时，将以工业旅游这一工业文化的传播形式助力台州民营经济实现新辉煌。

论日本工业研学旅游的发展

刘　玥*

摘　要　日本工业研学旅游发展时间较早，相较于世界上其他国家来说，发展体系成熟。日本国内参与工业研学旅游的工业企业、文化类设施丰富，从工业研学旅游的服务对象来看，以中小学生研学教育为主体，并包含其他的研学形式。日本政府的有力推动、企业转型的需要及社会消费结构的重组均是日本工业研学旅游取得进步的重要原因。日本工业研学的体系性、广泛性和对于社会工业文化氛围的营造，对我国开展工业文化研学教育具有启发和借鉴的意义。

关键词　工业研学旅游　文化教育　日本

工业研学旅游是打破传统旅游模式的新型旅游产业。它是工业旅游与研学旅游的结合，因此可以说工业研学旅游是工业旅游与研学旅游的子集。工业旅游伴随着一个国家工业的发展而衍生出来，是一个国家“工业文化”[①]的物质体现。工业旅游的存在既可以活化旅游业的市场与生态，又可以拉近国民与产业之间的距离，对于国家工业的发展有一定的战略意义。而研学旅游在世界范围内出现，是因为国家经济的发展促进了教育体系的变革，研学旅游成为教育市场的有力补充。关于工业旅游问题的研究有陈文佳的《红色工业文化旅游开发初探——基于杰克机床的探讨》，[②] 文章讨论了江西杰

---

* 刘玥，华中师范大学中国工业文化研究中心。

① 王新哲、孙星、罗明著的《工业文化》（电子工业出版社，2018）中提到工业旅游是工业文化的一部分。

② 陈文佳：《红色工业文化旅游开发初探——基于杰克机床的探讨》，彭南生、严鹏主编《工业文化研究》第1辑，社会科学文献出版社，2018，第99～108页。

克机床发展工业文化旅游的优势，现实意义深刻；关于研学旅游问题的研究有祝胜华、何永生主编的《研学旅行：课程体系探索与践行》，[①] 其中介绍了研学教育的内涵、组织形式与具体操作课程，内容系统翔实。

日本在早些年就已实现这两种新型的旅游产业的结合，形成了日本特色的工业研学旅游。随着近年来的不断发展，依旧有条不紊、充满活力。笔者关注日本工业研学旅游的发展，一方面是为日本工业研学旅游的市场潜力所吸引，意从学术层面分析其中的原因；另一方面通过实地考察、置身其中的感受，希望为国内的工业研学旅游提供积极有益的发展思路。

一　日本工业研学旅游的发展状况

（一）工业研学旅游的概念

传统旅游业受到冲击，使得旅游不再只是一场时空的位移。旅游更加注重个人“文化”的“体验”，这便是“文化旅游”，世界旅游组织定义了这一概念，“文化旅游是指人们以各种文化意图为动机做的空间运动”。而在这场“运动”中，不同的旅游者能够获得不同的体验，有的人是“获得浅表的体验，而另一些人则希望有更深入的体验”。[②] 根据定义，工业旅游、研学旅游与工业研学旅游都属于文化旅游的范畴。研学旅游在日本被称作“修学旅行”（しゅうがくりょこう），“于1946年开始正式纳入学校教育体系在全国范围实施，活动对象主要是中小学生团体”。[③] 日本的研学旅游发展至今日已然非常成熟，研学旅游的活动内容“从学习传统文化知识、参观国家公园、访问历史古迹，到涉及职业选择、自然体验、考察先进企业甚至体验商人活动，涵盖了政治经济文化各个领域”。[④] 因此不难看出，研学旅游的主要目的是教育，其在活动结束后希望服务对象能够产生独立的思

① 祝胜华、何永生主编《研学旅行：课程体系探索与践行》，华中科技大学出版社，2018。

② 〔澳〕希拉里·迪克罗、〔加〕鲍勃·麦克彻：《文化旅游》，朱路平译，商务印书馆，2017，第6~9页。

③ 杨生、司利、张浩：《日本修学旅游发展模式与经验探究》，《旅游研究》2012年第2期。

④ 曹晶晶：《日本修学旅游发展及其对中国的启示》，《经济研究导刊》2011年第4期。

考。工业时代通过对工业资源的整理与开发，工业旅游出现。工业旅游与研学旅游融合形成的工业研学旅游成为一种新型的具有教育引导性质的旅游产业。在搜集有关日本工业研学旅游资料的过程中，“工場見学”（こうじょうけんがく）作为一个高频词总能映入眼帘。“工場見学”直译为中文是“参观工厂”的意思，这是工业研学旅游最为直接的活动方式。“工場見学”在日本专门指代工业旅游或者工业研学旅游活动。在日本，工业研学旅游的活动地点是极其丰富的，根据不同的类型可分为：工业遗产，如丰田产业技术纪念馆、小松工厂等；博物馆等文化设施，如丰田汽车会馆、惠比斯啤酒纪念馆、神奈川县的鱼糕博物馆等；现代化的加工工厂，如新潟县的亚斯达酸奶厂、朝日啤酒工厂、藤次郎开放工厂（制作刀具）、峰村酿造厂、野泽食品工厂、泽田开放工厂（制作医疗器械）等。在此不一一列举。

（二）日本工业研学旅游的发展状况

研究工业研学旅游在日本的发展状况，不能忽略“工場見学”参与者与参与企业数量的变化。2013 年 12 月的一项题为“测定对工場見学的期待指标”的网络调查（一般调查），有超过 24000 人参与其中，回应了近五年来是否参加过“工場見学”的活动。数据显示，“到现在还未能参加过一次的占到总数的三分之一，大约 37%”，而其余“63% 的人参加过”。[①] 同时在日本门户网站上登录的能够进行“工場見学”的企业中，以食品与饮料工厂居多。在日本经济产业省的近畿经济产业局的网站主页上，登载着管辖地区大约 500 家工业旅游的文化设施。据统计，“500 家文化设施的总参观人数每年都能达到 1600 万人”，并且从这些文化设施中分析出“体验型观光”提供了“对‘制造’的现场访问以及对‘制造’的体验”。[②] 日本有杂志社统计了“工場見学”与“制造”一词的热门程度，总结出二者的变化是同步而行的。数据显示，“‘工場見学’一词的出现频次增长到 1999 年，保持稳定的增加，在 2010 年再次增加”，同时二者虽然出现的次数是不相

① 中嶋康博等『工場見学がファンを作る：実施のウハウと評価方法』日本経済新聞出版社、2016、33 頁。

② 中嶋康博等『工場見学がファンを作る：実施のウハウと評価方法』、36 頁。

同的，但是"'制造'一词的出现数量与'工場見学'一词出现的数量的变化幅度是极其相似的"。[①] 笔者分析，随着体验型文化旅游的发展，民众得以与国家"制造"近距离接触。就其具备的教育意义而言，不仅存在于学校为中小学生搭建的学习实践中，也存在于其他研学形式中。根据实际情况，笔者拟从三个方面进行阐述。

1. 中小学生的工业研学旅行

学校或者教育组织集体带领中小学生进行课外实践与参观构成了日本工业研学旅行的主要形式。组织中小学生进行工业研学旅游的意义体现在两个方面：一是构建青少年的择业观，一是培养国家工业的自豪感。日本在青少年时期就会培养学生的择业观，"到工厂参观是可以培育学生对未来的理想的……将学生带到工厂工作的环境中，可以探寻到那些憧憬的职业的秘密"。[②]

JAL羽田机场在开展中小学生工业研学旅游上经验丰富，规定每次活动人数在1~100人，除年终与新年的几日外每日均可开放，同时说明研学对象应当是小学生及以上，一、二年级的小学生每5人应当有1位成人看护，这就保障了活动的安全性。JAL羽田机场设计了三条研学体验通道。首先是从航空教室开始，通过观看屏幕影像以及现场工作人员的解说，对飞机的构造以及羽田机床的概况进行初步了解；其次进入四个展示区分别参观，依次是新商品、服务展示区，这里放置有模拟的商务座；接下来是存档展示区，这里展示了历代航空工作人员的制服以及缩小比例1/50的飞机模型；然后是制服体验展示区，在这里能亲自穿上客舱乘务人员、航空维修人员的制服进行合影留念；最后一个是关于航空方面具体操作的介绍。第三条通道是参观格纳库，在这里能够亲临现场观看对飞机进行检修。从资料显示的数据来看，JAL羽田机场每年接待的参观人数能达到12万人次。[③] 位于茨城县的JAXA筑波宇宙中心，[④] 通过陈列馆可参观日本卫星及火箭的大型实物模型，也可以进入安装实验装置的监控中心体验现场工作的紧张感，并能与航天服

① 中嶋康博等『工場見学がファンを作る：実施のウハウと評価方法』、33頁。

② 昭文社編集部『まっぷる工場見学社会科見学首都圏』昭文社、2017、8頁。

③ 昭文社編集部『まっぷる工場見学社会科見学首都圏』、8~9頁。

④ 昭文社編集部『まっぷる工場見学社会科見学首都圏』、13頁。

模型拍照留念。这些企业结合影像资料、实物模型、现场变装体验为学生提供一个完整的企业运营的认知过程。

第二个方面是培养学生对国家工业的自豪感，一些历史悠久的工厂企业能担此重任，如知名的农用机械制造厂小松（こまつ）。小松工厂是日本民族引以为傲的机械产业，生产历史悠久，其间经历过跌宕之后仍能重新立足于世。进入小松工厂，展示厅陈列着小松工厂的历史缔造者竹内明太郎的历史。在工厂生产现场介绍小松制造典型的机械产品推土机的生产过程，分别是“制造零件—组装引擎—组装变速箱—组装外壳”。① 工业生产是一个严肃的过程，机械碰撞声能在青少年的感官世界留下深刻的印象，这是工业物质文化。而工业精神文化的植入能为青少年价值观的塑造提供源泉。以竹内明太郎的创业精神为基础，小松的工人们总结编写了一套叫作《小松 Way》的册子，成为小松全体员工必须遵循的企业精神。其中分为：（1）对品质和信赖的追求；（2）对顾客的重视；（3）源流管理；（4）现场主义；（5）方针展开；（6）与商业合作伙伴的关系；（7）培养人才与活力。② 此外，还有典型的日本大工程，如仙台市盐釜港的修复工程。2011 年 3 月 11 日日本东部大地震引发海啸破坏了盐釜港，③ 由此而开始对盐釜港的大型修复工程。带中小学生在此研学可以让其了解整个工程的修复过程，同时对港口的战略意义、港口建设的基本知识都能够有所领悟。

2. 亲子类工业研学旅游

亲子类工业研学旅游指的是由父母带领，同孩子一起参与的工业研学旅游。于教育而言，亲子相处是家庭教育的重要组成部分。将工业研学旅游渗透入亲子教育中，是家庭教育的生动化体现，也为家庭教育中素质培养提出了更高的要求。在日本开展的亲子类工业研学旅游的活动有如下特点：首先，这些活动尤为重视亲子双方的参与感与体验感；其次，研学地点大多选择食品工厂等加工工厂，并且这些工厂或许只是地方上规模不大的小型工

---

① 子供クラブ『見学！日本の大企業コマツ』ほるぷ出版、2014、36～37 頁。

② 子供クラブ『見学！日本の大企業コマツ』、20 頁。

③ 溝渕利明『見学しよう工事現場 6 港』ほるぷ出版、2013、4 頁。

厂，并非具有很高的知名度。位于新潟县的亚斯达酸奶厂是亲子类工业研学的典型。亚斯达酸奶厂规定活动前需电话预约，每组参观人数上限为40人，开放时间为上午10时~11时30分，并明确了中学生以下的参观者需要大人陪同。亚斯达酸奶厂开设游客参观工厂的专用通道，首先是对整个工厂进行参观，包括饮料酸奶的生产线；然后可以在附属的商店中购买生活杂货、化妆品等酸奶厂的原创产品。在商店中，（小朋友们）还可以拥有坐在长椅上看图画书的儿童空间。① 亚斯达酸奶厂集中了小家庭休闲模式与特点，整体风格看上去适合年龄较小的儿童。此外，亲子共同参与制作的方式在日本也备受追捧。日本的燕市是金属餐具的重要生产地，以传承的“磨制”手艺为基础的匠人在此地建造了“燕市磨制第一店”。② 进入工厂后，首先由工作人员对“磨制”手艺的历史进行说明，其次是参观工厂，最后是进行“磨制”手艺的体验。位于横滨的“杯装方便面博物馆”在工业研学旅游中也颇具特点，“杯装方便面博物馆”能够制作原始的杯装方便面与鸡肉拉面，不论是孩子还是大人，通过眼睛看、去接触、去游玩、去尝试，在体验快乐的同时都能够学到关于制作方便面的全部知识。③ 能够调动人的“五感”④ 体验的“杯装方便面博物馆”在研学体验中设计了生动的参观环节。参观者应在第一层购买好门票，从第二层学习有关方便面的演变历史以及创始者的故事。之后进入模拟方便面生产环节，由游客“扮演”即将被制作出来的拉面，然后通往预定的出口被“生产”出来。第五层主要是亲手操作环节。参观食品工厂在亲子类工业研学中关注热度高，一个重要的原因是研学活动中常设有“試食”（ししょく）环节，即对食物的“品尝”。类似的能够提供同样有趣体验的还有制作烧麦的崎阳轩横滨工厂、制作肉丸的石井食品八千代工厂、制作芥末鳕鱼子的山坡交流本社工厂以及三得利天然水州工厂等。

---

① 早見正明『ワンダー新潟GO！GO！体験＆見学』株式会社ニューズ・ライン、8~9頁。

② 早見正明『ワンダー新潟GO！GO！体験＆見学』、34~35頁。

③ 寺島孝博『絶対楽しい！親子で行けるおいしい工場見学』京汉书、2015、10~11頁。

④ “五感”（ごかん）为日语词，表示人的五种感觉，分别是视觉、听觉、嗅觉、味觉、触觉。

3. 成人类工业研学旅游

近年来，成人类工业研学旅游在日本工业研学旅游中也逐渐占据不小的分量。成人类研学旅游的出现也再次证明了传统旅游的转型，人们在愉悦身心的同时对于教育有同样的渴求。“对于成年人来说到课堂外去参观制造业工厂与公共设施都是很多年前上学时候的事情了。对于商品究竟是怎么制造出来的以及国家政治和经济的最新动向，是需要经过亲自体验的，并能够使他们得到一些惊奇的发现。”[①] 笔者实地考察了两处日本工业类的文化设施，一处是丰田汽车会馆，一处是京瓷陈列馆。通过调研与实际体验，得出如下感受。从参与对象的构成来看，主要分为日本国内外大学生、国内外企业及研发团队、国内外成人散客，其中大学生与企业、研发团队构成了人数最多的研学群体。从研学对象的参与形式来看，首先是利用场馆的现代化设置充分调动个人的五官感受。在丰田汽车会馆中，场馆设置了能让研学者亲自体验的几大环节，如丰田汽车材料的软硬度测试、丰田汽车车身喷漆效果测试、汽车驾驶体验等。通过规定时间内对体验者的观测，笔者认为大学生群体对丰田汽车会馆的体验环节兴趣更为浓厚，尤其是汽车驾驶环节，大部分人希望能够亲自尝试。其次，场馆环境优雅，场地面积宽阔，为企业团建与研发团队交流提供了便利的条件。笔者当日调研期间，不论是在丰田汽车会馆还是在京瓷陈列馆，均见到相关团队组织交流学习，邀请场馆讲解员进行现场解说，形成小课堂学习模式。最后，从研学教育层面来看，丰田汽车会馆与京瓷陈列馆的场馆设计均渗透了企业经营理念与企业家精神。丰田汽车会馆在宣传中反复强调要打造美好的未来生活，京瓷陈列馆也不断地传递着稻盛和夫的“敬天爱人”的经营思想，这些精神理念通过图片、文字、场馆设计、纪念品等形式，成为成人类工业研学旅游体验的重要组成部分。

对于成年人来说，参与工业研学旅游的趣味性体现在最终的收获感中。成年人有自主的学习时间与已形成的独立的价值观，他们决定近距离接触日

① TOKYO 休日ネットワーク『（関東）大人のための工場見学＆社会科見学』メイツ出版、2012、6～7頁。

本“制造”，很大程度上是一种责任感与使命感的体现，同时使得旅游真正成为一项文化教育产业。

二　日本工业研学旅游发展的原因及评估

（一）日本工业研学旅游发展的原因

首先从国家宣传方面剖析日本工业研学旅游发展的原因。日本对研学旅游一直有政策的扶持，无论是财政拨款还是安全保障都能体现国家对研学教育领域的重视。在工业时代，一个国家的工业发展水平折射一个国家的整体实力。数据显示，从21世纪初，日本民众对日本“制造”的关心的比例总体呈上升趋势，如此能间接反映政府对制造业的宣传与民众的接受程度。“报纸、杂志对‘制造’一词的登载量，确实在2007年达到一个顶峰后下降，这样的倾向到2011年又可见到，但是2012年与2013年则再次增加，在报纸与杂志上总登载量合计超过2500件。虽然在2014年有所减少，但在2015年又转为增加，并超过了2007年。”① 制造业走进民众的生活，使其认为关怀日本制造业也是对自己生活质量的关心，这样便能激发国民接触工业生产现场的兴趣与决心。

从工业生产企业的角度来看，也有多重原因。不同类别的企业原因不尽相同，甚至重工业与轻工业在参与工业研学旅游的目的上都不一致。笔者以现有资料为基础，以“味之素川崎事业所”为典型案例，并结合具体数据进行分析。味之素工厂是日本一家专做调味料的工厂，正式开业于大正3年（1914），到目前已经是一家拥有百年历史的企业。2012年味之素工厂开始参与工业研学的项目。2015年5月开设了“味之素集团香味体验馆”，简称AUSS。所谓香味体验馆则是“让客人们充分利用自己的感官去体会食物好吃的味道，通过亲身体验（建立对味之素工厂的美好印象）从而成为味之素工厂的粉丝，这被设计为研学项目的主要内容之一”。② 具体的操作则是

---

① 中嶋康博等『工場見学がファンを作る：実施のウハウと評価方法』、11頁。

② 中嶋康博等『工場見学がファンを作る：実施のウハウと評価方法』、1頁。

研学参与者先参加味之素工厂开设的“Cook Do”的课程体验调味料的制作，然后将肉烤至色香味俱全的状态，在完成后悠然地享用美食。味之素工厂对工业研学旅游的发展极为重视，在这里工作的职员也在积极地参加组织工业研学的活动。“现在，国内的三家味之素工厂都积极地参加工业研学旅游项目，工厂存在的意义不仅仅是制造物品了”，已经与“期望‘制造粉丝’相联系”。[1] 因此不难看出，作为一家百年老店的味之素企业参与工业研学旅游项目的一个重要原因则是为味之素生产的产品吸纳更多的潜在客户。味之素企业最先是将工业研学旅游的项目交给广告部去完成的，因而可见味之素工厂在此项事业的出发点是直接与企业利益相关的。2015 年 3 月，日本社会做了一项“工业研学旅游评价企业需求的确认调查”，其中有 140 家参与工业研学的工业单位做出回应。数据整理后可以看到，有 92% 的企业认为工业研学旅游是为企业争取潜在的客户，有 84% 的企业认为是为了让民众更好地理解制造的产品与服务，有 74% 的企业认为是希望民众对产品与服务的安全感抱有信心。因而可以说企业最主要的目的仍是适应逐渐兴起的工业研学旅游市场，延伸企业业务，这也算是工业企业在这场洪流中的转型发展。

第三方面从日本社会消费结构变化的角度分析日本工业研学旅游不断发展的原因。战后，日本经历了经济困难时期，物资严重匮乏。进入经济高度发达的时期后，人口在持续增加，人们的消费活动在最初发生了巨大的变化，尤其是在食物方面。因战争造成的食料不足问题得到解决，日本家庭吃饭的问题逐渐改善，社会物资供给增加，食物种类变得丰富。但是到了 20 世纪 70 年代，消费者的意识急转直下。以食品公害问题为源头，食品安全和环境污染成为一项重要的社会问题。泡沫经济之后，日本的人口在减少，消费变得低迷化。进入 21 世纪初，人们对食物的信赖继续创下新低，尤其出现了严重的食物中毒事件。以此为背景，“品牌与信赖”[2] 便成为日本食品工业发展的重要目标与议题。实行工业研学旅游，很大程度上是填补“对于企业而言与消费者之间礼貌的对话的欠缺”，工业研学是构建“企业

① 中嶋康博等『工場見学がファンを作る：実施のウハウと評価方法』、43 頁。
② 中嶋康博等『工場見学がファンを作る：実施のウハウと評価方法』、20 頁。

与消费者之间直接对话”最强有力的手段。[①] 从市场消费的角度来看，民众作为消费者看上去会重视商品的价格、机能与品质，但从更深层次讲，如果能建立消费者对企业品牌的信赖，这对于维系产品生产的稳定性具有重要作用。这一方面主要是从食品工业的角度去分析的，食品工业是保证民众生存的基础工业，食品工业在日本工业研学旅游的参与度也是极高的。

（二）对日本工业研学旅游的评估

在工业研学旅游活动结束以后应当进行有效的评估，这是必不可少的。它关系着该项活动是否取得与预期收获一致的目标或是否需要在某些细节层面做出修改与调整。味之素工厂在研学参与者活动结束以后，会让参与者填写一个问卷调查。参与者在研学后的问卷调查中会遇到“会推荐给朋友与熟人吗?”诸如此类的问题，这实际上就是味之素工厂通过访问研学参与者而对整个活动进行的测试与评估。资料显示，“对于这个问题，给予满分评价的比例从 AUSS 开设前 2014 年的 50% 上升到开设之后 2015 年的 58%”。[②] 从这一结果来看，工业研学项目的实施给企业带来的效益是明显的。

对于日本工业研学旅游的评估，首先应当关注其评估的内容与方法。关于对工业研学活动的评估方法，一般通过社会调查的数据整理分析整个活动的实行状况。在 2015 年 3 月日本的一项调查问卷中，回收了 140 家企业的活动实施情况。其中占 90% 的 126 家为生产工程类，有 12 家同时设立了博物馆，有 9 家也设立了相应的文化设施等，剩下的 14 家企业并没有生产工厂，只设有博物馆与文化设施等。问卷的内容围绕如下问题：（1）在你的企业的其他事业所或者设施是否也接受同样的研学呢？关于这一问题有 51% 的企业做出了肯定的回答，但是同时承认根据不同的企业实际运营的方式是不一样的。（2）参加研学的对象的构成比例如何？数据显示九成以上的事业所接收的参与对象分别是“一般个人”、“一般团体”与“学校关系团体”，超过八成的企业也接收是“客户关系”的参与者。（3）占据数量最多的研学参与者是什么类型？有 46% 的事业所回答为“一般团体”，32% 的

---

① 中嶋康博等『工場見学がファンを作る：実施のウハウと評価方法』、21 頁。

② 中嶋康博等『工場見学がファンを作る：実施のウハウと評価方法』、5 頁。

事业所回答为“一般个人”，15%的事业所回答为“学校关系团体”。此外，问卷还关注了伴随着日本“制造”与“工业研学”的社会关注度的提高，研学参与者人数是否也有相应的增加。关于这一问题，大多数企业的回答均是增加。日本工业研学旅游看似经过较长时间市场的考验，活动体系完备，但是仍存在着一些无法回避的问题。参与工业研学的工业企业并不一定均能从开展工业研学的项目中受益。调查显示，一些工业企业在开展工业研学的活动中逐渐为一些因素限制而感到无法进行下去。首先是硬件设施方面，工业企业多数在“设施的内容陈旧，接收的人数少”“设施的规模与接收的人数不匹配”“设备老朽化与没有解决对策”“设备的老朽化以及展示物的预算”① 这些方面表示困惑，认为虽然企业在工业研学方面设定了预算，但是根据上司对预算使用的效果仍要求节省成本。其次是对参加研学者要求多样而表示苦恼，认为未必能完全理解研学者的需求。针对评估所得的结果，企业内部应当探讨出相应的解决方案。仍以味之素工厂为例，企业在研学活动结束以后，会根据研学者实际需求对现有工作进行改进。譬如“有效活用网页，可以进行24小时网上预约，收集工业研学活动前、活动1日后或1月后的调查问卷”，对于味之素工厂工业研学的设施改良方面，“在味之素川崎工厂，设置了客人专用的等待区，设置工业研学专用商店……”，“在味之素九州工厂，供参观者专用的‘大熊猫’巴士开始运营”，② 同时开放一些新的空间以便容纳更多的研学者。这些都是味之素工厂为改善工业研学实施的状况而做出的努力。

三　启示：发展中国工业研学旅游

（一）完善工业研学旅游体系

中国工业研学旅游近几年也迈出了发展的步伐，相较日本而言，中国工业研学旅游的优势在于巨大的市场潜力。如何能利用好逐渐兴盛的市场需

① 中嶋康博等『工場見学がファンを作る：実施のウハウと評価方法』、54頁。

② 中嶋康博等『工場見学がファンを作る：実施のウハウと評価方法』、75頁。

求，这便需要搭建一个完善的中国工业研学旅游体系。笔者认为，完善的工业研学旅游体系需要两大方面的支撑。一是来自政府的有力推动。工业研学旅游作为研学旅游范畴中的一支，教育意义是具有战略性的。国家与相关部门应意识到其重要性，加大对工业研学旅游的支持力度，如利用专项拨款支持工业研学资源的建设，完善相关部门对工业研学活动的安全保障，对是否具备工业研学能力的资源应当进行评估。二是来自工业企业的努力。工业研学旅游的兴起重组了现代旅游业市场，以此为契机，工业企业应当审时度势，促进企业转型发展，充分认识到参与工业研学旅游不仅能够延长企业生产链，亦能收获重要的社会效益。已经参与工业研学项目的企业，应当注重产品与活动设计的细节。日本参与工业研学的工业企业非常注重细节，在广告张贴中详细标注了对入场对象年龄的要求，有些甚至具体到入厂年龄应不低于小学一、二年级，并根据实际情况规定了定员人数。在活动中，应当设计可以让参与者亲手操作的活动；在活动结束时，可以根据实际情况发放纪念品、在食品工厂设计试吃等环节。通过完善活动细节，进而完善工业研学旅游体系，提升工业研学实施的安全性与趣味性。

（二）搭建社会工业知识框架

发展工业研学旅游除了通过利用市场的供需关系，营造生产者与消费者的良性互动之外，还应当搭建起整个社会对于工业知识或者工业文化知识的框架。工业研学旅游虽然是一个能够获益的项目，但是最终目的应与教育紧密相连。以工业强国的目标为基础，国家发展工业研学旅游可以使全社会各个阶层、团体包括中小学生在内的民众近距离接触国家工业的发展，不论是从历史的角度观察工业遗产，还是用现代思维参观生产流水线，感官上的冲击能够增强民众的社会责任感与历史使命感。在此基础上，民众对工业发展的来龙去脉的兴趣就会增强。因此，在工业研学实践的同时，应当配套相应的工业知识或工业文化知识的普及读物，可针对不同的年龄阶层设计相应难易程度。在日本，这样的读本是比较多的。典型的如日本农用机械制造厂小松、位于仙台市的盐釜港以及长崎的三菱重工长崎造船所等。这三家工业企业均设计有本厂的读本，并且使用了较为简单而生动的文字，将它们的创始历史、创始者的设计理念、发展进程、生产的产品都一一描述。值得学习的是，这些读本也涉及工业的专业知识。以三菱重工长崎造船所的读本为例，第四章专门讲述“船的科学”，比如“为什么铁块会沉入海底，而铁制的船却能漂浮”，“船究竟是如何前进的”，“建造一艘船要怎么做”等。[①] 根据这些问题，文章内容采用图文解说的方式，既生动又详细地对船的“秘密”进行解读，读过以后，一目了然，赫然清晰。这种方式是值得借鉴的。目前华中师范大学中国工业文化研究中心也在积极推动类似读本的制作，国内应充分利用现有的学术研究机构的研究成果，通过产学研相结合的方式致力于工业知识的社会化推广。

（三）加强活动的宣传与评估

此外，还应当加强对工业研学活动的宣传以及活动结束以后的评估。日本为吸引民众对工业研学的兴趣，推出了颇具本国特色的宣传活动。图册与漫画的宣传方式，使得活动地点与内容更容易进入大众视野。我们在梳理国内的工业资源点的同时，应当用多种方式宣传工业研学的吸引力。在借鉴日本的同时，形成自己的特色。中国工业经历了漫长而跌宕的发展过程，发展至今日保留了非常丰富的工业遗产资源，以工业遗产等文化为基础也打造了一批工业类的博物馆与文化园区，除此之外有引以为傲的国家工程与现代化的工厂。这些关乎国计民生的工业企业，利用便捷的网络与当下流行的短视频等宣传方式，能达到最高效的宣传目的。此外，企业在工业研学旅游活动结束之后，应当通过自我评估或者社会评估的方式，对一定时间内的活动效果提供数据对比与分析。评估的方式应当多样化，结合目前企业内部所具备的工业研学设施的硬件与软件系统，也结合研学参与者的实际需求，有针对性地进行完善与提升。对研学参与者来说，也应当构建相应的评估体系，这种方式多存在于中小学生的研学教育实践中。工业研学旅游活动的宣传与评估，是工业研学旅游能够长远发展的规则保障，最终促进中国特色工业研学旅游的发展。

---

① 長崎文献社編『長崎游学 10：「史料館」に見る産業遺産三菱重工長崎造船所のすべて』長崎文献社、52～53 頁。

·工业史研究·

从重商主义到保护主义：近代法国经济国家主义的流变

周小兰[*]

摘　要　经济国家主义总体而言是一种倡导国家干预经济的原则，在近代法国各个不同的时期有不同的表现方式。这一理论原则的第一个表现形式——重商主义由理论家拉费马斯和蒙克雷蒂安建构，在黎塞留的推动下进入政府决策层，自路易十四朝在柯尔贝的主导下施行。在启蒙时代，该原则遭到重农学派的抨击而受到质疑，但在大革命的洪流下以新的形式表现出来。由于无法应对更具竞争力的英国制造品，大革命政府采取了贸易禁令的方式，禁止进口英国产品，这种禁运主义到了拿破仑时期变为更为系统和严格的大陆封锁政策，从经济层面向英国宣战，最后以失败告终。但经济国家主义并未完全消失，帝国覆灭后的历届政府由于种种原因，均在经济领域尤其是贸易方面采取了保护主义政策。

关键词　经济国家主义　重商主义　禁运主义　保护主义　近代法国

经济国家主义最早的表现形式是重商主义，这种国家对经济事务的干预在不同的历史时期呈现出不同的面相。历史上对重商主义展开系统攻击的最著名的学者当属亚当·斯密，他在《国富论》中将重商主义体系定义为：政府为增加国内金银总量而推行的一系列规章制度的总和。[①] 他对这一经济

---

* 周小兰，华南师范大学历史文化学院。

* 〔英〕亚当·斯密：《国民财富的性质和原因的研究》下册，郭大力、王亚南译，商务印书馆，1972，第3页。

原则大加抨击并宣扬自由贸易的绝对优势。但其实这本书是当时萧条的经济形势下的产物，17 世纪 20 年代英国遭遇了萧条的困难形势，书里大量敌视英国劲敌荷兰的情绪使其获得统治者的青睐。[①]

重商主义原则被近代欧洲大陆主要国家奉为增加国民财富、提高君主权威的不二手段，这一原则在严苛的规章制度的保驾护航下，通过奖励本国制成品的输出和阻抑外国制成品的输入实现上述目的。[②] 推行重商主义的政府普遍干涉经济层面的一切事务，包括限制不利于本国实现贸易顺差的交易以及奖励商业、制造业和货币生产，而竭力保留工业所需的原料为本国制造业所用或力争自由而廉价地进口粮食和原材料。

实际上，重商主义的理论内涵是一个复杂的甚至自相矛盾的概念组合，以偏概全地将其看作政府对经济生活的干预而对个人获利行为造成阻碍的原则，是不符合实际的。重商主义者构建其理论的时代，贸易已经突破传统的欧洲界限（商人们在此范围内彼此相识并通过固定的渠道进行贸易）并通过新航路的开辟扩展到亚洲、非洲和美洲地区。伴随着贸易范围的扩大，新的问题和风险随之而来。由于购买力的缺少以及对热带地区消费者的陌生品味难以把握，但最主要的是由于缺乏可以在多边贸易体系中解决支付问题的手段，[③] 统治者既需要解决国内贵金属缺乏的问题，又要千方百计地加入海外贸易的洪流中，资助本国产业制造出有竞争力的产品，在贸易过程中获得利润，赚取别国的贵金属，从而缓解国内支付手段的缺乏和国库空虚的状况。这些需求就成了近代欧洲各国的政策依归。

虽然法国没有率先在理论建构方面有突出的建树，但在实践方面，法兰西式的重商主义一直以其独特的方式呈现，即便在近代经过经济社会危机、大革命和欧洲战争的洗礼，这一原则仍在法国政府决策层中发挥影响，随着形势的变迁，这一原则以贸易禁运和保护主义的形式表现出来。

---

① 〔英〕E. E. 里奇、〔英〕C. H. 威尔逊主编《剑桥欧洲经济史》第 4 卷《16 世纪、17 世纪不断扩张的欧洲经济》，张锦冬等译，经济科学出版社，2003，第 465 页。

② 〔英〕亚当·斯密：《国民财富的性质和原因的研究》下册，第 210 页。

③ 〔英〕E. E. 里奇、〔英〕C. H. 威尔逊主编《剑桥欧洲经济史》第 4 卷《16 世纪、17 世纪不断扩张的欧洲经济》，第 465 页。

一　重商主义在法国的缘起和柯尔贝主义

众所周知，重商主义在太阳王路易十四统治时期，也就是绝对主义君主制的鼎盛期影响最为深远。路易十四本人热衷于实现法国在欧洲的霸权，而对制造业和商业的关注相对较少。但这一时期，他任命的财政总监柯尔贝（Jean-Baptiste Colbert，1619－1683），坚定地推行重商主义，致力于在经济领域实现法国的强国之路。后世对他在任时期取得的成就褒贬不一，但他改变法国专于农业的传统，使其走向工商业致富的道路，这一贡献在17世纪无能出其右者，由此，他推行的一系列重商主义政策被冠以“柯尔贝主义”之名。

实际上，柯尔贝主义并非原创，而是早期的经济学理论家拉费马斯（Isaac de Laffemas，1587－1657）和蒙克雷蒂安（Montchretien，1575－1621）建构的理论和强权政治家黎塞留施行的策略的延续。拉费马斯和蒙克雷蒂安是法国近代早期重商主义理论最主要的建构者。拉费马斯是法国诗人和剧作家，曾任巴黎民事副官（lieutenant civil de Paris），19岁时著《法国贸易史》，在著作中敦促政府改善制造业以实现国家经济的自给自足并实现出口，他赞扬国王对复兴制造业的支持，他在书中引用历史资料介绍别国的印染、玻璃、呢绒、面粉加工等制造业和香料、葡萄酒和马匹贸易状况，涉及古希腊、罗马、中国、阿拉伯地区、弗莱芒和俄国的工商业情况。在这本著作中，他强调贸易和商品对人们生活无处不在的影响：“陛下，您的臣民每个人都会与商品接触，不仅今天如此，而且历史上一直以来从未改变。因为从孩童咿呀学语的时候就在他们之间交换一些小玩意。交易、降价，没有什么比这些更稀松平常的了。”① 他指出法国富饶的物产及其处于弱势的制造业和商业的现状，“我国享有美誉的羊绒的制造和印染将有利于陛下重建荣光和陛下的臣民获利，”② “但是拥有丝绸和羊毛制造业还不是全部，纱线和

---

① Issac de Laffemas, *L'histoire du commerce de france, enrichie des plus notables antiquitez du traffic des païs estranges*, Paris: Toussaincts du Bray, 1606, p. 15.

② Issac de Laffemas, *L'histoire du commerce de france, enrichie des plus notables antiquitez du traffic des païs estranges*, p. 66.

棉花的制造也同样重要，因为在法国建立美好的贸易，可以将这个萎靡不振的民族团结起来”。[①] 他极力劝说君主发展贸易，“陛下，毫无疑问，因为贸易能让您的王国迅速致富，应该启动与外国的贸易”。[②] “我们总是在寻求缺乏的物资，同时脱手过剩的物资，通过这个过程，隐藏在大海和陆地中心的物产会被转化为可移动之物并为我们所用，通过商品的流动，人们的发明被利用，工人从事更多技艺，劳工更勤勉，总之大部分的人更勤奋，最终使政治机体（coprs politique）更为和谐。”[③] 以国家之力推动工商业的发展，最终能优化政府，这是重商主义理论家频繁引证的观点。

与拉费马斯的身份相似，蒙克雷蒂安同样是诗人、剧作家，由于他最早在著作中使用“政治经济学”（économie politique）这个术语，所以他还被尊为早期的经济学家。他在经济方面最重要的成果是《政治经济学概论》（*Traité d'économie politique*），该成果以宏观视角探讨财富的生产和分配。该著作由四部分组成，即制造业、贸易、航运和国王的关心，是重商主义的重要著作。为了增加国家的财富，他提出在保持法国农业优势的同时，发展制造业和商业。他鼓励国家对经济事务进行干涉，尤其是对职业的管理、创办制造工场、制定维护国家利益的关税政策。他的重商主义呈两面性，一方面对食物等商品持保护主义观点，但是对国家紧缺的产品则要求自由贸易。他认为经济学的知识有助于提升人民的财富和君主的权力，君主重新掌握对经济领域的监管是必要的，不被监管的经济是功能失调的。[④] 蒙克雷蒂安的重商主义并非将国家的财富看作货币量充足的结果。对他而言，所有产业中最具决定意义的是农业，农业在他的笔下不仅是一个经济因素，还是一种道德：“从我们的祖先的时代起，我们的贵族就在乡村居住。自从人们移居到城市，邪恶就滋生了……闲散蔓延开去。法兰西的小麦和葡萄酒是这个国家

---

① Issac de Laffemas, *L'histoire du commerce de france*, *enrichie des plus notables antiquitez du traffic des païs estranges*, p. 67.

② Issac de Laffemas, *L'histoire du commerce de france*, *enrichie des plus notables antiquitez du traffic des païs estranges*, p. 92.

③ Issac de Laffemas, *L'histoire du commerce de france*, *enrichie des plus notables antiquitez du traffic des païs estranges*, p. 97.

④ Jérôme Maucourant, *The ambiguous birth of political economy*: *Montchrestien vs. Cantillon*, 2011, halshs - 01016945, p. 3.

比秘鲁富裕的原因。”① 他在书中阐述了正确管理市场和控制货币流通的方法，为后世政府治理经济提供了理想的借鉴范本。

拉费马斯在其传世的著作中狂热推崇工业管制，而蒙克雷蒂安强调殖民地贸易的价值，在著作中暗示了开办大型贸易公司的重要性。这两位理论家对黎塞留的政策影响很直接。② 近代初期，法国与英国的政治经济学思想具有很多基本的相似性。③ 以黎塞留为代表的法国政治家一直致力解决的问题是，法国丰富的物资、众多的人口、优良的海港等有利条件与法国综合国力落后之间的矛盾。④ 黎塞留在位时除了与贵族和新教徒做斗争之外，还为实现法国的富强推行了一系列铁腕外交政策。他下令攻占小安的列斯群岛（加勒比海西印度群岛中安的列斯群岛东部和南部的岛群）、圣多明各、圭亚那、塞内加尔等殖民地。在北美，他通过建立加拿大公司确立了法国在魁北克的势力范围，并将这个地区发展为法国在北美地区的政治文化中心。在实行对外扩张政策的同时，黎塞留意识到法国缺少一支强大的商船队，这只船队既可以为王室带来可观的收入，又可为未来海军建设积累资金。然而，局势的混乱使他的计划搁浅。

直到路易十四平定全国局势，柯尔贝掌管财政大权，重商主义原则才在法国扎根。这一原则最终得到发展的主因包括以下几个方面。首先，专制政权确立以后，政府各项职能逐步完善，财政方面的工作越发精细化和系统化。1664 年，法国政府实行关税税率改革，各部门逐渐被收编在财政总监（contrôleur général）的统一管理之下，政府将对外贸易的治理提上日程。其次，强国争霸。1701 ~ 1714 年持续 13 年之久的西班牙王位继承战，英荷结盟对抗法国，三国在军事、贸易和进出口税方面展开争夺，同时也是各国经济和财政实力的较量。这一局势使统治者意识到将经济纳入政府

① Jérôme Maucourant, *The ambiguous birth of political economy*: *Montchrestien vs. Cantillon*, p. 10.

② 〔英〕E. E. 里奇、〔英〕C. H. 威尔逊主编《剑桥欧洲经济史》第 4 卷《16 世纪、17 世纪不断扩张的欧洲经济》，第 478 页。

③ 〔英〕E. E. 里奇、〔英〕C. H. 威尔逊主编《剑桥欧洲经济史》第 4 卷《16 世纪、17 世纪不断扩张的欧洲经济》，第 475 页。

④ 〔英〕E. E. 里奇、〔英〕C. H. 威尔逊主编《剑桥欧洲经济史》第 4 卷《16 世纪、17 世纪不断扩张的欧洲经济》，第 476 页。

治理的必要性。再次，英国的重商主义理论家托马斯·孟（Thomas Mun）著《英国得自对外贸易的财富》（*England's Treasure by Foreign Trade*, 1664），他的学说启发了法国学者著书立传，为政府实践提供指导。这些理论构建为政府的经济治理最终摆脱教会道德价值观束缚创造了条件。最后，经济时局的发展态势也对重商主义的提出有推动作用。时至1630年，金银价格持续走低，导致产生货币危机的威胁。由于美洲银矿产量的下降，以首饰和餐具为形式的储蓄，法国与黎凡特（Levant）的远东贸易长期处于入超的不利状态，这导致法国政府缺乏金银，支付手段严重受限，雪上加霜的是，政府正着手扩充军队，急需大量贵金属。除了财政困难以外，经济萧条也促使政府对经济进行干涉。政治和社会危机可能使柯尔贝看到了秩序的重要性，他被任命为财政总监后，致力于恢复经济和财政领域的秩序。[①]

通过发展贸易和制造业振兴法国的任务落在黎塞留的继任者柯尔贝身上。剧作家拉辛（Jean Racine，1639－1699）在《贝芮尼丝》（*Bérénice*，1670年公演，1671年出版）的序言中表达过对柯尔贝的敬重，他认为柯尔贝处变不惊，不知疲倦，但拉辛强调的是他的能力和坚韧，对他的理论创新水平并无太多溢美之词。[②] 确实，柯尔贝作为路易十四最信任的官员并未在重商主义的理论建构方面有所贡献，但他综合了理论家和实践者的观点和理念推行政策。柯尔贝在其回忆录中首先分析了欧洲的贸易形势，之后阐述了他对贸易的看法。他认为法国要在对外贸易方面扭亏为盈应该采取如下措施：（1）从西印度群岛进口糖、染料、烟草和棉花，虽然法国人占据着其中的一些岛屿，但是荷兰人垄断了所有商品的运输；（2）加强与黎凡特地区的贸易，虽然马赛承担了部分该地区的贸易，但是由于派驻当地的人员办事不力，几乎断绝了法国与这一地区的贸易往来；（3）加强与波罗的海和北海的贸易，这一区域几乎完全被荷兰人操控；（4）不能忽视法兰西王国境内的贸易，其兴盛取决于国王与臣民之间的自由交往、制造业的重建以及

---

① Pierre Deyon, *Le mercantilisme*, Paris: Flammarion, 1969, pp. 23－24.

② 〔英〕E. E. 里奇、〔英〕C. H. 威尔逊主编《剑桥欧洲经济史》第4卷《16世纪、17世纪不断扩张的欧洲经济》，第477页。

港口之间食物和商品的运输。[①]

其次，他对本国重建制造业和贸易的前景进行评估，最终的结论与黎塞留的观点并无二致。他认为法国雄厚的国力从来没有与贸易结合在一起，有些统治者甚至认为这种结合是弱国的标志。除此之外，法国物产丰富的优势反而阻碍了制造业发展，甚至有碍勤俭节约的风气；一艘法国商船所需要的人力和补给是荷兰商船的两倍，这种节余使荷兰人收益丰厚而法国人损失严重。[②]

最后，他提出了以振兴贸易和海运赢得霸权的主张。如果在法国已有的丰富自然资源的基础上，国王能利用技艺与制造业的创造力，那么国王的权力将得到极大的巩固。"我国与荷兰海运开支的差异因法国船只在王国港口中获得便利和保护而得到补偿，因为荷兰的船只必须往返于他们的国家，必须支付港口的税。在港口每桶货物 50 苏的税使法国人获得的好处轻易地超过商船人员和补给的费用。他还指出了荷兰人的明显优势，法国人在港口只有 200 艘商船，而荷兰人在 1658 年的拥有量达到 1600 艘。如果我国在 8～10 年时间内采取保护措施，我国船只可达 2000 艘，荷兰船只降到 1200～1500艘。我们国王的权威在大陆应该是欧洲最强的，但是在海上仍较弱，通过上述方法可最终实现海陆权威的齐头并进。"[③]

在柯尔贝眼中，当时法国在制造业和贸易方面面临的困境主要包括："呢绒、布料、造纸、五金、丝绸、粗布、肥皂等制造业早就处于或几乎处于崩溃的边缘；荷兰人有意阻止这些产业的发展，向我们进口这些产品以获得必需的食物。荷兰人通过海上贸易每年从我国赚取 400 万里弗尔（livres）的财富，他们用这笔财富购买食物。我们如果能有足够的商船的话，他们就必须向我们交付这笔可观的金钱，但当前我国商业的不利因素包括：城市和社区之间的债务，阻止了国王与臣民之间的交流，这对省与省之间和城市之

① *Mémoire sur le commerce de Jean-Baptiste Colbert* （*ministre d'Etat*） *à Louis XIV* （*roi de France*） *daté du* 03 *août 1664*，*Lettres*，*instructions et mémoires de Colbert*，publiées par Pierre Clément，Tome Ⅱ，Paris：Imprimerie impériale，1863，pp. 266－267.

② *Mémoire sur le commerce de Jean-Baptiste Colbert* （*ministre d'Etat*） *à Louis XIV* （*roi de France*） *daté du 03 août 1664*，pp. 266－267.

③ *Mémoire sur le commerce de Jean-Baptiste Colbert* （*ministre d'Etat*） *à Louis XIV* （*roi de France*） *daté du 03 août 1664*，p. 267.

间的贸易很关键；城市之间因为债务产生的诉讼使居民不胜其扰；陆上和河流的通行税过多，公共道路处于损毁状态；官员人数过多；对食物征税过多；五大包税区的费用过高，征收混乱；海盗对船只带来的损失。总而言之，目前国王、委员会（conseil）以及掌握实权的下属官员未能实行有利于法国发展的贸易政策，未能让制造业保持现状并得到提升。”① 从柯尔贝的言论可见，荷兰是法国实现商业霸权所遭遇的最强劲的对手，法国的霸权之路充满了与荷兰在制造业和贸易领域的竞争。

柯尔贝实行的重商主义政策仍然是一种建立在零和博弈基础上的原则，他在 1664 年写道：人们有一致的看法，那就是白银的多寡决定一个国家的伟大和权威的程度。几年以后他补充道：在欧洲，白银的数量是恒定的，一国的白银拥有量要增长必然是通过夺取周边国家的白银实现的。1670 年他在回忆录中写道：“应该增加白银在公共贸易（commerce public）中的流通量，从其他国家吸引白银到我们的王国，防止其流出并使其成为我们的人民获利的手段……”②

为了在国际竞争中获利，柯尔贝以坚毅的决心和严格的态度对本国制造业进行改革，以提高法国制造业的行业优势和产品质量，将产品投入国际贸易中去赚取金银。柯尔贝实行的主要措施如下：（1）关税税率改革。柯尔贝改革关税的思路符合他鼓励国内制造业发展的计划，他制定法律法规对本国制造业有益的商品进口少征税或免税，对工业制成品征收重税，对出口的制成品完全免税，减少本国制造产品出口的税额。这些改革方向在 19 世纪仍是法国政府对关税设置采取的主要措施。（2）打击别国贸易活动。柯尔贝在任时，对在法国港口停留的外国船只征收重税，每桶货物征收 50 苏的税额。（3）建设海军。建设海军的计划本来是黎塞留一直以来的雄心，但黎塞留在位时，法国国内政局不稳，中央政府的权力不堪一击，无法集中国内资源整饬一支能与当时的海上强国荷兰抗衡的军队。继任的柯尔贝也看到扶植一支强大的海军对于法国商船的活动十分关键，但他在筹备海军的过程

① *Mémoire sur le commerce de Jean-Baptiste Colbert (ministre d'Etat) à Louis XIV (roi de France) daté du 03 août 1664*, pp. 268 – 269.

② Pierre Deyon, *Le mercantilisme*, p. 26.

中遇到资金困难和国王的阻挠。首先，柯尔贝时期，法国遭遇经济萧条，国库空虚，建立一支完全受命于中央政府的海军，意味着法国政府必须投入巨额资金购买设备和训练海军；其次，柯尔贝无法劝服对提高海上实力毫无兴致的路易十四重视这支军队的建设。为对抗英政府颁布的《航海条例》，自1664年起，柯尔贝设立奖金，去世前终于建立了一支较为强大的海军和商船队。（4）扶植和监管制造业。他强制工匠归属到行会制度和政府的统一监管之下，以获得质量上乘的商品。虽然这样的做法使法国获得了梦寐以求的有竞争力的产品，但这一措施将制造业完全限制在行会的管辖范围内，使产业规模受到严格限制，无法自由扩大生产规模。为了弥补这一弊端，柯尔贝引入了工厂，以聘用足够的劳动力，他建立兵工厂、大炮铸造厂、花边工厂、帽子工厂、钱包工厂、丝绸工厂、高级呢绒加工厂。这些王家工厂被允许贴上国王的徽章或王冠和王家专用的百合花标志。[①] 为了提高生产水平，他不惜高价引进外国制造商和熟练工人，尤其是荷兰、德国和意大利的专业技工。这些工匠的人身自由被严格限制，一旦离开国境有可能会招致牢狱之灾。此外，工匠制作的产品不符合规格也会遭到严厉惩罚：“在法国织造的布，若发现有瑕疵且不合规定，将被悬挂于九英尺高的木杆加以示众，随附的木板上将写上应为此负责的商人或工人的姓名。在经此展示48小时后，产品将依法被刀砍、手撕、火烧，或没收。若系再犯，商人或工人将站在示众的其所织造的产品旁边，当着行会全体人遭到斥责。最后，若遇第三次违规，一边照样扣下其所织造的样品示众，一边他们将罚站并绑缚在产品示众的木杆上达两小时。”[②] 柯尔贝领导的商业委员会是管理法国制造业的最高权力机构，该机构对全国工业的监控是事无巨细的，小到每个地区的布料的纺线数，大到布匹的定价，都在其管理范围。各个行业的工匠都被行会严密地监控和管理。这一举措成效斐然，法国的奢侈品开始行销欧洲，逐渐打破意大利人在家具、镜子等行业中的垄断，针对平民消费者的麻布、平纹布生产也初具规模。

---

① 〔法〕伊奈丝·缪拉：《科尔贝：法国重商主义之父》，梅俊杰译，上海远东出版社，2012，第165页。

② 〔法〕伊奈丝·缪拉：《科尔贝：法国重商主义之父》，第167页。

柯尔贝在任时期以强硬的重商主义政策推行法国的霸权主义，在他的努力下，法国的海军得以重建，商业立法逐步系统化，呢绒制造业得到繁荣发展，麻布生产位居欧洲第一。他的政策确实振兴了法国的制造业和贸易，使其跃居为欧洲数一数二的强国，柯尔贝主义也作为一种成功的经济政策在欧洲被效仿。

二 大革命和拿破仑时期的禁运主义

18 世纪初，在法国出现了攻击柯尔贝主义的言论，这些批判主要来自两类人：一是因管理体制或被排除在特许权之外而利益受损的商人；二是哲学家的不满，他们关注经济行为的道德，将自有的观念移植到经济行为。[①]其中后者形成了系统的理论，即推崇政府以农业为重，允许谷物自由流通的“重农主义”。总体而言，旧制度时期法国政府的贸易政策较为宽松，再加上英法之间尚未爆发严重冲突，这些有利条件促进了包括波尔多、马赛在内的港口城市的兴旺发达，这些城市以葡萄酒出口和经营殖民地物产的进口（如黎凡特地区、圣多明各岛）为主。

但是大革命造成了政治、经济和社会形势的混乱，之后强权的拿破仑政府为实现欧洲霸权与英国爆发了激烈的冲突。在这种形势下，重商主义以极端的禁运形式表现出来。

18 世纪末，英法两国在工业方面的差距已经比较明显。旧制度末期，英法双方于 1786 年 9 月 26 日签订了《艾登－雷内瓦尔条约》（Traité Eden-Rayneval）。北美独立战争后，英法双方达成协议，结束劳民伤财的经济战，双方相应降低关税。关税壁垒的降低造成物美价廉的英国产品涌入，很快使法国企业感到压力，许多企业面临破产，企业家代表成了国民公会和拿破仑政府内阁中极力主张保护政策并重新恢复进口禁令的支持者。1793 年 10 月 9～10 日，革命政府颁布法令，宣布禁止英国及其附属国商品进口，禁运条款相当严厉。第一条，一切在英国、苏格兰、爱尔兰等附属于英国的国家生

① 〔英〕E. E. 里奇、〔英〕C. H. 威尔逊主编《剑桥欧洲经济史》第 4 卷《16 世纪、17 世纪不断扩张的欧洲经济》，第 493 页。

产和制造的商品被禁止进入法兰西共和国的土地和领土。第二条，海关行政单位要在责任人和政府指派的管理者的指挥下，严防上述商品被引进或进口到法国，如上述责任人和管理者以身试法，将被处以20年监禁。第三条，从本法令颁布之日起，所有进口、将要进口，引进、将要引进，直接或间接买卖英国产品的人将会同样被处以20年监禁。第四条，任何携带或使用上述产品的按9月17日法令处罚。第五条，一切以英语写作的广告、通知和商标或售卖英国产品商店的标志，以及刊登英国产品销售信息的报纸都被禁止，上述广告、通知、商标和报纸的发起者将会被处以20年监禁。第六条，拥有英国产品的法国人将在2周内向其所属市政府申报并呈交发票。市政府将统计结果呈交执行委员会（conseil exécutif）。第七条，各类商场店铺将向执行委员会上缴其售卖的英国产品，商品持有人和商家将根据统计结果和发票获得赔偿。[①]

大革命期间，法国政府的海军力量无法保证其制海权，海上的贸易禁运几乎无法以强制手段实施，所以政府只能从严控法国人购买英国货做起，实施封锁。1796年，这种禁运延伸到通常由英国人买卖的货物，如印度的棉花、原产南京的本色棉布。1798年，西耶斯（Emmanuel-Joseph Sieyès）和拿破仑一起建议政府封锁北海海岸并组织德意志地区的港口与英国进行贸易。[②]

拿破仑是紧缩性公共财政的信徒，他的经济思想没有质疑自由主义的基本原则，但坚持国家干预的必要性。[③] 他对于法国一直无法取得制海权并驯服英国耿耿于怀，他错误地认为英国的经济结构是建立在信贷和出口之上的，因而是非常脆弱的，他还设想，这种结构一旦动摇会引起破产、失业，或许还能激起革命，而不论在任何情况下，都将导致英国的投降。[④] 他的经济政策中有与重农主义理论家提出的某些观点契合之处，比如他也认为适

---

① *Bulletin annoté des lois; décrets et ordonnances, depuis le mois de juin 1789 jusqu'au mois d'aout 1830*, Vol. Ⅳ, Paris: Paul Dupont, 1839, pp. 469 - 470.

② Silvia Marzagalli, "Napoleon's Continental Blockade: An Effective Substitute to Naval Weakness?" in Bruce A. Elleman and S. C. M. Paine, eds., *Naval Blockades and Seapower: Strategies and Counter-Strategies, 1805 - 2005*, London and New York: Routledge, 2006, p. 26.

③ 〔法〕乔治·杜比主编《法国史》中卷，吕一民等译，商务印书馆，2010，第884页。

④ 〔法〕乔治·勒费弗尔：《拿破仑时代》下卷，中山大学《拿破仑时代》翻译组译，商务印书馆，2009，第441～442页。

中的粮食价格能确保国家长治久安，土地收益是一个国家财富的主要来源。面对咄咄逼人的英国产品对法国产品在欧洲市场形成的围攻之势，拿破仑采取了以政府之力保护本国制造业的方式对抗英国，增强法国国力。这种出发点与柯尔贝治理经济的思想大同小异。拿破仑时代，法国的工业尤其是纺织业确实取得了明显进步。1790 年前后，法国约有 100 家企业拥有印花棉布制造或印染车间；到帝国末年，车间数目增加了 3 倍。上游产业——纺纱业也发展起来，从共和七年（1799）至 1805 年底巴黎新建的纱厂有 30 来家。[①] 但在这一过程中，英国的纱输入后对这些企业产生了冲击，因为前者价格更低廉且质地更精细，对法国纺纱企业的威胁一直存在。1806 年，政府明令禁止棉纱进口，接着又禁止从英国及其殖民地（印度）进口织物。这一禁令的颁布使法国一些省份的棉纺织业实现了飞速增长。

英国方面也相应颁布了禁令，这对在技术和产品方面处于劣势的法国造成了不可挽回的损失。英国人的策略是一种精心设计过的重商主义，这种做法与他们在 19 世纪中叶义正词严地宣布的自由贸易差异甚大。18 世纪末，英国人为推广自己的工业制成品同时抵制外来工业品的威胁，对欧洲大陆采取了贸易封锁，以制止别国出口并趁机占领市场，但由于大部分受重商主义影响的欧洲国家对出口的重视，其不会拒绝将本国的粮食或原材料出口以换取贵金属的机会。这种重商主义的两面性成为英国人获利的关键突破口：它利用其强有力的海军和对大部分欧洲大陆国家所需原材料产地的绝对控制实行海上封锁。这种做法看似正常，但是在当时是没有先例的，因为法国和西班牙在同别国交战时仍然允许自己的殖民地与其他国家贸易。[②] 英国在与法国对抗的过程中，封锁了别国与自己殖民地的贸易。但禁运需要解决的一个问题是，如果敌对国也采取了对等政策，那么英国的工业制成品出口将面临市场关闭的风险，这对于当时的世界工厂而言势必遭受损失。精明的英国人实行了一种权宜之计，一方面在原材料方面成功打击了法国，另一方面又不会丧失这个庞大的市场。1798 年，中立国（包括北欧各国、普鲁士、美国）

---

① 〔法〕乔治·杜比主编《法国史》中卷，第 886 页。

② 〔法〕乔治·勒费弗尔：《拿破仑时代》上卷，河北师范大学外语系《拿破仑时代》翻译组译，商务印书馆，2009，第 47 页。

被允许在西印度群岛为英国或为他们自己国家进行贸易。这样，英国就在保持对殖民地产品几乎完全垄断权的同时，把中立国变成了它转运的帮手。这种格局使得某些中立国意外暴富：汉堡成为欧洲大陆最大的银行业中心，美国的销售额在1790~1801年十年间增加了4倍多。①

拿破仑执政后，英法争霸的火药味更为浓烈，双方均以军事实力为依托采取了一系列对抗性十足的贸易政策，其中最著名的是拿破仑主导的大陆封锁体系。该体系由皇帝颁布的一系列敕令组成。其中包括1806年11月21日颁布的柏林敕令，宣布法兰西帝国将封锁英国全部港口，禁止法国的大陆盟国与英国通商，严格禁止出售英国货物，欧洲港口拒绝接待英国船只。②该敕令是大陆封锁体系的开端。随后，英国凭借占据优势的制海权开始检查一切盟国或中立国的船只，强迫这些船只在英国港口停靠。这一政策刺激拿破仑加强大陆封锁，他的政府于1807年10月27日发布枫丹白露敕令，1807年11月23日和12月17日，又分别两次颁布米兰敕令，宣布凡是听从英国海军部命令的船只，不论是中立国的还是盟国的，均可掳获，商业封锁变成了战争封锁。③ 这四个敕令构成了持续七年（1806~1813）的大陆封锁政策的主要内容。为了保证这些政策的有效实施，拿破仑还派遣2万多名关税人员到边境驻扎，严防英国货物走私进入欧洲大陆。④ 这个数字从1806年的23000人增至1813年的35000人。⑤ 这一以打击英国制造业为主要目的的体系与第一共和国时期英国损人利己的封锁有所差异。为了切实耗尽敌国的实力，大陆封锁体系切断了中立国两头获利的渠道，一切中立国的船只凡在英国靠岸，货物和船只都要被没收，英国和法国及其势力范围之间的间接贸易无法展开，1807年进入波尔多的美国船只有127艘，到了1808年只有8艘。⑥

---

① 〔法〕乔治·勒费弗尔：《拿破仑时代》上卷，第49页。

② 〔法〕米盖尔：《法国史》，蔡鸿滨等译，商务印书馆，1985，第312页。

③ 〔法〕米盖尔：《法国史》，第312页。

④ 董延寿：《拿破仑的对英政策》，《史学月刊》2000年第3期，第149页。

⑤ Silvia Marzagalli, "Napoleon's Continental Blockade: An Effective Substitute to Naval Weakness?" in Bruce A. Elleman and S. C. M. Paine eds., *Naval Blockades and Seapower: Strategies and Counter-Strategies, 1805 – 2005*, p. 29.

⑥ 〔法〕乔治·杜比主编《法国史》中卷，第890页。

大陆封锁体系已经超越了工业和贸易竞争的范畴，使英法两国进入了战争状态，从上述四个敕令的某些条款中，我们可以感受到其中浓浓的火药味。在柏林敕令中拿破仑宣布，一切与英伦诸岛的贸易和联系均被禁止，因此，邮局不再接收发往英国、寄给英国人或是用英语写成的信件和包裹，甚至有权没收（第二条）。所有来自英国的人，不管他们处于何种身份和状态，只要在我们军队或在被盟军占领的国家被发现，将立即被逮捕并押往战俘营（第三条）。一切属于英国臣民的店铺、商品和地产，不管性质如何，都将被充公（第四条）；这些充公之物的一半，将会被用来补偿因为贸易封锁而损失的商人（第六条）。我们的外交、陆军、海军、财政、警察部长和邮政总监都将参与这一敕令的执行（第十一条）。[①] 如果说柏林敕令还局限于大陆范围内的英法贸易，被拿破仑视为力度不够的话，那么第二次米兰敕令的条款加入了政治甚至意识形态的内容，将贸易封锁从陆地延伸到海洋，紧张局势一触即发。该敕令规定，任何商船，无论国籍，如在未来被英国船只巡查或即将驶向英国或向英国政府纳税，将立即被剥夺国籍，其国籍为其带来的保证立即消失，该商船将被视为英国物业（第一条）。这些被剥夺国籍的商船进入法国或盟国的港口将立即被法国战舰或私掠船控制并被没收；这些措施仅仅是对英国政府实行的野蛮制度的反制，这些措施将继续生效直至英国政府重新遵守人权原则（第四条）。[②]

大陆封锁政策使无法与英国竞争的法国企业获得了喘息和发展的机会，由于帝国版图的扩大，这些企业还获得了更为广阔的市场，但拿破仑以贸易为赌注与英国殊死搏斗的做法侵害了为数不少的利益集团。首先，由于大西洋被拥有制海权的英国封锁，以殖民贸易为主要利润的港口，如勒阿弗尔、南特、波尔多和马赛明显衰落；由于法国制造业更多地面向欧洲大陆市场，航运业持续萎缩，与之直接相关的上游产业——造船业也被打击得奄奄一息。这些行业的从业人员对拿破仑专制独断的经济国家主义深恶痛绝。其次，过去依靠间接贸易获利的中立国荷兰、德意志港口死气沉沉，这些国家

① *Le Moniteur*, le 4 décembre, 1806.

② https://www.napoleon.org/histoire-des-2-empires/articles/2eme-decret-de-milan-17-decembre-1807/，访问日期：2019年5月23日。

和地区的商人曾在英国对中立国开放的政策中获利丰厚，他们站到了亲英反法的一方。这使拿破仑在国内外都不得不面对敌对的压力集团，这些集团中最为著名的一位代表人物，就是19世纪初法国政治经济学派的创始人让-巴普蒂斯特·萨伊（Jean-Baptiste Say，1767－1832）。

值得指出的是，大陆封锁体系并非单向，掌握贸易主动权和制海权的英国也相应地出台了反制政策，这就是1807年11月的枢密院命令（Orders in Council）。该文件要求所有出入欧洲的船只都须从英国购买通行证，付给英国关税，同意在英国港口接受检查。[①] 这一策略明显是向拿破仑示威，既然皇帝执意要关闭港口，禁止英国货物进入，以此迫使工商业者破产，从而在英国点燃社会革命，那么英国反制的目的也很明显：单方面限制本国工业品和殖民地原材料进入，过去由中立国承担的转运也被明令禁止，走私活动更是在强大的英国海军的密切监视下被禁绝。但英国人在执行这些命令时也表现出其一贯实用主义的作风，为本国利益放弃一些原则。1808年4月，英国政府获得议会授权颁发特许证，为出口违禁品开设特殊通道，甚至还允许商船航行至封锁的港口，容忍挂着法国国旗的商船进入港口，也容忍海上走私行为，著名的罗斯柴尔德家族曾从这种禁令下的走私行为中获利甚丰，积累了家族的雄厚资金。

作为重商主义的极端形式，大陆封锁体系确实对英国造成了一定的损失，但在体系执行之初，英国的贸易不降反升，一直到拿破仑将封锁扩大到整个欧洲大陆和1810年英国爆发农业危机，英国人才感受到经济压力。1806年柏林敕令刚刚颁布之时，英国经济不仅丝毫未损，而且有增长的迹象，因为英国占领布宜诺斯艾利斯，获得阿根廷市场，与美国的贸易额不减反增。但1807~1808年拿破仑逐渐加强了封锁和禁运的力度，依赖出口贸易的英国经济受到实质性打击，出口下降了四分之一，出口货物的五分之三流向美国、近东和远东。[②] 1811年，恶劣天气致使英国国内谷物歉收，向法国等欧洲大陆国家进口谷物的渠道又被断绝，这导致从农业发端的经济困难

① 〔美〕克莱顿·罗伯茨、〔美〕戴维·罗伯茨、〔美〕道格拉斯·R.比松：《英国史》下册（1688年~现在），潘兴明等译，商务印书馆，2013，第166页。

② 〔美〕克莱顿·罗伯茨、〔美〕戴维·罗伯茨、〔美〕道格拉斯·R.比松：《英国史》下册（1688年~现在），第166页。

向工商业蔓延。此外，与美国的外交关系恶化，与南美国家的贸易关系出现问题。这些因素叠加在一起确实令英国经济出现萧条，但这一挫折并未能彻底打倒这个工业强国。

关于大陆封锁体系对英国的打击究竟达到何种程度至今仍未有定论，克鲁泽认为英国最终凭借强大的经济实力和手段灵活的经济实体在这场旷日持久和花费巨大的战争中存活，继续发展其工业革命并继续垄断庞大的海外市场。[①] 威尔·杜兰认为大陆封锁虽不孚众望、措施失当、实施困难，但在1810年之际，似乎还算成功，英国濒临破产边缘，甚至不惜以革命获得和平。法国同盟虽怨言四起，但依然拳拳服膺。法国人除了消耗人力和时间在伊比利亚半岛从事战事外，可算是臻至前所未有的繁荣时代。法国人虽缺乏自由，却无钱财匮乏之虞，并享有无与伦比的光荣。[②] 勒费弗尔似乎也无法形成绝对的判断，他认为拿破仑没有充分估计到英国资本主义的牢固基础，也不了解它的现代化结构。[③] 在执行大陆封锁政策的过程中，他的策略仍遵循传统重商主义的原则，即榨取敌人的黄金，而不是想饿死敌人，这减轻了封锁的效果。此外，英国掌握制海权是法国的封锁无法绕过的障碍，附属国和盟国的配合也因为利益受损而大打折扣。然而，封锁还是有用的，拿破仑利用军事和强权仍然实现了对英国的打击，拯救英国的不是自由经济的“自然规律”，而是俄国的冬天。[④]

比起英国，法国的经济在短期内似乎实现了繁荣，但从长远来看，这种增长模式危机重重。由于拿破仑从未尝试在法国和其他大陆国家之间建立欧洲一体化经济或关税联盟（这种以法国为先的策略毫不避讳其自私的本质），[⑤] 商人无法从进出口贸易中获利，这种商业交换近乎停滞；工业，尤其是纺织业，由于殖民地原材料的禁运损失惨重，纺织企业不得不高价进口棉花以维持生产，但产品成本高昂，无法赢得市场；农民也对这种禁运感到

① François Crouzet, *A History of the European Economy, 1000 - 2000*, Charlottesville: University of Virginia Press, 2001, p. 122.

② 〔美〕威尔·杜兰、〔美〕艾丽尔·杜兰：《拿破仑时代》，东方出版社，2003，第1071页。

③ 〔法〕乔治·勒费弗尔：《拿破仑时代》下卷，第441页。

④ 〔法〕乔治·勒费弗尔：《拿破仑时代》下卷，第483页。

⑤ François Crouzet, *A History of the European Economy, 1000 - 2000*, p. 122.

不满，因为农业是当时法国的出口大户，谷物当时主要对英国出口，两国之间的贸易战令当时占人口大多数的农民苦不堪言。最终，拿破仑不得不放松大陆体系，运送葡萄酒和小麦到英国，以换取某些被许可的进口货物。[①] 有史学家将这种妥协看作大陆封锁体系失败的证据，尤其是该政策执行到后期，法国商人重新获准与英国直接交易。[②] 从整个欧洲大陆来看，拿破仑战争和大陆封锁政策明显改变了其经济格局，大西洋贸易并未从18世纪的萧条中重振，反而更加弱化，许多地区还退出了工业化进程。[③] 此外，由于拿破仑的失败，法国在维也纳会议上丧失话语权，最终失去了面积广大的殖民地，这对法国经济造成的损失是无法估量的。

三　后革命时代的保护主义

拿破仑逊位后，欧洲大陆终于获得各国家和地区向往的和平，各国民众在较为稳定的货币政策和低税收的环境中休养生息。在法国，极端的重商主义、帝国时期皇权对企业个体生产自主权的压制和高额的关税虽然在短期内为企业提供了保护，但也使部分工厂主和贸易商不堪重负。然而，帝国覆灭后的法国政府对本国产品的保护明显减弱，欧洲大陆过去向法国产品敞开大门的市场消失，大陆封锁体系失效引发银行大量破产，这些不利情况使以纺织业为代表的工业寸步难行。在这样的形势下，原本实行较为宽松的贸易政策的法国政府，不得不以关税为手段重启保护政策，暂时缓解国内制造业颓靡的境况。

复辟王朝实行壁垒森严的等级制度，人们惧怕金融上的冒险行为，银行家不是外省的小高利贷者就是巴黎的大资产者，他们利用公债或参与国家投资行为进行投机。银行家不敢投资实业，制造业者担心产品销路减少产品投入，政府也不希望工人人数增加而社会不稳定因素增强，大多数制造业者和

① 〔美〕克莱顿·罗伯茨、〔美〕戴维·罗伯茨、〔美〕道格拉斯·R. 比松：《英国史》下册（1688年～现在），第167页。

② Silvia Marzagalli, "Napoleon's Continental Blockade: An Effective Substitute to Naval Weakness?" in Bruce A. Elleman and S. C. M. Paine, eds., *Naval Blockades and Seapower: Strategies and Counter-Strategies, 1805 – 2005*, p. 29.

③ François Crouzet, *A History of the European Economy, 1000 – 2000*, p. 122.

政府站在统一阵线，不希望扩大生产，同时要求政府设立较高额度的关税保护本国企业，他们只对国内市场感兴趣，对国际贸易谨小慎微。此外，法国的工业此时仍处于被门德尔斯称为“原工业化”（proto-industrialisation）的时代，大多数工厂仍与今日的规模化生产相去甚远。以纺织业为例，大多数企业仍集中在农村或城乡接合部，且自动化程度十分低下，手动纺织机的数量大大超过机器纺织机。[①] 在这样的大环境下，虽然法国开始受到亚当·斯密《国富论》倡导的市场经济的影响，出现以萨伊为首的经济自由主义潮流，但是在政府保护下生存的工厂主及其在政府部门的代言人成功地保住了政府对外政策的保护主义倾向。

得到反法同盟首肯最终返回法国执政的波旁王朝复辟了君主制，但这个软弱的政府一方面要面对国内极端保王党、空论派、自由派和波拿巴分子各据一方的混乱政局，[②] 另一方面仍须面对以农业为主体、农民为主要人口的传统经济、缺乏现代技术和原材料的制造业以及在战争中损毁严重又落后的交通手段。以土地年金为主要收入的贵族在政坛重新找到了发言权，他们敦促政府颁布 1819 年 7 月 16 ~ 17 日法令，实行严厉的谷物进口措施。这一法令将 1816 年 4 月 28 日法令曾规定的对每公担进口谷物和面粉征收 50 生丁永久税，大幅提高到每公升谷物征收 1 法郎 25 生丁、每公担面粉征收 2 法郎 50 生丁永久税（droit permanant）。若谷物和面粉由法国商船运送，则可减至每公升谷物 25 生丁和每公担面粉 50 生丁（第一条）。如果本地一等小麦的价格低于 23 法郎、二等小麦低于 21 法郎、三等小麦低于 19 法郎，从国外进口的谷物，无论商船属于哪个国籍均要在永久税的基础上缴纳补充税，具体为每公升 1 法郎（第二条）。若出现上述状况仍从国外进口面粉，需缴纳三倍于谷物补充税的费用（第四条）。若本地一等小麦价格低于 20 法郎、二等小麦低于 18 法郎、三等小麦低于 16 法郎，那么禁止一切国外小麦和面粉进入法国（第五条）。[③] 复

① 〔法〕米盖尔：《法国史》，蔡鸿滨等译，中国社会科学出版社，2010，第 225 页。

② 具体可参见周小兰《“气候—危机”模式再探——以法国无夏的 1816 年为例》，《世界历史》2019 年第 1 期，第 80 ~ 81 页。

③ J. B. Duvergier, *Lois, décrets, ordonnances, réglemens et avis du conseil-d'Etat*, Tome Vingt-deuxième, Paris: A. Guyot et Scribe, Charlies-Béchet, 1828, p. 268.

辟王朝政府对谷物征收重税的目的是防范海外尤其是敖德萨的廉价小麦进入法国，使本国农民利益受损。

时任海关部长的保护主义支持者圣克里克（Saint-Cricq）总结了政府对贸易的看法："（贸易就是）采购最难以获得的，售卖最容易生产的"（acheter aux autres le moins possible et de leur vendre le plus possible）。此时的贸易政策仍然沿用柯尔贝时代的原则。[①] 这种保护主义具体表现为：进口法国工业急需的而无法从本土或殖民地获得的资源，在满足国内需求后出口过剩的农产品。首先，政府对关系国计民生以及大地主利益的谷物实行严格的保护政策，设置高额关税。其次，政府也对国外的铁矿、羊毛、棉花、麻、布料、染色剂等工业原材料征收高额关税，这一限制使法国工业困难重重。最后，复辟王朝政府对自己殖民地商品也采取严格的控制措施，禁止非法国本土生产的糖入境［拿破仑时代为了对抗英国，拒绝进口英国殖民地生产的蔗糖，而使用1811年由法国化学家魁鲁埃尔（Jean-Baptiste Quéruel）研发的甜菜糖，软弱的复辟王朝沿用了这一做法］，同时对刚刚独立的拉丁美洲、南亚和东南亚殖民地产品设置了较为严格的关税壁垒。这种保护政策实际上延续了大革命和拿破仑时期的具体措施，短期内保护的是在大陆封锁体系之下成长起来的法国工业，长期来看则存在较严重的隐患，其中最直接的结果是导致原材料成本奇高，法国产品在与英国产品的竞争中一直处于劣势。与殖民地的贸易中断，使法国丧失了曾在旧制度时期使国家繁荣富强的大宗贸易，与英国竞争的失败使其失去了学习英国专业技术的机会。这两大缺陷在相当长的一段时间内困扰着法国工商业，而复辟王朝政府由于政权软弱，无法通过强硬手段在经济领域实现深度改革，最终只能在可容忍的范围内延续前朝的政策，最大限度地保障部分压力集团的利益。

奥尔良王朝的路易·菲利普趁着"光荣革命"的时机登上了权力顶峰。这位被称为"资产阶级"国王的新任统治者，在经济方面表现出与前任不一的姿态。原本这一形势令倡导英国式自由主义的经济学家雀跃，但政府最终的策略仍然没有偏离保护主义的轨道。

---

① Bertier de Sauvigny, *La Restauration*, Paris: Flammarion, 1955, p. 303.

值得注意的是，这一时期，七月王朝政府秉持自由主义，政治环境较为宽松，经济自由主义也得到了长足发展。这一潮流在学院派经济学家的推动下开始占领舆论阵地。这些经济学家中最负盛名的要数萨伊，他接受重农主义自然秩序的理念和亚当·斯密的市场主导资源分配的论点，完成了代表其毕生学术成果的两部作品：《实用政治经济学课程》（*Cours complet d'économie politique*）和《政治经济学概论》（*Traité d'économie politique*）。这两部内容相近、体例有异的作品奠定了法国政治经济学的学科基础，也是19世纪法国经济自由主义的“圣经”。萨伊将政治经济学定义为：政治经济学根据那些总是经过仔细观察的事实，向我们解释财富的本质；它根据关于财富本质的知识，推断创造财富的方法、阐明分配财富的制度与财富消失后发生的现象。之后，他严谨地界定了政治经济学学科的性质、内容和范式，使这一学科具备了实证科学的基本特征。[①] 理论建构的工作完成以后，经济自由主义在专业出版商纪尧曼的运筹帷幄下在全国掀起舆论潮流。信奉萨伊和经济自由主义的经济学家也于1842年在巴黎成立经济学会（Société des Economistes），并定期召开学术会议，为自由派经济学家之间的合作与交流提供了平台。

在经济自由主义取得长足进步并在政坛发声的过程中，保护主义一方也开始有组织地集结起来对抗自由派经济学家倡导政府学习英国自由贸易模式、开放市场的言论。第二共和国时期，反对英式自由贸易的势力非常强大。政府内部拥有实权的梯也尔，在国内坚定捍卫政治自由主义，反对社会主义，但在对外贸易方面仍公开宣称支持保护主义。

1846年9月20日、10月18日和22日，保护主义阵营的喉舌《工业箴言报》（*Le Moniteur industriel*）刊登攻击自由贸易的文章，这些文章明确地表达了保护主义者的观点：拥有不可动摇的大型工业比自由贸易更能为人民带来更多利益……只有高关税或贸易禁令能使法国生产铁、煤、棉花、羊毛和麻纺织品。照搬英国的自由贸易是一种妒忌使然的策略，皮尔取消《谷

---

① 周小兰：《纪尧曼出版社与法国政治经济学的传播（1835～1864）》，《法国研究》2019年第1期，第23页。

物法》不是实践亚当·斯密理论，而是保持并扩大英国在全球市场的优势。[①] 1847年下半年，经济学家弗雷德里克·巴斯夏（Frederic Bastiat，1801－1850）发起的自由贸易运动面对大多原本支持自由贸易的工商业人士和报刊的倒戈，只能宣布这一运动失败。法式自由贸易又回到一种与政治自由主义脱离的经济自由主义的轨道，法国经济学家复制英国模式的努力暂告一个段落。

保护主义在较长时间内是法国第二共和国和第二帝国初期政府奉行的经济原则，一直到1860年英法《科布登－舍瓦里耶条约》（Traité Cobden-Chevalier）的签订，意味着有着深厚保护主义土壤的法国与英国和解，并走上有条件的自由贸易之路。这一条约是在拿破仑时代延续下来的禁运政策和保护主义政策的基础上颁布的，法国政府禁止外来产品的进口并对棉花、羊毛等原材料征收高额关税，使法国工业一直在一种失衡的状态下勉强发展。这种失衡一方面体现在原材料的极度匮乏和价格高昂；另一方面体现在外来产品无法进入法国与当地制造业形成竞争，使本土企业失去了更新技术和设备的良机。在这一形势下，致力于发展法国经济的第二帝国皇帝路易－拿破仑·波拿巴下令当时法兰西公学院政治经济学教授、同是圣西门主义信徒的米歇尔·舍瓦里耶（Michel Chevalier）前往英国与该国最著名的自由主义经济学家科布登（Richard Cobden，1804－1865）谈判。双方经过协商最终达成协议，法方决定取消对外国制造业产品的进口禁令，以关税取而代之。关税不能超过其价值的30%，1864年争取将这一税额降至25%。对此，双方将签署进一步的协议作具体规定。之后双方就冶金业、纺织业和其他产业三大类别的产品关税作了后续的谈判并签署协议。[②] 在与英国签约后，法国又陆续与比利时、德意志关税同盟、意大利等签订协议。

这个被称为经济政变的协议，短暂地改变了几个世纪以来法国的重商主义传统，法国的保护主义阵营在良好的经济发展态势之下容忍了自由贸易的

---

① "Sur les réformes de sir Robert Peel," *Le Moniteur Industriel*, 1 février 1846.

② Gabrielle Cadier, "Les conséquences du traité de 1860 sur le commerce franco-britannique," *Histoire, économie et société*, 1988, 7e année, n°3, p. 356.

主张。这一转向使法兰西第二帝国进入了二十年的经济快速增长期。时至19世纪80年代，由于席卷全欧洲的经济危机重创法国，保护主义的呼声又重新占据主导地位。

结　语

重商主义是17世纪以来在欧洲各强国兴起的原则，主要以从殖民地获得发展动力的西班牙和葡萄牙的增长模式为模板，得到欧洲向往强权的君主的接受和支持。这一原则将国家所拥有的贵金属量作为强弱的标准，继而在各国之间出现了政府主导下的贸易和制造业的残酷竞争，这种竞争的背景是商业资本主义时代各国利用优势资源置换实现利益最大化的趋势。西班牙和葡萄牙两大殖民帝国就是在这种趋势下获得源源不断的财富。两国衰落后，英、法、荷一跃成为欧洲最强大的国家，这与其采取的重商主义政策不无关系。这些国家所具备的普遍特征是：在国家的资助和保护下，有武力保驾并导向垄断的贸易体系形成，代表国家优势产业最具国际竞争性的产业生根发芽，最终促成了港口和工业重镇的欣欣向荣。

总体而言，处于不同经济发展水平的国家根据各自的政治和经济形势选择最能符合本国利益的政策。17世纪是民族国家形成的阶段，英、法、荷等国开始挑战西葡在海外的殖民霸权，建立起一套与母国联系密切的贸易体系。为了保证宗主国的利益最大化，与其他强国竞争，英、法、荷首先实践了重商主义政策。18世纪，旧殖民体系的巩固和运作使上述三国成为欧洲最富裕和最强大的国家，重商主义不可否认地发挥了决定性作用。18世纪、19世纪之交，席卷欧洲的法国大革命和拿破仑战争改变了各国的政治和经济走向，法国在欧洲的武力扩张与重商主义并行不悖。拿破仑帝国覆灭后，失去大多海外殖民地和欧洲领土的疲弱的法国，曾在短暂的时间内放弃重商主义传统，减少关税壁垒，但面对英国工业品不堪一击的法国制造业迫使政府重新提高关税壁垒为制造业提供保护。由于国家在经济领域的角色发生变化，不再直接涉入经济环节，包括从国库支出资金扶植某个产业的发展，17世纪至拿破仑时代那种烙印深刻的重商主义被以财政手段为调节方式的保护主义政策取代。从复辟王朝至七月王朝，经济自由主义与保护主义的争论一直萦绕着法国政坛，政府在这两种政策间犹疑，根据具体形势做出调整。直至重建海外殖民体系的第二帝国时期，经济自由主义才在一定时期内将法国推出了经济国家主义的轨道。

战后美日贸易摩擦的历史概述

林彦樱*

摘　要　本文的目的是通过梳理美日贸易摩擦相关的日文文献，对战后美日贸易摩擦的历史演变过程进行梳理，并探讨美日贸易摩擦背后的经济因素。战后美日贸易摩擦大致可以分为三个时期：20 世纪 50 年代后半期到 70 年代初的早期贸易摩擦，70 年代初到 80 年代初贸易摩擦的扩大化，以及 80 年代初到 90 年代前半期贸易摩擦的全面升级。70 年代初之后美日贸易摩擦的产生，是美日之间经济关系与政治关系的不平衡导致的。经济关系的变化，与石油危机之后美日两国产业竞争力的变化密不可分。

关键词　美日贸易摩擦　美日关系　产业竞争力

近年来，随着中美贸易摩擦的升级，无论是学术界还是传媒界，都对作为历史的美日贸易摩擦给予了越来越多的关注。事实上，美日贸易摩擦在学界早就是被广为关注的问题，至今已经有许多优秀的研究成果。① 在这些研究成果中，经济学研究往往重视探讨日本对美贸易顺差的根源和合理性，政治学研究更倾向于把重点放在贸易交涉的政治过程，而历史研究则倾向于还原具体的历史细节。本文的目的是，从美日关系及背后两国产业竞争力变化

---

* 林彦樱，弘前大学人文社会科学部助教。

① 如：小宮隆太郎『貿易黒字・赤字の経済学』東洋経済新報社、1994；Ronald McKinnon and Kenichi Ohno, *Resolving Economic Conflict Between the United States and Japan*, Cambridge: MIT University Press, 1997；竹中平蔵『日米摩擦の経済学』日本経済新聞社、1991；鷲尾友春『日米間の産業軋轢と通商交渉の歴史』関西学院大学出版会、2014；谷口将紀『日本の対米貿易交渉』東京大学出版会、1997；等等。

的视角出发，梳理战后美日贸易摩擦的演变过程。

在考察的过程中，本文一定程度上借鉴了“二十世纪体系论”的理论框架。[①] 该理论是20世纪末日本学者提出来的用于分析20世纪历史的理论框架，以东京大学社会科学研究所为据点进行过大规模的共同研究，其成果为六卷本的《二十世纪体系》。“二十世纪体系论”的基本思想是，认为经济体系（资本主义）是经济与政治的对立统一，从微观到宏观分别表现为企业组织、国民国家和世界体系。从这个理论视角出发，“二十世纪体系论”的构成，包括建立在大量生产体系基础上的垄断企业、福利国家和“美式和平”（Pax Americana），而无论是在企业组织、国家形态还是世界秩序层面，其特点都是“人为设计的制度”。从时间上说，该理论成形于两次大战间歇期，在第二次世界大战的总体战中得到发展，并在资本主义黄金的60年代达到顶峰。

应当说，“二十世纪体系论”的理论框架十分适合用于贸易摩擦的分析。因为贸易摩擦既是一种经济现象，也是一个政治过程，涉及产业竞争力、国家关系和世界秩序，政治因素与经济因素往往错综复杂地连接在一起，单纯地将其中某一个侧面切割出来难以看清其全貌。因而，若想全面把握美日贸易摩擦的历史变迁，需要综合考虑贸易摩擦产生的政治与经济因素以及这两者之间的张力；同时，如果想要构建完整的逻辑链条，还必须综合考察贸易摩擦产生时宏观的世界秩序以及微观的企业体系，才能构建更加立体而完整的历史图像。由于整个美日贸易摩擦的过程过于复杂，本文难以在有限的篇幅内按照“二十世纪体系论”的理论框架，完整地勾勒出整个历史过程。本文的主要目的，是在简单介绍“二十世纪体系论”框架的基础上，运用日文文献，从美日关系和产业竞争力两个层面，对贸易摩擦的过程进行一个概括性的梳理。

一　贸易摩擦的时代背景

二战后的国际秩序，尽管存在以美苏为中心的两大阵营的共存和对立，

① “二十世纪体系论”，有时又称“二十世纪资本主义”“现代资本主义”。可以参考橋本寿朗編『20世紀資本主義1：技術革新と生産システム』東京大学出版会、1995；東京大学社会科学研究所編『20世紀システム1：構想と形成』1998；藤瀬浩司『20世紀資本主義の歴史Ⅰ：出現』名古屋大学出版会、2012。

但基本上可以说是通过以联合国、世界银行、国际货币基金组织等为代表的一系列“人为设计的制度”建立起来的“美式和平”。两大阵营的对立，事实上是人类在20世纪尝试去控制经济社会活动的两种不同“构想”的对立。“美式和平”的维持，有赖于作为世界体系中心的美国强大的军事、政治和经济实力。军事上，“美式和平”依靠的是美国作为超级大国的军事实力；政治上，“美式和平”有赖于作为霸权国的政治影响力以及在国际组织中的核心地位；经济上，“美式和平”则建立在美国强大的经济实力之上，而支撑这种经济实力的，是大量生产的生产体制下的大企业组织。世界秩序的稳定需要三个要素取得平衡，而存在失衡时，世界体系就可能产生动摇和摩擦。

美日关系建立在上述国际秩序的基础之上，但也有其独特之处。日本作为战败国，在政治上对美长期处于从属地位，这种不平等的政治关系，使得美日贸易摩擦不同于其他国家之间的贸易摩擦，美日关系往往容易成为影响日本的“外压”。在这样的关系下，日本在进行贸易谈判时，往往容易在缺乏明确理念的情况下半推半就地附和美国的要求；如果贸易摩擦关系到国内既得利益比较大的商品则会采取缓兵之计，但最终往往反而招致美国变本加厉的要求。在此过程中，时而会出现如美日结构协议那样深及社会经济结构的强力干预，类似的情况很难发生在美国与其他国家之间。与同时期的美国和欧共体的贸易谈判相比，美国与欧共体的贸易谈判往往以相互让步为原则，一旦美国对欧共体施压，欧共体也会采取报复性措施。[①] 当然，对美从属对于日本而言也有一定的好处：从经济上说，在美日安全保障体系的保护下日本可以最大限度地压缩国防费用，同时依靠日美关系用相对较少的费用从美国引进先进技术，这些都是日本能够在1955年之后实现高速增长的外部条件。

从时间轴上看，以美国为中心的世界政治经济体系在60年代最为稳定，而随着1971年布雷顿森林体系的瓦解和1973年石油危机的爆发，美国在经济上的地位相对下降，这一体系也开始出现动荡。美国占世界的GDP比重从1955年的40.3%，下降至1980年的23.3%；外汇储备从1957年的40.1%，下降到1972年的7.3%。[②] 而与此同时，美国仍然保持着作为霸权

① 谷口将紀『日本の対米貿易交渉』、88頁。

② 佐藤英夫『日米貿易摩擦：1945~1990年』平凡社、1991、17頁。

国的政治地位，70年代之后美国频繁发动贸易争端，事实上正是这种政治地位与经济地位脱节的反映。贸易摩擦往往使美国陷入一种恶性循环：由于产业竞争力下降采取保护主义措施，但贸易保护措施的实施反而弱化国内的市场竞争使美国产业进一步失去竞争力，从而不得不进一步实行贸易保护主义，且变得越来越具有攻击性。

另外，日本不仅在1955年开始实现高速经济增长，[①] 在石油危机之后，相比陷入滞胀的美国，在电子器械、汽车等产业的国际竞争力也迅速上升，最终在80年代以经济大国的姿态登上历史舞台。日本在石油危机之后，面临着石油价格上涨、劳动力成本上涨和日元升值的三重压力。在这一背景下，日本相对欧美国家仍然能够实现相对平稳的经济增长，因而被称为处于“稳定成长期”。其背后，依靠的是所谓“日本经济体系”[②] 内生的弹性机制，以及日本企业通过减量经营的积极应对。一方面，依托于终身雇佣、年功序列工资和企业工会组织为代表的“日本式经营”，日本企业通过压低劳动成本，增加自动化设备提高劳动生产率，让员工进行岗位轮换、临时停工、外调等雇佣调整。另一方面，日本企业积极进行的“减量经营”也发挥了重要作用，节能措施的合理化主要体现在钢铁、化工行业，比如钢铁连续锻造技术的引入等。[③] 作为参考，表1显示了美日两国的比较优势指数，可以看出，1979年，日本在金属产品、电气机械和运输机械等领域的比较优势指数都已经高于美国。这种相对实力的变化，加上美国在积极的财政金融政策的推动下消费持续增长，美国对日本的贸易逆差在石油危机后开始迅速扩大（见图1）。如下文所述，美日之间的贸易摩擦，虽然可以追溯到50年代，但是真正扩大化是在70年代初期之后，其背后变迁的动因正是美日两国经济实力的逆转。

---

① 安場保吉・猪木武徳編『日本経済史8 高度成長』岩波書店、1989。从经济层面和政治层面等多个视角讨论了1955年对于战后日本的历史意义。

② 关于“日本经济体系”的著作很多，不同论者强调的部分有所不同，上述归类为笔者的总结。关于日本经济体系，可以参考青木昌彦・奥野正寛編著『経済システムの比較制度分析』東京大学出版会、1996；寺西重郎『日本の経済システム』岩波書店,、2003；等等。

③ Michael J. Pore and Charles F. Sabel, *The Second Industrial Divide*: *Possibilities for Prosperity*, New York: Bacis Books, 1984.

表 1　1979 年美日主要产业比较优势指数

产业	日本	美国
纤维	196	94
服装、纺织品	31	57
化学制品	122	200
金属基础产品	390	81
金属加工产品	209	149
机械（电气机械除外）	215	272
电气机械	404	210
运输机械	368	230

资料来源：深尾京司等編『日本経済の歴史 5：現代 1』岩波書店，2018、266 頁。

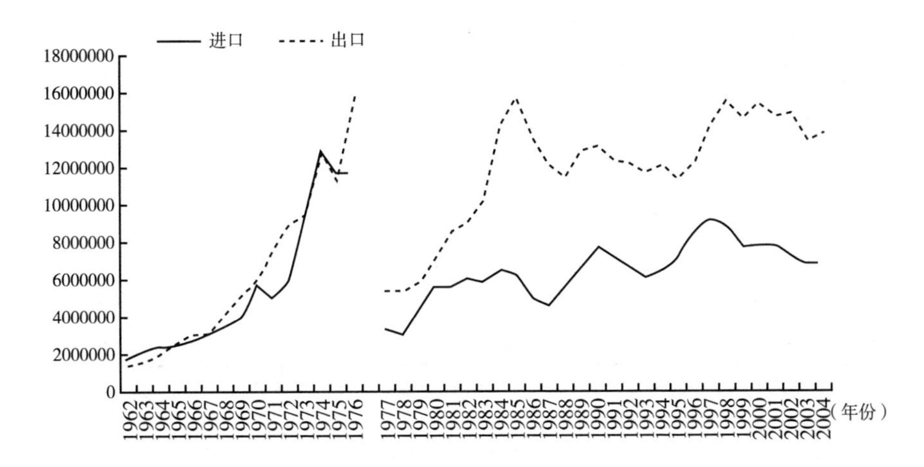

图 1　日本对美出口和进口总额

说明：1976 年之前单位为“千美元”，1977 年之后为“百万美元”。

资料来源：日本統計協会編『日本長期統計総覧』，http：//www. stat. go. jp/data/kakei/longtime/index3. html，访问日期：2019 年 6 月 20 日。

值得一提的是，由于石油危机前后贸易在日本经济中的作用不同，贸易摩擦本身对于日本经济的影响力也存在差别。日本一直强调“贸易立国”，因而日本经济往往给人们外向型经济的印象。事实上，在 20 世纪 50 年代后半期到 70 年代初的高速增长期，日本的贸易依存度低于同时期的欧洲，与美国相当。经济增长的主要动因，也不是出口，而是民间设备投资（见表 2）。具体而言，民间设备投资的扩大，依靠的是金融产业和机械产业之间的产业关联而诱发的内部正向循环：金属产业的扩大增加了设备需求，而机械产业的成长也会拉动材料需求（“投资呼唤投资”）。[①] 不过，石油危机爆发之后，在60年代支撑日本经济增长的设备投资需求下降，这时期的经济增长主要依靠进出口拉动，日本的家电、汽车等产业开始了向美国市场“暴风骤雨式的出口”。

表2　日本经济高速增长期的增长因素

单位：%

类别	1955年	1970年	1955~1973年平均增长率	1955~1973年的增长贡献度
个人消费支出	66.2	50.3	8.9	46.0
民间设备投资	8.0	23.4	19.1	27.6
民间住宅建设	3.2	6.1	15.5	6.9
政府经常支出	13.2	5.9	5.0	3.9
政府资本形成	6.3	8.4	13.0	8.9
库存投资	1.3	4.2	19.9	5.0
出口	8.5	13.1	14.2	14.3
进口	6.7	11.4	14.8	-12.6
国民生产总值	100.0	100.0	10.9	100.0

资料来源：三和良一『概説日本経済史：近現代』東京大学出版会、2012、187頁。

总体上说，美日贸易摩擦大致从50年代开始，到90年代后半期相对平息。根据谷口将纪的统计，从1956年到1994年，从《通商白书》《贸易年鉴》《朝日新闻》中选取能够获得谈判概况的日美之间贸易谈判的事例总共有106例。[②] 结合以上的讨论，下文中对美日贸易摩擦分50年代后期至70年代初、70年代初至80年代初，以及80年代初至90年代前半期三个阶段进行考察。

① 武田晴人編『高度成長期の日本経済——高成長実現の条件とは何か』有斐阁、2011。
② 谷口将紀『日本の対米貿易交渉』、120頁。

二　早期的贸易摩擦（50 年代后期至 70 年代初）

美日之间的贸易摩擦最早可以追溯到 50 年代。早在 1955 年之前美日之间就存在小规模的贸易摩擦，主要发生在冷冻金枪鱼等水产品上。而进入 50 年代后半期，贸易摩擦逐步扩大，被列入数量控制清单的产品的出口额在日本对美出口总额中的比例从 1955 年的大约 10% 上升至 1959 年的 30% 以上。[①] 不过，这一时期的美日贸易摩擦对于两国而言影响力有限，主要体现在：第一，美国仍然拥有超级大国的经济实力，在 60 年代中期之前对日贸易维持顺差，即便 60 年代中期之后对日贸易转为逆差，数额也相对较小；第二，如上所述，石油危机之前的日本经济增长主要是内需拉动型增长，贸易的波动对日本的影响有限。这一时期，即便有诸如纺织品摩擦这样上升到国家政治层面的贸易谈判，但其产生主要是由于两国的国内政治因素，而并非对国内经济的影响。

接下来，本文将以这一时期最著名的美日纺织品贸易摩擦为例，来分析这一时期贸易摩擦的特点。50 年代后期，日本主要向美国出口棉纺织品、合板、服装等劳动密集型产品，其中棉纺织品是日本对美出口换取外汇的重要物资。对于刚刚从战败状态实现经济复苏的日本经济而言，战前就有一定的技术沉淀的纺织业在 50 年代率先获得发展，对于当时获取外汇手段不多的日本经济而言十分重要。根据日本总理府统计局编《长期统计总览》的数据，1951 ~ 1955 年全部产业中，纺织业的设备投资额最高，达到 1910 亿日元，超过全部产业投资总额的 10%；1956 ~ 1960 年投资总额排名下降到第四位，但是仍然占全部产业投资总额的 6% 左右。

在这样的背景下，日本开始向美国大量出口棉纺织品。成为纺织品贸易摩擦导火索的，是被称为“一美元衬衫”的女性衬衫，由于价格低廉而在美获得热销，销售量从 1953 年的 5318 打，到 1954 年的 17 万打，再到 1955

---

① 〔日〕通商产业省通商产业政策史编纂委员会编《日本通商产业政策史》第 9 卷《第Ⅲ期高度增长期（2）》，《日本通商产业政策史》编译委员会译，中国青年出版社，1994，第 230 页。

年的400万打，以惊人的速度在美国市场站稳脚跟。到1955年，“一美元衬衫”的对美出口量相当于当时美国国内女性衬衫生产量的1/4以上。[①] 这种扩张的速度惊动了美国的纺织业界。1955年，美国纺织业界通过议会对政府施加压力，要求对日本进行纺织品进口管制。然而由于50年代后期美国对日贸易还是出超，加上美国纺织业在世界上还有相当强的竞争力，所以美国政府并没有采取特别强硬的措施。1955～1960年，美国对日进口总额为39亿美元，而对日出口总额则为64亿美元，实现可观的顺差。而就纺织品贸易而言，其在1960年也维持着出超。[②] 最终，在美国政府的示意下，日本率先进行了自主出口管制，成功避免了美国贸易保护法案的出台。[③]

上述50年代的摩擦只是纺织品贸易摩擦的前奏，60年代初开始，日美的纺织品贸易摩擦逐步从棉纺织品扩大到化纤纺织品和羊毛纺织品，而从1969年开始正式进入长达三年的谈判，谈判的契机始于1968年的美国大选。当时作为共和党候选人的尼克松为了获得以纺织产业为主要产业的南部选民的选票，承诺一旦当选将限制从日本的纺织品进口。尼克松于1969年就任总统后，正式开始与日本就纺织品贸易问题进行交涉。[④]

作为美日纺织品贸易摩擦的顶峰，1969～1971年的美日纺织品贸易谈判过程大致可以分为六个阶段。（1）1969年春，美国对日本提出进行全面管制（comprehensive control），要求对所有纺织品按照品类制定出口增速的上限，并同时设定纺织品总量增速的上限。（2）1969年11月，佐藤荣作和尼克松在两国首脑会谈上，达成了关于纺织品谈判和“冲绳返还”的秘密协议，佐藤同意以“冲绳返还”为条件，在纺织品谈判中做出大幅让步，然而在其后的实际谈判中，日本拒绝了美方包含全面管制条款的两个方案。（3）1970年春，美国贸易紧急委员会（Emergency Committee for American Trade，ECAT）私下向日本提出折中解决方案，日本的通产省和纺织业界都

---

① 富澤修身『模倣と創造のファッション産業史』ミネルヴァ書房、2013、233頁。

② 佐藤英夫『日米貿易摩擦』、20頁。

③ 小峰隆夫編『日本経済の記録：第2次石油危機への対応からバブル崩壊まで（1970年代～1996年）』内閣府経済社会総合研究所、2011、48頁。

④ 小峰隆夫編『日本経済の記録：第2次石油危機への対応からバブル崩壊まで（1970年代～1996年）』、48頁。

对该方案表示认可。然而，在通产省和纺织品业界内部达成一致之前，由于日本媒体的曝光惊动了美国国内的反对派，最终该方案胎死腹中。（4）1970年6月，美国商务部部长莫里斯·斯坦斯（Maurice H. Stans）和日本通产省大臣宫泽喜一进行了正式会谈，但没有达成协议。（5）1970年秋，政府间谈判重启。（6）1971年春，日本纤维联盟宣布进行单方面自主管制。[①]经过一系列艰难的谈判，日本在1972年1月签署了《日美纺织协议》，纺织品贸易摩擦最终"以与美国当初的方案极为接近的形式做出了决定"。[②]

美日纺织品谈判之所以如此艰难而漫长，更多是政治因素的影响，纺织品贸易本身对于两国经济而言影响力有限。主要体现在以下两个方面。第一，虽然50年代的"一美元衬衫"席卷美国市场，但是这一时期就纺织品整体而言，日本出口的纺织品在美国的市场份额非常小。在纺织品谈判正式开始的1969年，日本对美出口的化纤产品也仅相当于美国本国生产额的1%左右。[③] 第二，如上文所言，随着60年代日本经济的高速增长，日本的核心产业已经转移到金属产业和机械制造业，纺织业的地位大不如前。到60年代末，纺织品出口也不再是日本经济主要的外汇来源。而即便如此，双方仍然僵持不下，事实上是国内的政治因素在作祟。美国方面，如上所述，与尼克松的总统大选有关。而日本方面之所以在谈判中采取相对强硬的立场，是在国内纺织业界及其工会的压力下，通产省对政府施压的结果。[④]因而可以说，这一时期纺织品贸易摩擦的政治内涵远大于经济内涵。

值得一提的是，纺织品贸易摩擦还在另一个层面上有着特殊的历史意义，那就是其与"冲绳返还"问题之间的联系。早在谈判期间，坊间就有日本首相佐藤荣作与美国总统尼克松达成了"用线买绳"（糸で縄を買う）的秘密协议的传闻：佐藤荣作向美方表示愿意在纺织品贸易谈判上让步，作为交换，佐藤要求美国"归还冲绳"，回收冲绳一直是佐藤荣作的政治夙愿。这一秘密协议的存在，随着2010年3月日本外务省公开关于四个"秘

① 佐藤英夫『日米貿易摩擦』、30頁。

② 《日本通商产业政策史》第1卷《总论》，第376页。

③ デスラ・福井弘治・佐藤英夫『日米繊維紛争』日本経済新聞社、1980、10頁。

④ 《日本通商产业政策史》第1卷《总论》，第374页。

密协议”的档案而获得证实。[①] 从事后来看，日本很可能在这项政治交易中吃了亏。事实上，尼克松签署的国家安全保障会议备忘录的内容显示，尼克松早在与佐藤荣作达成秘密协议之前就已经做好了1972年之前“归还冲绳”的准备。[②] 不仅如此，尽管早在1969年11月的首脑会谈中佐藤和尼克松就达成了秘密协议，但是后来随着传闻的扩散和局势的变化，纺织品谈判过程依然非常艰难，甚至最后通产省不得不在未与纺织业界达成一致的情况下，就与美方草签了政府间协议。纺织品业界为此发起了行政诉讼，最后通过政府对业界进行救助才得以解决。[③] 当时作为佐藤荣作密使的若泉敬在回忆纺织品交涉时说：“（纺织品交涉问题）越是深入进去，越会发现那是一个无比沉重，而又无比悲哀、错综复杂，或者极端地说，是一个魑魅魍魉的世界。即使现在想起来，都会觉得是一个令人厌烦的、漫长的故事。”[④]

纺织品贸易摩擦由于牵扯到冲绳问题，所以谈判艰难，政治影响大，某种意义上说不能算是这一时期美日贸易摩擦的典型事例。即便如此，通过这一事件也能看出贸易摩擦中美日交涉的特点。美方常常由于国内局部地区和产业的利益而挑起贸易争端，小泽健二认为，这一特质与其以国内市场为中心的经济发展模式和多元的地域主义有关。[⑤] 而日本在贸易摩擦中的姿态，则经常是在美国提出要求时先全面拒绝，在美国进一步施压之后一点一点让步，最终被迫达成被动的结论。

最后，从国际秩序和生产组织的角度谈这一时期贸易摩擦的特点。如前所述，在这一时期，美国在政治和经济上都保持着超级大国的地位，以美国为代表的大量生产体系代表着当时最高的生产技术水准。而这一时期日本对美出口的主要是劳动密集型产品，贸易摩擦也主要围绕这些产品产生。这一

---

① 信夫隆司『若泉敬と日米密約：沖縄返還と繊維交渉をめぐる密使外交』日本評論社、2012、2頁。

② 鷲尾友春『日米間の産業軋轢と通商交渉の歴史』、43頁。

③ 《日本通商产业政策史》第1卷《总论》，第375~376页。

④ 信夫隆司『若泉敬と日米密約：沖縄返還と繊維交渉をめぐる密使外交』、2頁。关于纺织品摩擦的更多讨论，还可以参照石井修「第2次日米繊維紛争（1969－1971）：迷走の1000日」『一橋法学』8巻2号、3~33頁。

⑤ 小沢健二「日米経済関係の逆転」工藤章编『20世紀資本主義Ⅱ：覇権の変容と福祉国家』東京大学出版会、1995、102頁。

时期的日本在经济上还对美国构不成威胁，日本也借美日关系之便以非常低廉的成本从美国引进技术，并根据本国的市场特点和资源禀赋，将引进的技术与大量生产体系进行改良与本土化，迅速实现赶超。总体上说，这一时期的美日贸易摩擦只是后面贸易摩擦扩大化的序曲罢了。

三 贸易摩擦的扩大化（70 年代初至 80 年代初）

石油危机之后，随着美国经济陷入停滞和日本国际竞争力的提升，美国与日本的贸易摩擦扩大到家电、钢铁、汽车等领域。相比早期的贸易摩擦，这一时期的贸易摩擦具有以下特点：第一，日本的家电、钢铁、汽车等产业经过高速经济增长期的迅速扩张，加上在石油危机之后成功实现“减量经营”，克服了油价和劳动力成本上升带来的双重压力，大大提高了日本的国际竞争力，同时通过“ME（Micro Electronic）革命”，使得产业结构实现了从“重大厚长”到“轻薄短小”的转变，逐步构建起多品种少量生产体制；第二，这一时期的美国饱受滞胀问题的困扰，许多产业在国际上的竞争力相对下降，也成为美国发动贸易争端的动机；第三，石油危机之后在 60 年代拉动日本经济增长的民间设备投资随着赶超的完成而告一段落，从需求层面来看，这一时期日本之所以能够实现高于欧美的增速，主要有赖于出口的拉动。可以想见，这一时期的贸易摩擦对日本经济的影响比 60 年代更大。

此处以彩电贸易摩擦和汽车贸易摩擦为例，来分析这一时期贸易摩擦的特点。日本的彩电业随着高速增长期国内市场的扩大而迅速成长。高速经济增长期，随着人均收入的增加，日本正式进入大众消费社会，尤其是被称为 3C（color TV，cooler，car）的家电迅速得到普及。[①] 日本彩电普及率在 1968 年仅为 5.4%，而到 1975 年则达到 90.3%。彩电的生产台数也从 60 年代开始迅速扩张，1965 年日本全国产量为 9.8 万台，到 1970 年增长到

---

① 关于战后日本大众消费社会的成立，可以参考吉川洋『高度成長—日本を変えた6000 日』读卖新闻社、1997；寺西重郎『歴史としての大衆消費社会：高度成長とは何だったのか』慶応義塾大学出版会、2017。

640万台，而到1980年则增长到1166万台。[①]

日本的彩电从60年代开始就大量出口美国，并以体积小、价廉节能等特性在美国热销。[②] 70年代之后，随着日本家电质量的提高，日本彩电在美国的非价格竞争力也迅速上升。[③] 但同时由于美国家电产业的萧条，在1968年受到反倾销诉讼。1977年，美国对于日本彩电的市场秩序维持协议（Orderly Marketing Agreement，OMA）开始生效，将日本对美国出口的彩电数量限制在175万台以内。以此为契机，日本的彩电厂商开始转向在美国当地生产，出口迅速减少，因而OMA在维持了三年之后自动解除。[④]

汽车贸易摩擦的发展与彩电贸易摩擦相似。石油危机爆发之后，随着油价的上涨，美国市场对于小型乘用车的需求开始扩大。然而美国的三大汽车企业（福特、通用、克莱斯勒）从50年代开始在美国汽车工会（United Auto Workers，UAW）的压力下经常被迫提高员工工资，成本上升导致汽车企业不得不专注于利润率较高的高级大型乘用车的生产。也因此，石油危机之后美国的小型乘用车供给多为进口，进口车的比例从1950年的10%上升到石油危机之后的19%，而到1980年则上升到26%。在此背景下，美国传统的三大汽车公司遭到巨大冲击，克莱斯勒一度濒临倒闭，企业大量裁员，失业工人发动游行，甚至发生了杀害被误认为是日本人的中国人的事件。[⑤]

在这样的背景下，1975年UAW对日本车提起反倾销诉讼。不过，美国国际贸易委员会（International Trade Commission，ITC）的判决认为美国汽车产业萧条的原因，是企业没有成功应对石油价格的上涨和需求的变化，汽车业界转而寻求让日本实行自主出口管制。1981年，里根就任总统之后兑现其参选时的诺言，颁布了汽车产业救助政策，同时要求日本进行自主出口

---

① 橘川武郎『日本の産業と企業—発展のダイナミズムをとらえる』有斐阁、2014、92～93頁。

② 橘川武郎『日本の産業と企業—発展のダイナミズムをとらえる』、92～93頁。

③ 1977年《通商白书》的调查显示，1976年彩电的在非价格竞争力大于国际竞争力。

④ 通商産業政策史編纂委員会編『通商産業政策史2：通商・貿易政策（1980～2000）』经济产业调查会、103頁。

⑤ 小峰隆夫編『日本経済の記録：第2次石油危機への対応からバブル崩壊まで（1970年代～1996年）』内閣府経済社会総合研究所、2011、53頁。

管制。最终出口管制一直持续到 1994 年，随着美国汽车产业的复苏和日本汽车产业逐渐转向在美当地生产而废除。[①]

从上述两个案例可以看出，这一时期的贸易摩擦，扩大到汽车等两国关键的制造业领域。两国汽车产业竞争力的逆转，是反映两国所代表的两种生产体系竞争力变化的最好例证。美日汽车贸易摩擦的根本原因，在于日本车的国际竞争力提升，这种竞争力不仅来自日本车的小型化与低油耗，还来自其相对较低的成本优势。而日本的汽车产业之所以能够在石油危机之后石油价格和劳动力价格上涨的双重压力下仍能实现成本优势，要归功于这一时期进行的“减量经营”，最大限度减少浪费的“丰田生产方式”，以及富有弹性的多层次转包的生产组织。从这个意义上看，这一时期的贸易摩擦，一定程度上反映了美日两国由于不同生产体制导致的产业竞争力的变化。与此同时，虽然经济实力逐渐下降，但是美国仍然保持着作为霸权国的政治影响力，这种经济影响力与政治影响力的失衡，正是美国挑起贸易摩擦的目的，旨在用政治霸权来挽救其日益下降的制造业竞争力。而随着日元升值，日本企业开始增加对外直接投资，也使得纯粹的贸易谈判对日本企业的影响越来越有限。

四　贸易摩擦的全面升级（80 年代初至 90 年代前半期）

进入 80 年代，随着日本企业竞争力的确立，美国对日贸易逆差迅速扩大（见图 1）。根据 1984 年的《世界经济白皮书》的分析，80 年代初美国对日逆差产生的主要原因包括美日景气动向变化的短期因素、美日产业结构、贸易结构变化的结构性因素，以及美国的高利率和美元升值。而随着对日逆差前所未有地扩大，美国对日本提出的要求全面升级，从传统的贸易管制，扩大到市场开放、金融改革、汇率干预、经济结构改革等深层次领域。

市场开放方面，1985 年 1 月，日本首相中曾根康弘参与了日美首脑会谈，与美方展开了“市场导向型个别领域”（Market-Oriented Sector-Selective,

① 通商産業政策史編纂委員会編『通商産業政策史 2：通商・貿易政策（1980－2000）』、110～112 頁。

Moss）谈判，简化了通信机器、电子设备、木材、药品和医疗器械等领域的进口手续。同年4月，中曾根甚至在电视上呼吁日本民众“每人购买100美元的外国产品”。[①] 10月，中曾根设立了“为了国际合作的经济结构调整研究会”，该研究会于次年4月发布了著名的“前川报告”，确定了扩大内需的基本方针。事实上，日本早在1971年的经济白皮书中就提出了要开放市场：“至今为止，我国为了获得购买国外资源的外汇，在振兴出口和培育近代产业方面做出了许多努力，但是，随着我国对外责任的增大和国际收支的持续顺差，日本经济必须通过扩大进口机会、进行对外援助等方式，进行积极的、多方面的国际角色转换。”

金融改革方面，1983年10月，美国总统里根访日，要求日本采取措施纠正“扭曲”的日元对美元汇率，同时要求开放金融市场。同年11月，两国财务部长共同设立了“日美日元美元委员会”，并在1984年2~5月的短短三个月间进行了六次谈判，并最终发布了《日元美元委员会报告》，大幅推动了日本的金融自由化进程。[②] 金融自由化增加了金融投机的可能性，其后随着广场协议后日本银行实行宽松的金融政策，这种可能性转化为现实，推动了资产价格泡沫的产生。

汇率干预方面，1985年9月，美国政府在纽约的广场酒店召集了G5（美、英、法、联邦德国、日）各国的财政部长，达成了通过共同干预汇率消除贸易不平衡的协议，这就是著名的“广场协议”。广场协议之后，短短的两个月内，日元对美元的汇率升值了20%。不过，美日的贸易收支并没有马上逆转，反而继续扩大。此外，日本央行担心日元升值会导致严重的经济衰退，实行了宽松的金融政策，从1986年1月30日开始连续四次调低再贴现率，从原来的5.0%调整到1987年2月23日的2.5%。过度的金融宽松导致的资金泛滥也成了催生资产泡沫的原因。

---

① 武田晴人編『高度成長期の日本経済——高成長実現の条件とは何か』、233頁。

② 具体措施包括：废除利息税，放开定期存款利率，放宽大额可转让定期存单（CD）的发行条件，废除日元换购管制（円転規制），放开日元对外贷款，允许外资金融机构取得东京证券交易所的会员权，允许外资金融机构进入信托行业，离岸日元债券市场的扩大等。宫崎义一称，1983年尼克松访日是日本金融制度的转折点（宮崎義一『複合不況』中央公論社、1992、199頁）。

经济结构改革方面，美国于1988年颁布了《全面贸易竞争力强化法案》（the Omnibus Trade and Competitiveness Act），并在1989年6月根据该法案的“超级301条款”，将日本指定为不公平贸易的优先国之一，开始对超级计算机、人造卫星、木材产品等领域进行调查。根据该条款，开始调查后如果与指定国进行谈判持续一年以上没能获得满意的结果，将自动对指定国发动经济制裁。与此同时，美国向日本提出日美“结构问题协议”（Structure Impediments Initiative），并于1989年9月至1990年6月开展了5次会谈，指出日本在储蓄投资平衡、土地利用、流通、排他性商业习惯等方面存在结构性问题，在第五次谈判的最终报告上明确规定了日方应该为解决这些问题采取的措施。[①] 这一法案是基于美方对日本的社会经济体系具有特殊性的认识，认为要改变日本的“不公平贸易行为”，必须将改革深入经济结构和微观主体行为层面。

至此，美日贸易摩擦的内容从贸易本身扩展到金融、汇率、商业习惯、市场结构等方方面面。此后，日本经济在资产价格泡沫破裂之后进入长期停滞，日本经济体系似乎辉煌不再。那么，是否可以认为经济的长期停滞，是日本输掉这场贸易战的结果呢？深尾京司认为，90年代之后日本经济长期停滞的原因，是自石油危机之后日本经济长期存在结构性储蓄过剩，以及由于种种原因，这种过剩储蓄无法被经常收支顺差、民间投资以及政府财政赤字的任何一种或多种需求完全消化。其中，贸易摩擦和广场协议之后的日元升值也是阻碍过剩储蓄转化为经常收支顺差的因素。[②] 如果上述解释为真，那么可以认为：贸易摩擦与日元升值或许成功限制了日本对美的贸易顺差，却并非日本经济长期停滞的直接原因。日本经济的衰落，或许也可以从日本的经济体系无法适应新的国际分工格局的角度进行解释。关于这一点，由于资料和篇幅有限，还有待今后进行进一步研究。

① 通商産業政策史編纂委員会編『通商産業政策史2：通商・貿易政策（1980～2000）』、110頁。值得注意的是，美日结构问题谈判的改革建议是双向的，也就是说，日本也向美国提出了结构改革建议。这一点与以往的贸易谈判有很大区别。

② 深尾京司等編『失われた20年——と日本経済構造的原因と再生への原動力の解明』日本経済新聞出版社、2012。

小　结

本文分三个阶段简单回顾了美日贸易摩擦发展的过程。美日贸易摩擦初步产生于20世纪50年代，在石油危机之后开始逐步升级，并在80年代达到顶峰。从动因上看，石油危机之后，在经济上美日的产业竞争力开始发生逆转，而在政治上美国却一直对日本维持着主导地位，美日之间的这种经济关系与政治关系的不平衡，成为贸易摩擦频发的诱因。由于篇幅关系，本文对于贸易摩擦的完整过程以及生产组织的变化，有许多论点未能继续深入。本文只是一个初步的尝试，试图在介绍“二十世纪体系论”的基础上，对贸易摩擦产生的历史过程进行一个概括性的描述。本文在整个贸易摩擦过程的描述上，仍然有许多不足，更加具体而深入的分析，有待今后进一步探讨。

青岛啤酒的发展历程及其工业遗产研究

秦梦瑶*

摘　要　作为中国啤酒工业的领头羊，青啤是青岛乃至中国啤酒工业的一张闪亮名片，它承载着深厚的内涵和历史文化底蕴，在发展过程中也为后人留下了丰富的工业遗产。青啤工业遗产既有物质文化遗产的层面，也保留非物质文化遗产，两者结合在一起充分体现了青啤工业遗产的现代内涵，蕴含着多方面的价值，包括历史价值、社会价值、技术价值、经济价值、文化价值和审美价值。开展工业旅游和工业文化进校园活动，能够充分挖掘青啤工业遗产的当代价值，使青啤乃至整个啤酒行业的工业文化得到持续的丰富和更新。

关键词　青岛啤酒　工业遗产　工业旅游　中学历史

2018 年 6 月 20 日，在由世界品牌实验室（World Brand Lab）主办的第十五届“世界品牌大会”中，品牌价值 1455.75 亿元的青岛啤酒连续 15 年蝉联中国啤酒行业首位。在青岛当地人中流传着这样一句话：青岛有两种液体泡沫是最丰盈的，一是啤酒的泡沫，一是海水的泡沫。青岛与青岛啤酒之间有着千丝万缕的关联，青岛啤酒一百多年的悠久历史也正是伴随着青岛这座城市的成长，用历史的长度、销售的广度、品质的厚度以及战略的高度，书写了一部中国品牌全球化的“进化史”。作为中国啤酒工业的领头羊，青啤如今已然成为青岛乃至中国工业的一张闪亮名片，在全球化的浪潮中致力

* 秦梦瑶，山东省青岛实验初级中学。

于成为“拥有全球影响力品牌的国际化大公司”。[①] 历经沧桑的“老字号”百年青啤，承载着深厚的内涵和历史文化底蕴，在发展过程中也为后人留下了丰富的工业遗产。学术界历来对工业遗产有着不同的定义，《工业文化》一书将工业遗产定义为“人类在工业活动中保留下来的，与技术进步、生产制造、配套服务等相关的、具有一定价值的物质遗产与非物质遗产”。[②] 工业遗产是工业文化重要的载体，是工业发展过程中留存的物质文化遗产和非物质文化遗产的总和。2018 年底，青岛啤酒厂工业遗产入选第二批国家工业遗产，在原厂址上建起的青啤博物馆将百余年来青岛啤酒乃至中国啤酒工业的发展史高度浓缩，是中国工业遗产保护与利用的典范。本文拟以回顾百余年来青岛啤酒的发展历程，研究其在发展过程中遗留下来的重要的工业遗产及其当代价值，探索百年品牌的积淀。

一　青啤的创办与早期发展（1903～1949）

啤酒，是指用发芽大麦为主要原料，加入蛇麻花（即俗称的啤酒花），经发酵而制成的一种酒精性饮料。在现代啤酒进入中国之前，酿酒热情高涨的中国古人就开发出了中国古代版的“啤酒”，一种类似于啤酒的酒精饮料，古人称之为醴。但是现代的啤酒，到目前为止，在中国也只有百年左右的历史，可以说是中国各种酒类之中最年轻的酒种。也就是说，啤酒是舶来品，是“洋为中用”的产品。中国最早的啤酒厂，大部分是西人兴建并管理的。我国最早出现的啤酒厂，是俄国人于 1900 年在哈尔滨开办的，叫作“乌卢布列夫斯基啤酒厂”。啤酒在中国一问世，立即受到人们的欢迎。不少外商见啤酒业在中国大有可为，又相继在东北三省、天津、北京、上海等地开办了一批啤酒厂，如“东巴伐利亚啤酒厂”（1903 年）、“东方啤酒厂”（1907 年）、“谷罗里亚啤酒厂”（1908 年）、“上海斯堪的纳维亚啤酒厂”（1902 年）、“马来啤酒厂”（1930 年）、“上海怡和啤酒厂”（1930 年）、

① 《青岛啤酒企业文化纲要》，https：//wenku. baidu. com/view/78a8a3bf250c844769eae009581b6bd97e19bc6b. html，访问日期：2019 年 4 月 10 日。

② 王新哲、孙星、罗民：《工业文化》，电子工业出版社，2016，第 329 页。

“哈尔滨啤酒厂”（1932 年）、“沈阳啤酒厂”（1935 年）、“亚细亚啤酒厂”（1936 年）、“北京啤酒厂”（1941 年）等等。

真正由中国人开办的啤酒厂是 1904 年一位爱国商人在哈尔滨开办的“东北三省啤酒厂”。此后，中国人又先后于 1914 年在哈尔滨开办了“五洲啤酒厂”，于 1915 年在北京开办了“双合盛啤酒厂”，于 1920 年在山东烟台开办了“醴泉啤酒厂”，于 1935 年在广州建立了“五羊啤酒厂”。

以上啤酒厂的不断建立，对在中国大城市以及一些中等城市推广啤酒起了一定作用。但是，从总的情况来看，中国的啤酒业在全国解放之前，是步履艰难的。一是不论是外国人还是中国人开办的，抑或是“中外合资”开办的啤酒厂，生产设备都很简陋，啤酒的产量也不高，而且除个别产品质量不错外，大都质量不高。二是啤酒生产所需的主要原料如大麦芽和啤酒花，大都是依靠进口，受到外商的严重制约。三是技术大都掌握在外国人手中，在生产上被人控制着。四是洋啤酒商大力推销外来产品，压得中国啤酒业喘不上气来。加上从清末到新中国成立之前，中国战乱不止，民不聊生，啤酒消费者多是一些上层人士，平民百姓是不怎么问津的，因此，整个啤酒业难以形成气候。到 1949 年新中国成立前夕，中国就只剩下了哈尔滨、沈阳、北京、双合盛、上海友啤、怡和等几家啤酒厂，年产量总计不足万吨。①

下面将详细介绍青岛啤酒在这一时期的发展情况。

（一）德国人经营时期

1898 年，德国通过不平等条约强行占据了青岛。德国在侵占青岛后，为把青岛建设成一个“模范殖民地”，采取了诸多行动：在市区修建炮台、设兵营，驻扎了许多士兵，同时源源不断地向青岛输入德国移民。德国人有饮用啤酒的习惯，啤酒于德国人而言是日常生活中不可或缺的一部分，但那时的青岛还只是一个小渔村，中国也没有啤酒这个词。由于驻扎在青岛的德国士兵和侨民对啤酒的需要，德国在驻扎许多士兵的“岳鹤兵营”斜对面开设了一家酒吧（今登州路 56 号青岛啤酒厂东院内），专门经销啤酒。后来，为了便利对德军和侨民的啤酒供应，1903 年 8 月 15 日，英、德商人在

① 中国酿酒工业协会编《中国酿酒工业年鉴 2001》，新华出版社，2002，第 166 页。

酒吧旁投资建造了青岛啤酒厂，当时厂名为“日耳曼啤酒公司青岛股份公司”，由德国人直接经营，这也正是青岛啤酒的前身。

日耳曼啤酒公司青岛股份公司是德国在中国兴建的第一个啤酒厂，建厂初期的年产能力为2000吨，由F. H. 施密特公司承建，生产设备和原料全部来自德国。著名的日耳曼啤酒设备制造厂提供设备；木质酒桶、容量7吨的后酵罐及无毒沥青等都是直接从德国运来；啤酒生产时采用优质麦芽和著名的巴戈利亚酒花而不加任何辅料，严格按照《德意志啤酒酿造法》进行酿制。水在成品啤酒中所占的比重最大，俗称啤酒的“血液”，酿造水是啤酒生产的基础，啤酒质量的优劣直接受到水质好坏的影响，可以说优质的水源是酿造优质啤酒不可或缺的重要条件。青岛啤酒建厂之初，啤酒是用著名的崂山泉水酿制，其水质经过德国柏林检验证明是优质酿造用水。当时出版的德文版《青岛及其近郊导游》一书介绍：“1904年底德国人在青岛投资的啤酒厂建成投产，酿造厂自开工后生产的青岛啤酒品质上乘，让诸多啤酒爱好者十分满意。”企业的管理和工艺技术均由德国人负责。当时负责人是一位曾在南美一家大啤酒厂工作了很长时间且具有丰富经验的德国酿酒师。另外，还有几名德国酿酒工被安排在关键的生产岗位上工作。由此可见，青岛啤酒在建厂之初，德国人给青岛带来了当时比较先进、完善的工艺和设备，青岛啤酒质量在当时就具有了较高的水平，这为后续青岛啤酒更进一步发展奠定了一定的基础。

这一时期生产的啤酒种类有淡色啤酒和黑色啤酒两种，产品质量优异，据日本田原天南所著《胶州湾》一书记载：“日耳曼啤酒公司青岛股份公司生产的啤酒1906年在慕尼黑博览会上展出，获得金牌奖。”1906年酿造量即达1300多吨。青岛啤酒过硬的质量为它赢得了好的口碑及市场。产品销售以青岛为中心，除满足驻青岛的德军和侨民饮用外，还在上海、青岛、烟台、天津、大连设有销售总代理，远销我国沿海各埠。尤其是盛夏，啤酒销往香港、北京等地，成为当时的热销品，销路良好。

（二）日本人经营时期

1914年第一次世界大战爆发以后，日本趁机侵占青岛。1916年9月16

日，日本国东京都的“大日本麦酒株式会社”以50万银元的价格购买了青岛啤酒厂，并将其重新命名为“大日本麦酒株式会社青岛工场”，稍做修理，于当年12月正式开始生产。后来，日本人对工厂进行了大规模的改造和扩建：扩大工厂面积，扩大葡萄酒储藏室，建造贮酒罐，改建糖化室，安装了一整套装酒设备，等等。到了1942年，啤酒产量已增加到4663吨（两打装30万箱）。

之前酿酒用的主要原料基本上是进口的，使用的大米是在中国以及越南西贡生产的，酒花使用捷克产。后来，为了更好地生产，1939年建造了小麦制作车间，开始制造麦芽，尝试将山东大麦用于酿制啤酒，取得了良好的效果。当时制造麦芽的设备为我国所仅有。第二次世界大战爆发后，由于外汇管制，酒花进口遇到困难。为了解决啤酒花和啤酒花原料，从日本引进酒花幼苗，在工厂设立了专门的种植区进行试种，当时称作忽布园。同时，酒瓶缺乏也是当时啤酒生产发展的重大障碍。1944年8月，日本人在青岛又成立了相关部门生产玻璃酒瓶，解决了啤酒容器问题。青岛啤酒的第三产业发展可追溯到这一时期。1942年，日本军队资助大日本麦酒株式会社青岛工场，为充分利用啤酒生产废弃的酵母，1943年成立制药车间并投入运营，专制维他益（酵母片）。由于设备生产能力的提高，1936年的实际产量为3208吨（四打装103202箱），最高年产量曾达到4663吨。

当时大日本麦酒株式会社青岛工场生产的啤酒仍是黄、黑两种，产品不仅销往华北各地，还远销到大连及东北其他地区，以及上海、汉口、福州、厦门等地，还出口到西贡及新加坡，产品品质优异，深受顾客喜爱，被誉为头等佳品。当时使用的商标有朝日、札幌、福寿、狮子等，[①] 但品质都差不多，商标是根据啤酒销往不同的地方进行区分使用。

（三）国民政府管理时期

1945年8月，抗日战争取得胜利；同年10月，大日本麦酒株式会社青岛工场被国民党政府军政部查封，贴有军政部专门的封条，但未正式接收。青岛市政府捷足先登，派王玉生等主持开工经营，并由王玉生等组织庆胜公

① Y. Guo, *Global Big Business and the Chinese Brewing Industry*, Oxon: Routledge, 2007, p. 87.

司独家经销，厂名更为“青岛啤酒公司”。1945年12月18日，该工厂由经济部鲁豫晋区特派员办公处接管，照常生产。1946年12月5日，移交给行政院山东青岛区敌伪产业处理局接管，并命名为“青岛啤酒厂”。陈果夫派曾养甫等人在青岛组织筹建“齐鲁企业股份有限公司”（以下简称“齐鲁公司”），于1947年6月14日将青岛啤酒厂从行政院山东青岛区敌伪产业处理局“买”了去。齐鲁公司刚接办时，青岛啤酒厂有职员44名，工人331名。

当时，啤酒商标仅保留了“青岛牌”，年产量达到2800吨。在销路方面，产品除了销往华北地区外，还销往沿海和沿江的一些城市，如上海等地。除此之外，1947年曾派员赴南洋推销，产品一度销往南洋、新加坡等地区。1948年青岛啤酒开始大批量出口至新加坡，根据当地的《星洲日报》报道，青岛啤酒的质量远远高于其他啤酒。当地侨商争求其代理资格，青岛啤酒的优良品质再次为它赢得了良好的声誉和市场，在当地华人中引起不小的轰动。

1948年以后，国内经济萧条、物价暴涨，导致啤酒销量大幅度缩减，啤酒生产仅供美军所需。原料、燃料供应不足，各项摊派捐款等费用与日俱增，工厂资金周转困难，每月收入不敷开支，啤酒生产每况愈下，尤其是淡季经常处于半停工状态。

其实在1949年之前，青岛啤酒的销售对象主要是中高层人士，因此，受当时消费水平和消费习惯的影响，再加之频繁不断的战争，交通不便，水、陆交通严重受阻，极大地制约了青岛啤酒在国内的销路，青岛啤酒并无很大的发展。

简而言之，在青岛啤酒建厂之初，德国人给青岛带来了当时比较先进、完善的工艺和设备，这为后续青岛啤酒更进一步的发展奠定了一定的基础；日本人经营时期，对工厂进行了大规模的改造和扩建，在啤酒原料等方面尝试自主生产，取得了一定效果；国民政府管理时期，青岛啤酒厂名称及接管单位更换比较频繁，自1948年后青岛经济萧条，受社会经济大环境的影响，啤酒销路锐减，啤酒生产情况不容乐观。

二　计划经济体制下的青啤（1949～1978）

中国啤酒业的新生，是新中国成立以后。从1949年至1978年，全国啤酒年产量从不足万吨发展到了 40 万吨。这一时期中国的啤酒发展史可以大致分为三个阶段：恢复期、初步发展期和自发发展期。恢复期自 1949 年至 1957 年，这一时期部分原材料实现自给，酿制技术和酒厂管理由自己掌握；初步发展期自 1957 年至 1966 年，这一时期啤酒年产量突破 10 万吨，实现了酒花自给，并且国内自己设计和装备了一批小型啤酒加工厂，培养了一批相关人才；自发发展期自 1969 年至 1978 年，这一时期啤酒厂数超过 100 家，啤酒厂“小、土、群”遍地开花，饮用啤酒的习惯在城镇普及。

（一）发展历史

1949 年 6 月 2 日，青岛解放。青岛市人民政府接管青岛啤酒厂，工厂名称定为“国营青岛啤酒厂”，为全民所有制企业，一切生产、经营、管理都在国家统一计划下进行。20 世纪 50 年代，它曾先后隶属于山东省烟酒专卖公司、国家轻工业部、食品工业部。1958 年，国家为了发挥地方的积极性，将青岛啤酒厂下放，交回地方，这一时期青岛啤酒厂曾隶属青岛市第一轻工业局和青岛饮料进出口公司。[①]

新中国成立初期，青岛啤酒厂的生产力极为落后。固定资产原值不足 500 万元，啤酒年产量仅 1000 多吨，且亏损经营，因而谈不上什么效益。新中国成立以来，党和政府十分关心和重视青岛啤酒厂的生产与发展，国家给予大力支持，不断投资，进行挖潜、技改和扩建，生产已具备相当规模。在中国共产党的领导下，青岛啤酒厂认真贯彻“保本、保税、保值”的方针，紧紧依靠广大职工，全力以赴组织生产。50 年代中期，青岛啤酒厂在全体职工中开展“先进生产者运动”，发动职工本着“多、快、好、省”的精神，提合理化建议，改进管理，提高质量，降低消耗，从实际着手，进行大胆尝试和改进。例如在 1958 年，企业改变以往瓶盖供应依赖上海加工采购的局面，自行制作瓶盖，每只瓶盖生产成本仅 0.0116 元，比外地采购成本低 27.5%，当年节约 2.7 万元。同时，在管理方面进行大胆创新，健全以总工为主的技术责任制，至 1962 年全厂共建立健全规章制度 74 种，企业管理初步走上正规化，为产品质量的稳定和提高提供了重要保障。面对啤酒

① 青岛啤酒厂编《青岛啤酒厂志》，青岛出版社，1993，第 47 页。

花长期依赖国外进口的被动局面，青岛啤酒厂寻找一切可能来克服眼前困难。1950年，工厂在市郊李村创建了啤酒花试验基地，试种32亩，获得成功。之后更加系统地进行研发和试验，建立了仪器比较完善的化验室，引进技术人员，完善设施，使得种植面积不断扩大，引进、培育了适合工厂生产的优良品种“青岛酒花”，逐渐摆脱了啤酒花长期依赖国外进口的困境。不仅如此，酒花培育积累的成功经验还奠定了70年代以后我国西北地区大规模发展啤酒花生产的重要基础，对促进西北地区农业经济的发展、保证我国啤酒花的自给自足起到了重要的排头兵作用。

1950年后，随着国内局势趋于稳定，青岛啤酒厂在上海、汉口、徐州、济南、厦门、潮州和汕头设立了啤酒分销处，由这些地区的烟酒公司专卖。这是青岛啤酒厂首次在国内建立固定销售渠道，继而在此基础上进行向外辐射的大胆尝试。此后，工厂在全国范围内逐步建立和巩固了新老销售渠道。随着经济的发展，人们的生活水平日渐提高，对物质的需要也日渐提高，啤酒生产规模也在逐步扩大。从1950年到1975年，青岛啤酒基本属于买方市场，工厂的日常生产经营与近期的销售量息息相关，以销定产的模式基本主导着工厂的日常生产经营。1975年，青岛啤酒的年产量为29772吨，本市及外地城市的大中型商店均有销售。青岛啤酒厂在建厂后的不同时期都曾将产品销往海外。新中国成立后的大批量连续出口是从1954年开始的。1954年，青岛啤酒在香港由香港合众公司代理销售，当年销量4000箱。

正是凭着这样高速生产、齐头奋进的劲头，工厂很快扭转了亏损局面，逐步恢复了生机，生产稳步向前发展，企业逐步有了效益，1959年年产量突破万吨。1950～1954年，累计盈利93.69万元；同时，累计缴纳税金356.27万元，有力地支援了国家建设。以后的年份陆续挖潜改造，填平补齐，企业的生产能力有了较大提高，但由于资金投入不足、基本建设没有及时跟上，进展日渐迟缓。在1959～1978年的近20年间，企业经历了“大跃进”和“文化大革命”等的冲击，一些规章制度遭到不同程度的破坏，企业不能完全以经济建设为中心，但是企业生产并没有停止，当时处于低速发展时期，虽然发展中有波折，但总体仍呈上升趋势，1978年产量为37476吨（见表1）。

表 1　1949～1978 年青岛啤酒厂生产指标统计一览

单位：吨，万元

年份	啤酒总产量	工业总产值	实现利润	实现税金
1949	1193	50.48	-6.51	30.41
1950	1935	82.11	6.56	50.40
1951	4077	172.25	28.30	106.18
1952	1890	78.82	-8.92	43.38
1953	4000	171.22	39.60	91.16
1954	2802	123.61	28.15	65.15
1955	2634	125.92	21.62	58.46
1956	3675	202.18	25.52	80.15
1957	5843	304.14	76.42	131.31
1958	6013	354.85	68.59	106.06
1959	11191	731.90	155.56	196.38
1960	16216	887.03	154.97	272.29
1961	11574	718.74	168.24	174.65
1962	7876	434.18	57.69	138.42
1963	9136	423.65	68.41	173.18
1964	10892	473.23	61.26	215.41
1965	13437	580.34	125.57	255.01
1966	16907	725.35	188.20	311.93
1967	18662	797.50	204.71	340.31
1968	20607	888.54	203.25	375.64
1969	19570	839.60	193.28	364.94
1970	25530	1101.07	262.12	473.12
1971	26216	1152.87	269.63	489.64
1972	26537	1184.57	226.11	481.47
1973	28811	1226.85	267.54	509.06
1974	26232	1108.72	148.19	452.36
1975	29772	1288.48	173.16	516.52
1976	30105	1271.31	121.71	530.03
1977	35330	1472.09	111.20	499.64
1978	37476	1577.18	202.25	624.33

资料来源：《青岛啤酒厂志》，第 77 页。

（二）相关分析

1. 啤酒产量

通过 1949 ~ 1978 年青岛啤酒总产量的变化趋势图，我们可以发现有几个比较特殊的地方。首先是 1959 ~ 1961 年青啤总产量大幅度上升，这里可以结合社会背景，当时中国处于“大跃进”时期，在那个年代，集中力量激进搞生产，“多、快、好、省”地建设社会主义，啤酒产量大幅上升，同时要注意数据的真实性有待考证。1969 ~ 1971 年，青啤的年产量也大幅增长，翻阅这一时期的历史资料发现，这一时期工厂设计制造了两台翻麦机，大大降低了翻麦的劳动强度，明显地提高了生产效率，技术层面有了一定提高。自 1975 年后年产量基本呈大幅度增长趋势，这一时期对“文化大革命”进行拨乱反正，政治形势趋于好转，并且国家支持和督促青啤大力发展生产，同时一大批技术人员不断进行技术研发，优化青啤生产流程，大大提高了青啤的产量（见图 1）。表 2 展示了部分年份青岛啤酒产量占全国啤酒总产量比重，[①] 可见青岛啤酒该时期在全国啤酒产业中始终占据较大份额。

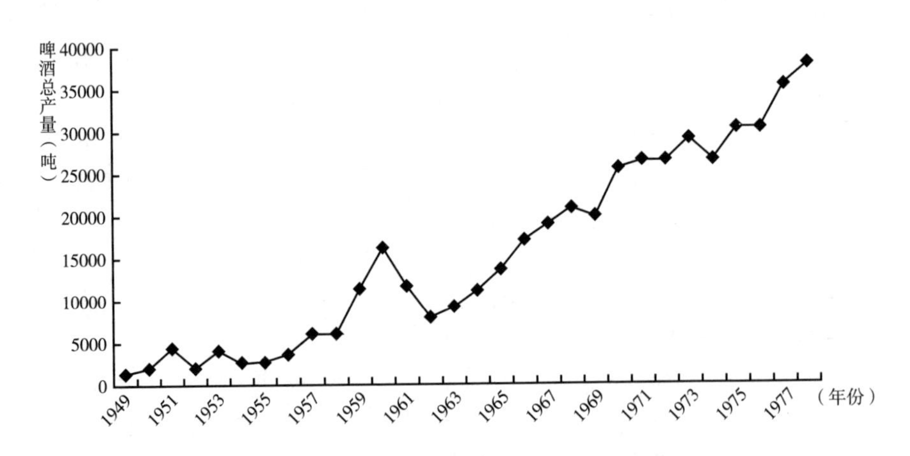

图 1　1949 ~ 1978 年青岛啤酒总产量变化趋势

① 《中国轻工业年鉴》编辑部编《中国轻工业年鉴 1985》，中国大百科全书出版社，1985，第 174 页。

表 2　部分年份青岛啤酒产量占全国啤酒总产量比重

单位：吨，%

年份	全国啤酒总产量	青岛啤酒总产量	占比
1949	7000	1193	17.04
1952	20000	1890	9.45
1957	45000	5843	12.98
1962	104800	7876	7.52
1965	86300	13437	15.57
1975	274800	29772	10.83
1978	403800	37467	9.28

资料来源：《中国轻工业年鉴 1985》，第 174 页；《青岛啤酒厂志》，第 77 页。

2. 技术创新

科学技术是第一生产力，技术是企业发展的核心。企业员工若能通过所掌握的技艺进行不断的革新和推广应用，就能为企业谋求尽可能多的经济利益，提高效益，成为企业发展源源不竭的动力。在不同的历史时期，青岛啤酒都拥有一批优秀的科技创新人才。在德国和日本管理时期，技术掌握在外国人手中。抗日战争胜利后，国民政府不得不留用部分日籍技术人员。技术创新是推动生产力发展的中坚力量，尤其是此种情形，掌握核心生产技术是重中之重，是青啤得以在国人手中继续发展的不可或缺的条件。后来，国内一批年轻有为的饱学之士开始会集于青岛啤酒厂，攻坚克难，钻研核心技术和产品研发创新。著名酿酒专家朱梅首任经理兼厂长，齐志道、吴赓永、管敦仪分管各生产车间的技术工作，他们成为独立自主掌握啤酒生产技术的开拓者，为青岛啤酒的发展立下了功勋。① 吴赓永 1947 年毕业于上海震旦大学化工系，是对青啤有突出贡献的技术专家，是我国 50 年代的高级工程师，是新中国啤酒酿造业老专家之一。青岛啤酒有两次质的飞跃，这其中与他在技术上的开创密不可分。第一次是在 50 年代中期，当时青岛啤酒因为保质期短而销售遭遇了瓶颈，在进入香港市场后遇到了一个强劲的对手——荷兰名牌“三马头”，竞争异常激烈。面对困境和挑战，深爱青啤的吴赓永和其

① 《青岛啤酒厂志》，第 6 页。

他员工提出了“不提高啤酒质量，不杀回‘三马头’决不罢休”的口号，在车间日夜拼搏。[①] 吴赓永带领团队发奋钻研啤酒生产技术，经过不断的探索与分析，终于克服困难，培育出优质酵母菌，酿出了酒香浓郁并且泡沫洁白细腻的优质青啤，一举挫败了“三马头”，占领了香港市场，为国家争得了荣誉。第二次质的飞跃发生在“文化大革命”后，在“文革”期间吴赓永遭受打击，直到1976年才重返工作岗位。他积极参加一系列工作，为恢复青啤的传统生产工艺而努力，他研究出使酒花的使用量降低的方法，使啤酒苦味适中，并且研制出缩短酒龄的技术，使青啤能够用有限的发酵设备生产更多优质的啤酒，节约了资源。40多年来，吴赓永通过不断的技术创新来推动青啤向前发展，他为青啤乃至我国啤酒行业的振兴和发展付出了心血，做出了重要贡献。

3. 人才培养

青岛啤酒厂为了增强企业的凝聚力、推动生产发展，70年代末期在职工中倡导“热爱青岛啤酒，献身青岛啤酒”的企业精神。企业生产发展需要相应的人才，人才为企业的发展注入生机与活力，而人才的培养在于教育。青岛啤酒厂专门设置职工教育，为发展青岛啤酒，培养了各类人才。新中国成立初期开展轰轰烈烈的扫盲运动，提高了全厂职工的知识文化水平；1976年5月3日，厂“七二一”大学正式开学，学制两年，培养职工专门学习啤酒酿造工艺；1979～1989年，厂共办了4届学制为3年的脱产电大班，经过培训的人员大多数成为各个技术岗位上的主力，有的成为部门或者分厂的主要负责人。技术创新和人才培养是企业兴旺和长盛不衰的源泉，青岛啤酒厂的职工教育提高了职工的生产技艺水准和个人素质，为企业的发展注入了源源不竭的活力。

4. 啤酒质量

经过青岛啤酒厂几代职工的共同努力，新中国成立后，青岛啤酒在工艺技术方面取得了长足的进步，酿造技术越来越成熟，啤酒质量也得到了很大提高。1964年，在全国第五次酿酒会议上，由于青岛啤酒的质量优异，轻工业部向全国提出“啤酒行业学青岛”的口号。随后，轻工业部组织全国啤酒

① 吴赓永：《愿青岛啤酒永远飘香》，《青岛啤酒厂志》，第211页。

专家和技术人员前往青岛啤酒厂，全面写实并总结青岛啤酒的技术。经过多次研究和修订，他们汇编成《青岛啤酒操作法》一书，书中详细介绍了青啤生产技术，并向全国啤酒行业推广。《青岛啤酒操作法》对青岛啤酒厂的工艺现状和运作情况进行了真实详细的介绍，总结了25个突出特点。将这25个突出特点又归纳为6个字，即“四严四低一高”。“四严”指的是原料、配方、操作、卫生均很严格，“四低”指的是发芽温度、发酵温度、原料消耗和成本都低，“一高”指的是质量高。例如，发酵是啤酒生产过程中的重要一环，对发酵温度的控制更为重要，青岛啤酒厂在温度的调节上十分认真细致，并积累了丰富的经验。每天清晨上班和下午都会派专人重复检查温度并且做好记录，根据温度和糖度情况相应调整冷却冰水流量。这样细致的工作确保了发酵温度的正常，操作者们完全有把握将温度控制好而不需要安排三班制，节约了劳动力，在一定程度上提高了生产效率。① 这次对青岛啤酒酿制工艺的写实及推广，对中国啤酒工艺的崛起有着重要的意义和价值，带动全国啤酒工业产品的质量更上一个台阶，推动了全国啤酒工业的发展。②

5. 小结

总的来说，新中国成立以来，党和政府十分关心和重视青岛啤酒厂的生产与发展，国家给予大力支持，不断投资，计划经济体制下的青啤发展势态良好，企业的生产能力有了较大提升，引进培育了优良品种的酒花，摆脱了啤酒花长期依赖国外进口的困境，同时涌现出大批生产技术骨干，为青岛啤酒的发展做出了重要贡献。这一阶段的青啤在工艺技术方面取得了长足的进步，酿造技术越来越成熟，啤酒质量也得到了很大提高，为后续进一步发展奠定了重要基础。

三　改革开放以来青啤的发展演变（1978年至今）

中国啤酒业的大发展，是在党的十一届三中全会，我国实行改革开放的政策以后。1978年我国啤酒年产量为40.38万吨，到1995年就一跃增加到

---

① 《青岛啤酒操作法（初稿）》，山东省第一轻工业厅翻印，1987，第58页。

② 《青岛啤酒厂志》，第79～82页。

了1400多万吨。据统计，2018年我国啤酒的年产量已超过3800万吨，并且出现了许多优质名牌啤酒。大型啤酒企业不断涌现，啤酒质量和品种达到世界先进水平，但在啤酒新鲜度管理、环境保护等方面还有较大的提升空间。

（一）发展历史

1. 改革开放初期

1978年12月，党的十一届三中全会召开，开启了改革开放和社会主义现代化建设的新征程，青岛啤酒也迎来了崭新的春天。在改革开放之后的10年时间里，青岛啤酒厂得到了前所未有的高速发展，经济效益明显提高：产量平均年递增10.86%，利润和税金平均年递增分别为27.71%和13.14%。1988年，企业吨酒创利税475元，比1978年增加255元，全员劳动生产率为42652元/人，是10年前的3.72倍。企业固定资产原值为9030万元，比10年前增加5.5倍。

随着大环境的变化和国家政策的调整，企业活力不断增强，基本建设步伐也得到了大力推进。1981年，在党中央和国务院领导的关怀下，国家计委、进出口委和财务部批准投资4551.62万元进行10万吨的扩建项目，扩建后生产效果显著。1986年，青啤的产量在全国啤酒行业里首先突破10万吨。1986年，国家计委批准拨款支援青啤开展技术改造工程，要求青啤制定总体规划，考虑建设20万吨和30万吨的基本建设目标。青啤积极响应国家号召，加快基本建设，着手建设分厂，共建立了二厂、三厂和四厂（见表3）。

表3　青啤分厂建设投产时间和年产量

单位：万吨

分厂	建设投产时间	年产量
青岛啤酒第二有限公司	1991年	10
青岛啤酒第三有限公司	不详	10
青岛啤酒四厂	1991年2月	2

截至1992年底，一、二、四厂的青岛啤酒产量已达24万吨，显而易见，基本建设的扩建和完善加快了青岛啤酒的发展。

对于顾客而言，他们自然喜欢高质量的产品；而作为一家企业，优质的产品不仅能带来丰厚的利润、保证企业的经济效益，还是一种无形资产，可以为自己赢得良好的声誉和品牌形象。长期以来，青岛啤酒厂始终坚持“质量第一，卫生第一”的方针，强化职工的质量意识，产品的质量需要人的工作质量来保障，在工厂员工中逐步树立“产品质量是企业生命”的思想。没有高标准就没有产品的高质量，为了保证企业效益持续增长，青岛啤酒厂逐步建立健全各种工艺操作规程，企业内控质量标准十分严格，远高于国家标准。企业在10年时间里，用于挖潜、技改项目的总投资为1亿多元。更新设备137台，引进了80年代国际最先进的过滤、包装设备及先进的仪表自控系统和质量检测仪器等达20项。这些项目的投资实施，使青岛啤酒质优且稳定，形成了自己独特的传统，被国内外消费者公认为名牌产品，为其之后的发展奠定了坚实的基础，取得了一系列荣誉（见表4）。

表4　青啤取得的一系列荣誉

时间	荣誉	评选方或地点
1979年9月	国家优质产品银质奖	中国国家经委
1980年	国家质量金质奖	中国国家经委
1980年4月	国家著名商标	中国国家工商行政管理局
1981年	国际评酒会上斩获冠军	美国
1985年	国家质量金质奖	中国国家经委
1985年	国际评酒会上斩获冠军	美国
1987年5月	国际啤酒评比中名列榜首	美国密西西比州杰克逊市
1991年9月	蒙顿国际评比大赛上获金质奖	比利时布鲁塞尔
……	……	……

资料来源：《青岛啤酒厂志》，第79～82页。

自1976年以来，特别是1978年党的十一届三中全会召开后，国家大力发展经济，人民的生活水平逐步提高，生活消费观念和意识开始发生大的转变。基于这一实际情况，啤酒被市场上更广泛的消费者所接受和喜爱。从

1976年到1992年，青岛啤酒从之前以销定产的买方市场转变为供不应求的卖方市场状态，青岛啤酒一度成为抢手货。1992年，青岛啤酒年产量达到12万吨（见表5），总量（包括青岛啤酒第二有限公司和青岛啤酒四厂）已达24万吨，但是仍然无法满足全国各地的需要。

表5　1983～1992年青岛啤酒厂经济效益指标

年份	啤酒总产量（吨）	销售收入（万元）	实现利润（万元）	实现税金（万元）	吨酒利税（元）	人均利税（元）
1983	63116	3999	1401	1551	523	16603
1984	72016	4615	1720	1580	457	18053
1985	85053	5481	2147	1145	388	15129
1986	100442	7104	2628	1464	380	17600
1987	103715	7873	3025	1625	459	19662
1988	105089	9217	2727	2146	475	20535
1989	106076	13749	3008	3678	630	27662
1990	106161	14226	2760	3717	610	26043
1991	110074	28179	2844	4381	650	28058
1992	120394	32260	4756	4857	842	37574

资料来源：《青岛啤酒厂志》，第96页。

1992年之后青啤的发展进程可以具体划分为两个阶段：做大做强阶段和精益求精阶段。“新青啤”以崭新的面貌，在不断变化的环境中审时度势，抓住机遇，直面挑战。

2. 做大做强

（1）青啤上市

1993年，青岛啤酒开始了一个新的历史阶段。1992年，国家体改委决定将青岛啤酒厂列为国有企业，转换经营机制，实行规范化股份制试点。1993年7月15日，青啤在香港联合交易所有限公司上市，成为首家在香港上市的中国H股企业，同年8月27日在上海证交所上市。[①] 这是青啤百年发展历程中的一个重要的分水岭，在此之前青啤是计划经济的宠儿，在1993年股份制改造以后，青啤是市场经济的宠儿，以国际上规范化的股份

① 高明达：《青岛啤酒国际化战略研究》，硕士学位论文，中国海洋大学，2015，第21页。

制公司为模板进行改制，积极利用发行股票所筹集到的社会资金迅速发展，形成规模经营，发挥名牌优势，参与国际市场竞争，为青啤的持续发展打下了重要基础。

（2）大肆扩张

1993 年的股份制改造为青啤在资本市场圈来了几十个亿的资金，为其之后数次的“脱胎换骨”提供了可能。股份制改造之初的青啤对资本市场并不了解，对资本市场如何运作也知之甚少，上市后一开始并没有及时发挥出股份制公司的优势。随着改革开放的不断深入，青啤面临着巨大的挑战，慢慢卸下“计划经济”的包袱，开启了“做大做强”阶段。

从 20 世纪 90 年代中期开始的十多年时间里，啤酒行业上演了一幕幕惊心动魄的并购案，而青啤可以说是这场跨世纪并购潮的主要推动者。而青啤之所以能够打破计划经济的限制，卸下老旧的包袱，见识独到和极具行动力的领导者是不可或缺的。熊彼特在《经济发展理论》中提到：“我们把新组合的实现称为‘企业’；履行新组合职能的人被称为‘企业家’。”[1] 典型的企业家比起其他类型的人来更加以自我为中心，因为他比起其他类型的人来说，更少依赖传统和社会关系；因为他的独特任务——从理论上讲以及从历史上讲——恰恰在于打破旧传统、创造新传统。新组合实际上是创新，企业家的独特任务是打破常规和旧传统，实现创新，企业家往往“以自我为中心”，实际上这样目标性更明确，行动力会更强劲。在这一时期，正是有这样一位企业家带领青啤走上了“做大做强”的道路。1996 年，彭作义成为青啤公司总经理，青啤的扩张时代真正拉开序幕。在 90 年代以前，青啤的销售路线以中高档市场为主，但是在全国啤酒市场中，中高档市场仅仅占其 15%，而占全国啤酒市场 85% 的是增长迅速、发展潜力巨大的普通大众市场。彭作义制定了青啤发展的具体方向，采取通过收购当地的啤酒品牌来融入全国各地不同省市的大众市场这一策略，将“做大做强”及“低成本收购”作为整个收购策略的核心，具体而言，是打着青啤这一名牌的旗号进行并购，高起点发展，低成本扩张，将市场向下延伸以此打入消费潜力巨大的大众市场，并设定了将产量增加到 300 万吨及将市场份额提高到 10% 以

---

① 〔美〕约瑟夫·熊彼特：《经济发展理论》，何畏等译，商务印书馆，2017，第 85 页。

上的目标。之后近5年时间中，彭作义率领青啤南征北战，从青岛本土冲向全国17个省份，通过收购股权、政策兼并、破产收购等不同方式，先后收购了扬州、西安、平度、日照、马鞍山、黄石、上海等地的40多家啤酒生产企业，完成了北至鸡西、南至深圳的全国性布局。[①] 在这一阶段，青啤以较低的成本迅速壮大了自身的规模和实力，生产规模迅速扩大到250万千升以上，在激烈的市场竞争中取得了巨大的进步，在啤酒行业中占据首位，创下了由一个位居青岛的地方性企业发展成为一个全国性的大型企业的奇迹。一时间啤酒市场血雨腥风，极大地促进了啤酒行业的格局调整和行业整合，彭作义也被媒体冠以“横刀立马彭大将军”的雅号。

（3）小结

在不同的历史时期，企业需要有不同的发展战略和经营策略。在当时的背景下，青啤的大规模兼并扩张是正确的选择，“做大做强”这样的运作为青啤持续发展打下了基础。但是也应该注意到，企业在获得巨大发展的同时面临着巨大的风险。当时的青啤急于扩张，在一定程度上忽视了资本运营和整合两方面应双管齐下的重要性，收购了当地的工厂并不意味着占有了当地的市场，很多收购只从价格上计算收购成本，而忽略了价值和整合成本；盲目地相信“青岛啤酒”这一品牌的力量，其实有了品牌和资本还远远不够，关键需要整合兼并之后企业在当地的运作能力。通过大规模收购，青岛啤酒的生产能力不断提高，2001年的生产能力已超过360万吨，但实际产量仅为250万吨，厂房空置率高达30%，严重浪费生产力及资源。随着规模的扩大，盲目做大、盲目兼并带来了一系列严重后果，青啤存在高成本、入不敷出、债台高筑等问题。

这一时期，青啤越发面临着粗放型扩张带来的失控风险，从长远来看，并购扩张只是发展过程中的一小步，能否成功需要看扩张之后的整合。熊彼特在《经济发展理论》中提及企业家时曾如是说：“但是，一旦当他面临一种新的任务时，他就不能单纯只是这样去做……虽然他在自己熟悉的循环流转中是顺着潮流游泳，如果他想要改变这种循环流转的渠道，他就是在逆着

① 金志国：《一杯沧海》，中信出版社，2008，第50~51页。

潮流游泳。从前的助力现在变成了阻力。”[①] 企业家在面临前所未有的危机的情况下，以前的旧传统和方向很可能会成为继续前进的阻力，在这个时候往往需要改变曾经笃信的道路和方向，以勇气和担当开辟一条新的道路，进行冒险性的创新，也就是说，开拓性的创新其实是逆着潮流游泳，需要相当的勇气与见地。内部隐患较多的青啤在这一时期迎来了崭新的领导者，也注入了新的活力。

3. 精益求精

2001 年 7 月，青啤总经理彭作义辞世，其职位由金志国接任。金志国在青岛啤酒高速扩张时接过了“金手杖”。他明确地调整青啤的经营战略，由“做大做强”转变为“做强做大”，坚持“先市场后工厂”，着重建立稳固的市场网络，着力推行改革，提升公司的内部核心竞争力。

金国志首先调整了青啤原先“先工厂再市场”的并购运作主导思想，提倡由市场运营来支撑资本整合，“先市场再工厂”。1996 年，青岛啤酒第一轮扩张的时候，收购了濒临绝境的汉斯，金志国被派到新公司“收拾残局”。他创新了资产重组与资本运作的模式，找到了有效的方法拯救濒临破产倒闭的企业。具体来讲，他在实施并购时，提前考虑收购之后的整合，制定相应的“战略四统一”原则——品质、品牌、销售、市场相统一。整合和扩张是资本发展道路上不可忽视的环节。收购对于行业而言是整合的方式，而对于企业来说是扩张，最终目的是要把小力量汇聚在一起，融合为一个整体，从而获得更多发展前行的助力。西安汉斯的资本运作是在金志国领导下初试锋芒、成功进行收购兼并的尝试。汉斯的成功提升了青啤品牌的价值，汉斯也在当地收获了更多的声誉和盈利。“用最少的资金控制最多的资产”，也是这一阶段青啤的发展运作思想。将原来的“绝对控股”思想转为“相对控股”思想，提倡用较少的资金投入支配更多的经营性资产的目的，2001 年仅用 9600 万元就拿到了南宁万泰 8 个多亿的资产经营权便是此理念的成功实践之一。除此之外，青啤还通过委派第三方的方式进行收购，这使得青啤的并购行动更具灵活性和隐蔽性，避免了与竞争对手正面交锋而使得拍卖价格过高，能够更好地进行资本运营和整合。

---

① 〔美〕约瑟夫·熊彼特：《经济发展理论》，第 91 页。

进入21世纪后，随着行业的整合与发展，中国内地的啤酒行业布局逐渐相对稳定，形成了雪花啤酒、青岛啤酒、燕京啤酒三分天下的全国化格局。综合来看，啤酒行业的规模化扩张之路已接近尾声，啤酒行业的中短期竞争格局已基本形成，若无极为特殊事件的干预，破局的可能性极低。[①] 近些年来，青岛啤酒的发展相对稳定，保持了自己独有的特色，"优势市场"的培育和表现获得了消费者与市场的广泛认可。青岛啤酒原来的主要产能和优势区域集中在山东、陕西和广东三省，2008年通过"奥运战略"向北京、河北等区域辐射，目前已经在上述区域占据半壁江山。2016年，青岛啤酒股份有限公司啤酒总销量达792万千升，主品牌青岛啤酒总销量达到381万千升，其中奥古特、鸿运当头、经典1903、纯生啤酒等高端产品共实现销量163万千升，在国内中高端市场占据领先地位，这是由于青岛啤酒自2008年以来一直坚持中高端路线。随着经济的发展、人民生活水平的提高，啤酒行业的竞争日益激烈，提高产品利润率是企业发展过程中不可或缺的一环。青岛啤酒提早布局，坚持发力，在产品结构优化的道路上走在行业前列。[②]

（二）相关分析

1. 品牌的力量

在市场竞争越发激烈的当下，有句话的重要性一次又一次被印证：品牌的力量是无价的。口味、价格、品牌是影响消费者购买行为的三大因素，青岛啤酒的消费者非常重视啤酒品牌的力量和影响力。[③] 青啤公司深谙品牌的力量，青啤这一时期突飞猛进的发展与强大的品牌资源密切相关。2004年，青啤制定《青岛啤酒品牌带动下的发展战略》，提出了青啤公司的使命和愿景，将战略中心"外部扩张"转向"内部整合"。2005年，青啤公司成为2008年北京奥运会赞助商，这是青岛啤酒品牌国家化的重要一步。在加大

① 中国酒业协会中国酒业年鉴编委会编《中国酒业年鉴 2012—2013》，中国轻工业出版社，2015，第85页。

② 李彭：《国内知名啤酒品牌现状》，《中国酒业》2017年第7期。

③ 许喜林、吴文国：《品牌之道——品牌建设9S模式及其应用》，北京交通大学出版社，2007，第255页。

品牌推广和市场网络建设力度的同时，青啤在市场需求较大的地方探索建厂或品牌生产。在台湾地区，与当地经销商合作建设了台湾青啤股份有限公司，投产设厂进行生产。另外在东南亚地区努力开拓当地市场，较大地提升了当地青岛啤酒的销量。2006 年，青啤公司为进行奥运营销、传播奥运精神，以“点燃激情”为主题，青啤副总裁严旭携手湖南卫视，在全国首创大型户外体育电视节目活动——“青岛啤酒·我是冠军”，以此为契机提升青啤品牌的市场影响力和知名度，有机地结合企业经济效益和社会效益。2008 年，除了继续推出一系列活动进行奥运营销外，积极支援四川汶川地区的抗震救灾，在社会上树立了良好的企业形象。2009 年，国际金融危机加剧，国内啤酒市场竞争越发激烈，为了应对重重危机和挑战，青啤公司创新性地提出了“全力以赴开拓市场、全力以赴降低成本、全力以赴防范金融风险”[①] 的工作方针，为未来的发展奠定了坚实的基础。

2. 企业家

熊彼特在《经济发展理论》中如此形容成功企业家：“工业上或商业上的成功可以达到的地位……其次，存在有征服的意志：战斗的冲动，证明自己比别人优越的冲动，求得成功不是为了成功的果实，而是为了成功本身……最后，存在有创造的欢乐，把事情办成的欢乐，或者只是施展个人的能力和智谋的欢乐……”[②] 的确如此，这一时期青啤的领导者是“洗瓶工”出身的金志国，他以刚强的意志和敢于打破常规的勇气，在青啤施展作为一个企业家的智谋和才华，展现了当代企业家的精神——在战略、营销、品牌等诸多方面创造性地提出了一系列新理念，引领青啤变革与创新。在金志国的带领下，青岛啤酒实现了由“做大做强”到“做强做大”的重要战略转变。金志国上任后坚定地踩住了青啤急速扩张的刹车，用“内部整合”代替“外部扩张”，大规模改造公司的管理构架，整合开发现代化流程，在企业内部引入市场机制。他认为：“青啤从计划经济下传统国有企业发展为市场经济下现代企业的过程，就是从‘狗’变成‘狼’的过程。”[③] 确实如

---

① 青岛啤酒股份有限公司编《百年再起航：青岛啤酒股份有限公司志（2003～2012）》，青岛啤酒股份有限公司，2013，第 15 页。

② 〔美〕约瑟夫·熊彼特：《经济发展理论》，第 105 页。

③ 金志国：《一杯沧海》，第 139～141 页。

此，青啤逐步在竞争更加充分的市场中脱颖而出，最终成为市场经济中的“狼”，在发展的道路上稳步向前。

3. 海外市场与资本

（1）开拓海外市场

改革开放之后，除了国内市场的需求与日俱增外，青岛啤酒在国外市场也有较为显著的发展，特别是美国市场。1978 年，青岛啤酒首次进入美国市场，美国的莫纳克公司是青岛啤酒的总代理。美国市场上充斥着几十种国外啤酒，竞争异常激烈。在这种情况下，青岛啤酒厂采取了一系列举措来应对挑战。在产品内在质量和外包装方面，创新性地“入乡随俗”，精心酿制的产品口味既保留自己的传统特点，又符合美国市场的消费需求；在外包装上，根据美国代理的要求，从国外引进一条专门生产对美国的出口啤酒小瓶包装生产线，采用美方提供的红色商标，既醒目又雅致，再配上半打装的小纸盒提篮，更便于购买和携带。质量较好、风味独特的青岛啤酒渐渐“征服”了众多美国人的味蕾，美国代理也通过各种方式大力宣传促销青岛啤酒，经过多方面努力，青岛啤酒渐渐打开了美国市场并且不断地拓展巩固，占据了美国市场的一席之地，赢得了较高的声誉。

1987 年 4 月 1 日，青岛啤酒厂正式拥有自营进出口权，可直接整合生产、供应和销售，打破了 30 多年来企业产品出口依靠外贸公司代理的局面，成为生产经营外向型企业。对外开放之后，大大增强了企业参与市场竞争的意识和能力，青岛啤酒厂大胆踊跃地跻身世界市场。1987 ~ 1992 年，青岛啤酒厂积极主动地开辟欧洲、亚洲等市场，产品深受当地消费者的认可和喜爱。目前，青岛啤酒远销海外，在中国啤酒出口量中排名第一位，占中国啤酒出口量的 50% 以上。[①] 2005 年，青岛啤酒在台湾地区投产 10 万吨生产能力的啤酒工厂。2007 年，在泰国建立海外工厂的方案在青岛啤酒董事会上顺利通过……不仅如此，青岛啤酒在采购方面也逐渐国际化，加拿大、澳大利亚、法国等地的优质大麦是目前世界上最优质的酿酒用大麦，青岛啤酒坚持从以上国家进口，在技术方面也加快全球化进程，积极主动地同世界知名酿造技术研究机构（如英国国际酿造研究院）进行定期稳定的合作。这一

① 高明达：《青岛啤酒国际化战略研究》，硕士学位论文，中国海洋大学，2015，第 21 页。

系列重要举措既为青岛啤酒的高品质做了重要保障，也使得青岛啤酒更深入广泛地融入世界市场，品牌国际化进一步发展。

（2）吸收海外资本

2001～2002年，青啤表面上在全国市场纵横捭阖、大手笔收购，其实内部遇到了巨大困难，财务方面负债累累、捉襟见肘，扩张过程中收购的许多牌子质量参差不齐，无形中降低了青啤的品牌价值，损害了青啤的品牌形象。恰逢其时，具备雄厚资本实力的安海斯－布希公司（简称A－B公司）正挟带着大量资本寻求在中国长期投资的机会。安海斯－布希公司是世界上最大的啤酒集团，1993年就开始加入中国市场，通过巧妙安排，购得青啤5%的股权，成为青啤的海外股东之一，它对青啤的财务状况有深入了解，这也为之后的合作埋下了伏笔。资本在流动中才能更好地实现其价值，青啤决定利用品牌的资源与国际性大公司结成战略合作伙伴关系。双方在进一步了解后，很快达成了合作意向，2003年10月21日，双方正式签署战略性投资协议，青啤将22.5%的股份出售给A－B公司，使其成为青啤集团的第二大股东，青啤也获得了约15亿元的股本注入，得到了A－B公司资金、技术等方面的支持，摆脱了财务危机，为之后的发展奠定了重要基础，在青啤的新百年发展中具有重要意义。

近些年来，国产啤酒行业与市场整体来看处于低迷期，国产啤酒经营与消费领域面临诸多挑战。相对于国内而言，啤酒消费与国际接轨的步伐进一步加快，青岛啤酒在海外名声依旧，树立了“高品质、高价格、高可见度”的品牌形象，产品销往美国、日本、德国等94个国家和地区，它是中国啤酒在海外亮丽的名片，享有良好的声誉。

4. 注重品质

青啤之所以能成为百年名牌，在世界啤酒市场中占据一席之地，与它的高品质是息息相关的。在青啤公司的不同发展阶段，讲究质量始终是所有员工的普遍共识，质量已经变成了青啤上下一致的崇高信仰，一种任何时候都不能够放弃的至高原则。青啤不仅关注生产环境，也关注营销环境以及消费者的心境，在内部树立了崭新的质量观：制造的质量叫“质量”，消费者心目中的质量是“品质”。质量是企业的内部控制标准，品质是消费者品尝出来的心理标准，质量是定量的，品质是定性的，只有消费者因为产品和服务而拥有了畅饮的快乐，企业的质量才达到要求。[①] 产品的高质量也离不开生产销售过程中的高标准。青啤建立健全各种工艺操作规程，严格标准、严格操作，在全厂职工中明确了严格的质量观念。实际上，中国的国家啤酒行业标准是参照青啤的标准制定的，而青啤内部执行的内容标准则更为严苛，一瓶青岛啤酒在出厂前要经过1800个控制点的监测，在一般人眼里这是难以想象的。质量的好坏不仅关系到一个企业的存亡，更大一点，它对整个民族的安危有着极其重要的作用。追求高质量已融入世世代代青啤人的头脑中，以上种种造就了青岛啤酒的高质量和高品质，是青啤扎根于世界市场屹立不倒的重要保障，成就了“青岛啤酒”这个名牌，为其长远发展立下了根基。

口碑的取得来自对品质的自信，严苛的品牌和质量观念正是百年青啤的重要文化精髓。[②] 青啤前董事长孙明波表示：“但凡发展势头良好的老字号，一定是把质量放在第一位，这种精益求精的文化必须传承下去。百余年来，青岛啤酒以虔诚专注、精益求精的工匠精神，视质量为生命。储存啤酒花的恒温冷库到生产车间的距离，酿酒师每一步的时间都需要精确到分；每一滴酿造水必须经过7级处理、超过50项指标检验；清洗一只啤酒瓶需要30分钟……”[③] 制度保障、言传身教、耳濡目染，工匠精神的本质是一种对工作执着以及对所做事情和生产的产品精益求精、精雕细琢的精神。[④] 在青啤的发展历程中，这种工匠精神可以说是一种极为稳定的“遗传基因”，薪火相传。

这种珍贵的工匠精神也运用到了创新之中。近年来，根据市场需求的不同，青岛啤酒针对不同群体推出多元化、个性化、定制化的产品，加快新产品研发，挖掘消费潜力，培育企业发展的内在动力。例如在研发新品种青岛啤酒皮尔森的过程中，充分展现了精益求精、孜孜以求的青啤人特有的工匠精神。首先研发产品的新口味，年轻的酿酒师赴德国进行进一步研究，收集

---

① 金志国：《一杯沧海》，第197页。

② 沈俊霖：《青岛啤酒：精工慢酿“百年麦香”》，《青岛日报》2017年7月18日，第3版。

③ 《孙明波代表：中国经济“质”存高远》，新华网，2017年3月7日，http://www.xinhuanet.com/food/2017-03/07/c_1120583361.htm，访问日期：2019年4月16日。

④ 罗民：《工匠精神——中国制造品质革命之魂》，人民出版社，2016，第32页。

来自欧洲的数百个皮尔森样品，通过一系列检测和试验将口感转化为工艺指标，根据消费者调研问卷不断调整工艺和配方，最终研发出了市场反馈良好的国产皮尔森。

任何一个企业的文化都存在着与时俱进的问题，而对于有百年历史的青岛啤酒而言，文化传承与创新显得尤为重要。在工业领域里，工匠精神与企业家精神往往同时存在。在企业中，一方面，领导者在从事或管理生产制造活动时必须重视创新，放远目光，确保品质；另一方面，技术工人在一线生产过程中也要大胆创新，精益求精，完善工艺与产品。[①] 企业家精神与工匠精神共同发挥作用，才能一同提升工业企业的竞争力。企业家精神和精益求精的工匠精神也构成了企业文化中的一大部分。青啤人不仅将企业文化信奉为自身理念和行为的准则，更将一生的热爱与激情代代为之挥洒。青岛啤酒最为宝贵的财富是百年锤炼出来的企业文化，这也必将成为其今后发展的强大内驱力。[②]

四 青岛啤酒工业遗产研究

作为中国啤酒行业的领头羊，在百年多的发展历程中，青啤用历史的长度、销售的广度、品质的厚度以及战略的高度，书写了一部中国品牌全球化的“进化史”，定义世界级的“中国名片”。“老字号”百年青啤历经沧桑，它承载着深厚的内涵和历史文化底蕴，在发展过程中也为后人留下了丰富的工业遗产，不仅记载了青岛啤酒百余年的工业文明，也是青岛啤酒百余年发展历史的重要见证，是其发展史的缩影，一定程度上也体现了中国啤酒行业由近代到现代的技术革新。学术界历来对工业遗产有着不同的定义。2003年国际工业遗产保护委员会发布的《关于工业遗产的下塔吉尔宪章》，对工业遗产进行了详细的定义，该定义具有一定的官方性：“工业遗产是由具有历史价值、技术价值、社会价值、建筑价值或科学价值的工业文化遗迹所构成，这些遗存由建筑与机械、工厂、磨坊与工厂、矿山与从事加工与精炼的

① 陈文佳、严鹏：《工业文化基础》，电子工业出版社，2019，第77～78页。
② 梁勤：《长盛力：缔造富有灵商的管理文化》，企业管理出版社，2006，第71页。

厂址、仓库与货栈、产生于输送能源的地点、交通运输及其基础建设，以及有关工业社会活动（诸如居住、宗教信仰或者教育）的遗址。”[①] 通俗一点来说，工业遗产是一定历史时期人类工业活动的产物，是工业文明的活态展现，是记录一个时代经济社会、工业技术、产业水平的载体。[②] 作为一种符号系统，工业遗产是人类工业文明的见证，承载着许多信息。早已有国外学者提出，工业遗产的价值不仅仅在于遗产本身，更在于遗产所反映出的对社会变革的影响及其历史价值。

工业遗产是工业文化重要的载体，而工业文化简单地说就是和工业有关的文化，由于文化具有不同的层次性，工业文化也具有不同的含义。这里所说的工业文化是指狭义的工业文化，与工业社会相适应的思想和价值观，能够对工业发展起到促进作用。从形态上，工业遗产可分为物质文化遗产和非物质文化遗产。物质层面的工业遗产主要是以工业建筑为核心的工业遗址；非物质层面的工业遗产因其无形而较少被人们关注，但实际上，包括工业历史、工业精神在内的非物质层面的工业遗产，赋予了工业遗产真正的文化价值，是工业遗产具有的文化传承功能的内核。[③] 青岛啤酒工业遗产，既有物质文化遗产的层面，例如它保留了大量的厂房，并且以此为依托建立了著名的青岛啤酒博物馆；也保留有非物质文化遗产，例如它所蕴含的工业精神是青啤企业文化重要的组成部分，充分体现了工业遗产的现代内涵。

在已经完成工业化的发达国家中，工业遗产的保护与利用开展得比较成熟，但在中国仍处于摸索阶段。随着我国城市现代化的发展和科技的进步，人们越发关注工业遗产的保护与利用。2018 年底，工业和信息化部公布了“第二批国家工业遗产拟认定名单”，[④] 青岛啤酒厂工业遗产入选。青岛啤酒厂工业遗产始建于 1903 年，是青岛工业开创期的见证物，被认定为国家工业遗产核心物项的有其原综合办公区、原酿酒生产区、原职员俱乐部、1896

① 王新哲、孙星、罗民：《工业文化》，第 329 页。

② 张晶：《工业遗产保护性旅游开发研究》，硕士学位论文，上海师范大学旅游学院，2007。

③ 陈文佳、严鹏：《工业文化基础》，第 97 页。

④ 《第二批国家工业遗产拟认定名单公示》，中华人民共和国工业和信息化部网站，2018 年 10 月 31 日，http：//www. miit. gov. cn/newweb/n1146285/n1146352/n3054355/n3057292/n3057295/c6462662/content. html，访问日期：2019 年 4 月 17 日。

年西门子电机等老设备以及“美女”啤酒广告、钢印、股票发行中签表等。青岛啤酒博物馆就是在原厂址上建立的，它以工业博物馆的形式，将原有工业厂房进行创新性拓展延伸，突出展示啤酒工业领域核心的生产工艺和机器设备，展陈思路新颖，浓缩了百余年来青岛啤酒历经风雨的发展史，是中国工业遗产保护与利用的典范。

《都柏林准则》中指出：“一些项目和设施应当发展并延续，比如‘活态’工业遗产厂址和工序的参观，以及对与历史、机器、工艺流程、工业或城市博物馆和表演中心、展览、出版物、网站、区域的或跨境的路线相关故事等无形遗产的展示，作为提高人们对工业遗产的认识和评估的手段，以充分体现其对当代社会的意义。”① 青岛啤酒博物馆正符合其对工业遗产合理开发与保护利用的维度，它通过啤酒元素将历史建筑与现代建筑有机结合在一起，巧妙地集青啤百年发展历程、独特的工业文化、先进的工艺流程、品酒娱乐、购物为一体，致力于成为现代工业遗产博物馆行列的佼佼者。青啤的老厂房通过青啤博物馆的落成得到了较好的保护和利用，办公楼、宿舍楼和糖化大楼这三座建筑构成了青岛啤酒厂旧址的建筑主体，如今是青啤博物馆的主要展览区。办公楼和宿舍楼是百年历史文化陈列区，以“青岛啤酒百年发展脉络看青岛百年艰辛历程”为展陈思路，搭建起“百年起点”“易主经营”“艰难岁月”“历史转折”“新的征程”五个主题时空脉络，展示了青岛啤酒自1903年建厂以来百余年发展演变的珍贵史料和相关文物，将青岛啤酒悠久的历史文化更好地传承发扬，具有“世界视野，民族特色，穿透历史，融汇生活”的特点。② 在糖化大楼内，还原和维护了早期制麦车间、发酵车间、包装车间等老厂房，将青啤当年的生产场景和工艺流程别致地呈现出来。在展示的诸多酿酒生产设备中，有一项格外引人注目——1896年远涉重洋运到青啤的西门子电机，它是德国西门子股份公司现存的最古老的一台电机，在青啤使用到1995年。青啤历代工人对它的保护很细致，如果通上电现在仍然能够使用，细细倾听青啤时隔一百多年的工业传承。这也

---

① 《都柏林准则》，马雨墨译，周岚审阅，彭南生、严鹏主编《工业文化研究》第1辑，社会科学文献出版社，2017，第199页。

② 于香萍主编《山东旅游年鉴2006～2007》，中国文学出版社，2008，第257页。

正是青啤工业遗产的独特之处，它拥有如今仍然可以使用的老设备，是难得的“活态”工业遗产。

青啤博物馆是青啤工业遗产的重要物质载体和依托，给后世留下了相对完整的工业设备和技术发展历史。不仅如此，青啤博物馆不断创新，与时代接轨，引进先进技术丰富馆内用户体验：利用现代化技术手段，提供网上预约购票等服务；利用 VR 技术重现汉斯·克里斯蒂安·奥古特在发酵池中酿出第一瓶啤酒的情景，带来穿越历史的视觉体验；设有 3D 运动单车，通过高科技的互动活动体验城市魅力，实现城市空间景色与线下运动相结合；等等。[①] 这些都丰富了青啤工业遗产的时代内涵，融入了科技创新元素，使得青啤文化更富生机。

在当下，整个时尚圈充斥着复古的流行与国潮的再生气息。青啤在现代发展过程中，也在积极寻求恰当时机，攫取其工业遗产中的复古元素，与时代潮流接轨。2019 年 3 月 21 日 19:03，以“百年国潮”为主题的青岛啤酒 1903 复古装潮品发布会在上海复古潮流的地标性建筑——百乐门举行。青啤带着百余年时光积淀的丰厚历史底蕴，将其发展历史中的“复古”与当代“潮流”有机融合在一起，从百余年的历史产品和老广告中寻求灵感和设计元素，复刻百年前的青啤经典商标画面，并且攫取当下的时尚潮流元素融入其中。不仅如此，青啤还积极走出国门，于 2019 年 2 月在美国纽约时装周上推出以“百年国潮”为主题的时尚秀，美国友人排队抢购时装周 T 台同款卫衣、挎包，青啤为国际舞台带去了国潮之风，将其文化自信淋漓尽致地向全球展现。自 1903 年以来，青岛啤酒作为历史的见证者，经历了每个时代的潮流走向，也成了每个时代的潮流代表。种种这些都属于青啤充分挖掘其工业遗产中的文化内涵、发挥其当代价值的典型实例。

工业遗产是人类工业文明进程的关键依托和载体，是企业长期发展过程中的重要文化记忆，是企业生命力和品质的特殊物证。工业遗产蕴含着多方面的价值，包括历史价值、社会价值、技术价值、经济价值、文化价值和审美价值。首先，从青啤百年发展历程的角度看，青啤工业遗产蕴含的社会价

① 徐雪松、林希玲：《青岛工业文化遗产的保护与利用研究——以青岛啤酒博物馆为例》，《青岛职业技术学院学报》2018 年第 2 期。

值极为重要："工业遗产中蕴含着务实创新、兼容并蓄、励精图治、锐意进取、精益求精、注重诚信等工业生产中特有的品质，为社会添注一种永不衰竭的精神气质。保护工业遗产是对民族历史完整性和人类社会创造力的尊重，是对传统产业工人历史贡献的纪念和崇高精神的传承。"① 青啤工业遗产中蕴含着其特有的品质——青啤精神，具体可以分为工匠精神、劳模精神和企业家精神，在其百余年的发展过程中体现得淋漓尽致。就青啤工匠精神而言，青岛啤酒之所以能从城市一隅的小工厂以破竹之势迅速发展，成为如今国内啤酒行业的佼佼者，正是有着无数个奋斗在各自岗位上吃苦耐劳、精益求精的青啤人默默无私的奉献。这其中涌现的，是那个年代的工匠精神——精益求精、专注执着、勤勉奋进、坚守如一……这是一种技能，也是一种珍贵的精神品质。工匠精神的本质是敬业与专注，创新精神是工匠精神的重要内容之一，与时俱进和推陈出新是工匠精神的重要表现。在之后青啤向世界迈进的道路上，青啤人兢兢业业，发挥自身工匠精神，形成共识和合力，锻造出青啤发展过程中一个又一个真实而精彩的奇迹，以精神感召力和行动示范力，酿造出更多精益求精的优品、精品，发扬精雕细琢、代代相传的工匠精神，感染和带动整个企业乃至整个行业，致力于将整个啤酒行业的水平提升到更高档次。在青啤劳模精神层面，从生产领域到各个方面都涌现出了一批本着"实现个人价值、创造社会价值"理念为青啤奉献的劳动模范，他们极大鼓舞了青啤团队的工作热情。至于青啤企业家精神层面，青岛啤酒之所以能够在时代的潮流中扎稳脚跟，以破竹之势不断向前发展，取得一系列光辉的成绩，也正是因为有着一批又一批富有远见和首创精神的企业家带领青啤克服各个发展阶段的困难，逆着潮流游泳，勇敢地做第一个吃螃蟹的人。这种青啤精神可以说是青啤特有的工业文化，而工业文化的有形载体和依托正是工业遗产，工业遗产能够创设一定的情景来传播工业文化价值观。例如，当人们参观青啤博物馆时，能够感知青啤工匠在工作时的兢兢业业，能够被劳模们无私忘我的奉献所感动，能够受到企业家开拓创新精神的感染，于是，在潜移默化之中，企业家精神、工匠精神与劳模精神等青啤精神就得到了传播，工业文化也以这种方式得到了传承。因此，保护与利用青

① 王新哲、孙星、罗民：《工业文化》，第361页。

啤工业遗产，具有在当代传播青啤优良精神的重要作用。

从工业遗产的属性来看，青啤工业遗产呈现出典型的地域特征，因为任何一个企业都是从一个地域发展起来的。青啤首先作为青岛的品牌而言，它是青岛对外的重要名片。从青岛近代工业和城市发展的角度来看，青啤工业遗产的历史价值是不容忽视的。“城市建设想要避免千篇一律，就需要有独特性和标志性的东西，工业遗产的特殊形象成为把众多城市区别开的一个标志。”[①] 青啤作为青岛的老品牌，历史悠久、口碑上佳，具有极好的声誉，也为青岛带来了诸多的荣誉，长期以来都是青岛城市发展源源不竭的动力。提起啤酒，免不了会提及行业的佼佼者——青啤；提起青啤，相信很多人的第一反应是青岛这个城市。青啤作为老工业品牌，是青岛工业领域的重要典范，它已远远超过了品牌本身的内在价值，青啤工业遗产承载着时代的记忆，是历史延续的象征，工业社会尽管存在的时间还不长，但也经历了剧烈的变革，有了足够的历史积淀。因此，保护青啤工业遗产，正是为了在工业革命不停歇的浪潮中留住企业发展的记忆，使企业在发展中不迷失自我，使青岛这座城市的历史底蕴进一步积淀。承载记忆、丰富文化正是工业遗产最基本的价值，是保护工业遗产最大的意义。

依据工业遗产的定义及分类，保护工业遗产可以分为物质和精神两个层面，物质方面是对工业遗产进行保护和开发再利用，精神方面是指继承和发扬工业遗产蕴含的价值观念、思维方式、行为规范等。对于工业遗产而言，不管是物质的还是非物质的形式，通过一定的手段和方法对它进行传承和发扬，挖掘并传播其蕴含的工业文化及精神思想，就是对其最好的保护。可以说，在工业遗产物质和非物质两个层面发挥其社会价值的过程就是工业文化发扬和传承的过程。

青啤工业遗产在物质层面的保护和利用主要依托工业旅游的形式，开发建设了青岛啤酒博物馆。有学者指出，工业旅游是以工业生产场景、历史与文物、企业管理和文化等资源为吸引物，融工业生产、观光、参与及体验等于一体，以工业考古和工业遗产的保护和再利用，在工业遗址上发展旅游业

① 王新哲、孙星、罗民：《工业文化》，第330页。

的新的旅游方式。[①] 有学者总结，工业旅游依据资源类型划分，可以分为四种：工业企业旅游、工业园区旅游、工业遗产旅游和工业博物馆旅游。工业旅游资源类型的复杂性，使其对工业旅游种类的划分也并不是绝对精确的。青岛啤酒博物馆既属于工业博物馆的范畴，又是工业遗产，还毗邻着可以参观的现代化生产车间，因此，去青岛啤酒博物馆参观游览同时具有多种工业旅游的性质。[②] 依托青啤博物馆开展的工业旅游，不仅能够向游客直接展示青啤百年历史进程和独具特色的生产作业景观，为游客创造参观青啤部分生产流程的体验，还能够充分挖掘和展示青啤工业遗产的当代价值，更好地传播青啤工业文化。

在青啤工业遗产的非物质层面，其百年发展过程中积淀形成了无形的非物质价值观体系，具体来说包含了企业家精神、工匠精神、劳模精神等，它是青啤企业文化的重要组成部分，是如今青啤生产经营活动中不可或缺的一部分。虽然这种价值体系对于已经成为遗迹的工业遗产而言是一种已经完成了的历史性存在，然而在工业文化层面而言，这种价值体系也是仍在生产运营的青啤企业和已经成为遗迹的工业遗产的共同点，而这种共同点，恰恰也是重要的旅游吸引物。[③] 要想尽可能地保护和利用青啤工业遗产，挖掘其非物质层面的当代价值，也离不开以工业旅游为媒介来开展活动，工业旅游往往和中小学生的研学旅游相结合。例如依托青啤博物馆，针对青岛地区的青少年群体开展青啤工业研学旅游，这样对他们个人而言可以提高自身素养，还能够增强他们对家乡民族工业的认识和了解，进而感悟青啤文化内涵，放大一点说甚至能推动青岛工业文化的传承与发展。有一点非常重要，这里所指的研学旅游不是走马观花式的游览，而是要设计一系列寓教于乐的游览项目，例如为青少年创造相应的工艺情景，使其在青啤一步步的生产流程中能够感受青啤工人进行生产时“精雕细琢、精益求精”的工匠精神，感受平凡的岗位也能孕育出伟大，使他们品悟青啤百年积淀的文化内涵，为家乡有这样的企业而感到自豪，激发其爱乡之情、上进之心。简而言之，研学旅游

① 王明友、李森焱：《中国工业旅游研究》，经济管理出版社，2012，第22～23页。

② 陈文佳、严鹏：《工业文化基础》，第112～113页。

③ 陈文佳、严鹏：《工业文化基础》，第112～113页。

必须落实于“学”，重视其过程中的可行性和实际性，促进工业文化的传播。

“在有可能的情况下，遗产研究和保护领域的国内外机构应有权使用这些项目和设施，用作面向大众和专业团体的教育设施。”[①] 显然易见，教育是保护和利用工业文化遗产的重要方法，这里主要是指非物质工业文化遗产。通过具体的教学手段来保护和利用工业遗产，这一点国外早有先例。国际工业遗产保护协会（The International Conference of Conservation of the Industrial Heritage，TICCIH）的研究表明，西方国家在中学开展工业遗产教学已经有很长时间。[②] 在国内，近些年也有所提及。例如，工信部开展“工业文化进校园”活动，也将保护工业遗产与教育相结合，旨在传播工业文化。具体而言，在依托工业文化遗产进行教学时，应该考虑其特点，将其与相关课程例如历史课程结合在一起，开发工业文化系列特色课程。笔者认为，在青岛地区的中学历史尤其是初中历史教学中，青岛啤酒工业遗产是一笔丰富的教育资源。初中属于义务教育时期，初中生活力无限，并且充满好奇心，课业负担相对高中较轻，认知能力相比小学有很大提升，因此针对这一阶段的学生开展青岛啤酒工业文化的相关课程比较合适；青岛啤酒作为百年民族企业，保留了大量的老厂房，在此基础上建立了著名的青岛啤酒博物馆，青啤在青岛工业演变与发展过程中占据重要一环，也是青岛对外亮丽的名片，因此基于青啤工业遗产开展相关课程可操作性强，具有较高的意义和价值。本地的中学可以设置相关课外拓展课程，可依据本校特色，开展诸如“青岛啤酒史”“青岛工业史”等相关的校本课程。在教学手段上，可以采用课堂讲授与实地考察相结合的形式，充分利用青岛啤酒博物馆等当地的教育资源，带领学生走出教室，到实地更直观地感受青啤的文化内涵。在教学形式方面，可以利用周末或者每周素质拓展课的时间，开展一系列活动或者讲座，例如“深度体验青啤百年工艺”“青啤工匠的故事”“青啤名人面对面”等，使学生在特定情境中感知百年青啤的发展脉络，对青啤文化有更

---

① 《都柏林准则》，马雨墨译，周岚审阅，彭南生、严鹏主编《工业文化研究》第1辑，第199页。

② 陈文佳：《工业遗产与地方工业文化的传承》，彭南生、严鹏主编《工业文化研究》第1辑，第130页。

深一步的了解，继而推动对整个青岛工业的认知和情感。

任何一个企业的发展都面临着与时俱进的问题，对于有着百年历史的青岛啤酒而言，它在每个时期都不曾忽视进步与创新。作为青岛工业的排头兵，它在百年发展过程中积淀下来的丰富的工业文化遗产所蕴藏的价值不容忽视。若今后能够通过开展工业旅游和工业文化进校园活动，开创更多内涵丰富、实践性强的活动来挖掘青啤工业遗产的当代价值，对青啤乃至整个青岛工业文化的发展都具有重要的作用。

富冈制丝厂的早期发展及其工业遗产

李瑞丰*

摘　要　1853年，美国以炮舰威逼日本打开国门，随后日美签订《日美亲善条约》，揭开了日本历史上新的一页。从此日本被卷入世界资本主义体系当中。1868年明治维新的到来，是日本走上资本主义现代化的重要转折点。为了实现富国强兵的目标，赚取外汇，实现资本的积累，明治政府对生丝、造船等产业进行扶持，帮其转型发展。生丝产业在日本已有重要的产业基础，而在明治维新的时代契机下，经过政府的扶持、技术的变革等改造，成了近代日本重要的出口产业，其优质生丝为日本赚取了巨额外汇，而且奠定了日本资本主义工业化的基础。富冈制丝厂是日本在1872年开始运营的国营生丝企业，在政府的支持下，富冈制丝厂引进外国先进设备，建立新式制度，在日本普及制丝技术，为日本生丝业的发展做出巨大贡献，也留下了重要的文化遗产。本文将以富冈制丝厂早期的建立过程为例，详细探讨明治维新时代契机下日本工业化的进步与发展，并介绍其丰富的工业文化遗产。正是早期日本富冈式的技术变革与模范工厂的作用使得日本工业转型发展。

关键词　日本资本主义　明治维新　生丝业　富冈制丝厂　工业遗产

一　富冈制丝厂建立的时代背景

工业是塑造现代社会的重要力量，从前近代至今影响着人们生活的方方

* 李瑞丰，华中师范大学历史文化学院。

面面。日本在黑船事件后被卷入世界资本主义体系当中，民族危机加剧，而明治维新所推行的一系列资产阶级改革，对日本的工业化起到了决定性作用。

丝织业作为日本的传统产业，有一定的产业基础。在横滨开港之后，日本生丝出口激增，以横滨为中心形成了一片扇形的制丝腹地。当时最大的蚕丝消费国是法国，日本蚕丝被商人不断贩至法国及其他地区。在生丝出口剧增的背景下，制丝手工工场不断增多。① 据统计，幕末开港后到明治维新前，新开设的私营缫丝手工工场约有 111 家，这是日本丝绸业中资本主义萌芽的新发展。这一时期的生丝工厂还是以家庭手工业为主要支配地位，生丝业发展还未达到资本主义工场手工业的发展阶段。

在进入明治维新后，日本政府高举“殖产兴业、富国强兵”的口号，推进资本主义的发展。在近代日本资本主义经济发展的过程中，维新政府扮演了日本资本主义萌芽的角色并发挥作用。政府代替资本家投资，通过官营企业如富冈制丝厂、八幡制铁等官营工厂的开设，进行社会基础设施建设，发展经济活力。1870 年，明治政府设立了工程部，作为统管官营事业的机构，管辖矿山、制铁、灯塔、铁路和电报等五大业务，直到 1885 年才废止。在这期间，政府共支出 4600 万日元。② 这笔巨额投资刺激了新的经济发展，国营企业成了资本主义扎根的水源。之后随着政府经济负担的增大，许多官营企业被抛售给民间，这创造了一个由商业资本和政商资本主导的国内市场规则。

在明治政府大力进行资本主义现代化建设的背景下，富国强兵的目标以及对于赚取外汇的需要，使得生丝产业走向时代的前沿，富冈制丝厂的设立就是日本生丝产业移植器械化技术，进行扎根、自立化发展的代表。1870 年，民部省发布了《养蚕仕方书》，③ 在《养蚕仕方书》中，政府建立国营制丝厂的基本指导原则为：“（1）从欧洲引进洋式机械装订机；（2）以外国人为领导者；（3）从日本各地挑选传习工，使其学会新技术。”富冈制丝厂

① 王翔：《十九世纪中日丝绸业近代化比较研究》，《中国社会科学》1995 年第 6 期。

② 高崎経済大学地域科学研究所『富岡製糸場と群馬の蚕糸業』日本経済評論社、2016、47 頁。

③ 志村和次郎『日本近代化の起点・富岡製糸場』上毛新聞社、2014、88 頁。

的建立旨在形成一个“模范工厂”，学习外国新技术并不断传播，并且大规模生产优质生丝，让日本的生丝在未来的国际市场上赢得利润以获取外汇。在明治维新时期，日本需要在短时间内加快外汇的获取，强化富国政策，迅速发展丝绸业作为重要的出口产业。在这样的国家战略之下，富冈制丝厂得以建立。

二 富冈制丝厂的建立与发展

（一）富冈制丝厂的建立与初步发展

1. 筹备与建厂

1869 年，政府在大隈重信的主导下，将民部省和大藏省合并，并专注于促进产业的业务发展，并且将对民政、财政事务上都十分熟悉的旧幕臣聚集在这里。其中，涩泽荣一作为民部省征税司的政要，发挥了重要作用。当时生丝是出口商品的主力，是重要产业。1870 年 5 月，涩泽作为富冈制纱厂主任，在维新政府的支配下，负责领导富冈丝绸厂的建立。

在政府通过设立富冈制丝厂之议后，富冈制丝厂的选址、建设等工作随即展开。根据涩泽的意见，进行富冈制丝厂的创立地选定的人是尾高惇忠和法国人伯内特。为了保证制丝厂的地址考察具有客观性，此次考察以伯内特为中心。伯内特依据民部省官吏提出的《计划书》中的相关规定，在当时盛行养蚕的长野县、群马县、埼玉县各地进行实地考察。[①]《计划书》内对于制丝厂选址做出要求：“（1）寻找安置制丝机的最合适的任何地方。（2）一旦选好地块，应该在那个地方逗留几天后，查明要改革日本原有机器的事项，向当地的工匠提问，掌握如果进行改革会带来的不便。”经过考察，伯内特确信富冈交通方便，有丰富的动力源——煤炭和水，富冈也在养蚕地带附近，原料茧的供应充足，这便是富冈成为制丝厂第一候选地的原因。实际上群马县在富冈制丝厂建立之前就有一定的生丝产业基础。富冈周围的养蚕地区很容易采购到原料，本身就有一些制丝厂在此设立，有一定的产业基础。

① 志村和次郎『日本近代化の起点・富岡製糸場』、104 頁。

伯内特与政府的官员们一道，在当地进行各种探查，最终选定上野国甘乐郡富冈町字城町（现为群马县富冈）为工厂建设地。[①] 选定地点后，1870 年 10 月，尾高惇忠作为民部省庶务少佑，再次赶赴富冈，届时以 10200 日元的价格收购此地，并进行工厂用地测量等调查工作。经过一年零七个月的建设，富冈制丝厂得以建立。伯内特也在此时与日本政府签约，从 1871 年开始在日本政府工作五年，为制丝提供指导性意见。在富冈制丝厂运营之前，伯内特为了购买器材和雇佣技师暂时要回法国，1871 年 1 月 22 日乘英国轮船离开日本。[②] 随后带来法国的制丝技术人员以及女工，技师主要负责检查以及传授技术，当时来的第一批技师是法国人贾斯汀伯兰和保罗・艾德加・普拉，于 1871 年 12 月 23 日来到日本，四名女工分别是玛丽亚・夏莱、克劳兰・维尔福、莱伊斯・莫尼埃、亚历山大・瓦兰。1872 年 10 月 4 日，伴随着法国蒸汽机的启动，富冈制丝厂正式开工。

2. 建立之初的困难以及制度建设

富冈制丝厂在建立之初也遇到了困难。由于当时的日本还处于社会变革时期，人们的思想不够开化，富冈制丝厂又引进大量西方设备，聘请外国人为师，于是蛊惑人心的流言四起，[③] 曾有传闻说“如果你去富冈制丝厂，你可以喝到外国人的血”，导致富冈制丝厂招工工作一度延缓。随后政府通过新闻报道澄清这些传闻，并促进女工的招聘。[④] 在政府和民间的共同努力下，1873 年 1 月共有 414 名女工进入工厂工作，她们来自群马县、长野县、栃木县、东京都、奈良县等地。

富冈制丝厂作为模范工厂也引进了现代工厂制度，在工资制度、管理等方面进行了建设。从一开始，工资制度就是基于效率而发工资，而不是年龄。[⑤] 女工们根据技术以及产丝质量而被分为一等女工、二等女工、三等女工以及四等女工，由此领取的工资也不同。在工作时长方面，政府明文规定女工一周工作六天，每天工作 8 ~ 10 小时。为了更高效率的产出，工厂积极

① 志村和次郎『日本近代化の起点・富岡製糸場』、105 頁。
② 志村和次郎『日本近代化の起点・富岡製糸場』、106 頁。
③ 玉川寛治『製糸工女と富国強兵の時代』新日本出版社、2014、53 頁。
④ 玉川寛治『製糸工女と富国強兵の時代』、54 頁。
⑤ 玉川寛治『製糸工女と富国強兵の時代』、50 頁。

进行工厂制度建设以达到目标。

3. 资金的投入及成果

政府也为富冈制丝厂的建立投入了大量资金。[①] 富冈制丝厂在1877年公开了其一年的预算，共为17400美元，包括交通费、蒸汽费支出、机械工匠工资、女工生活成本、兰花修理费以及高薪聘请外国工程师的佣金等等。[②] 为了聘请法国工程师及女工，政府给予了大量的资金扶持，即使是年薪最低的法国女工每年也可以获得600美元。此外，在机器进口、工厂建设、学习经费等方面政府也给予了很大支持。在富冈制丝厂创立之初，明治政府未曾将盈利看得很重，富冈制丝厂运营的最大意义在于生丝技术的改良与传播。富冈制丝厂成立之初的项目总成本约为26万日元，但从1877年开始，包括高管薪资和推荐购买成本在内的项目总成本固定在10万美元。高额的经济负担也为后来的企业转型埋下了伏笔。

高额的投入还是带来了很大的效应。[③] 到1884年，富冈风格的制丝厂已在日本各地建立，许多从富冈学习了新技术的人员传播了新的理念以及技术，这是模范工厂的意义和使命。[④] 1866～1877年日本生丝出口量在世界生丝市场占比约为10%，随后迅速增长，20世纪90年代接近世界市场的50%。1908年超过了意大利的生产量（包括进口丝绸生丝）和出口量，成为世界上最大的生丝出口国。明治政府所做的努力也有了收获。

4. 群马县的支持

富冈制丝厂所在的群马县当时也努力发展制丝产业、教育等，一定程度上促进了生丝产业的振兴。于1876年8月赴任的群马县县长楫取素彦，在群马县生丝生产中人才的选定、银行的设立、铁道至前桥的延长等事业上倾注了全部心血。在楫取素彦的鼓励下，1877年前桥的第三十九国立银行和馆林的第四十国立银行成立。[⑤] 这些银行的成立也受到涩泽荣一的支持与引

① 玉川寛治『製糸工女と富国強兵の時代』、7頁。
② 玉川寛治『製糸工女と富国強兵の時代』、75頁。
③ 玉川寛治『製糸工女と富国強兵の時代』、66頁。
④ 玉川寛治『製糸工女と富国強兵の時代』、88頁。
⑤ 志村和次郎『日本近代化の起点・富岡製糸場』、53頁。

导，银行的成立对于解决蚕丝产业的资金问题大有裨益。这两家银行不久便成为群马基础产业例如蚕丝或绢布发展重要的金融机构。在基础设施建设中，楫取素彦将重点放在了铁路物流高效化上。[①] 自开航以来，出口上州生丝的销路成为问题，1880 年日本铁道株式会社在大宫至高崎间建设铁道的决议通过。这个计划旨在促进群马的现代化，不仅为生丝的销售提供了便利，也促进了群马社会、教育以及文化的发展。要振兴生丝产业就必须培养出有能力的人才，要提高儿童教育水平就必须有师范学校，这一点非常重要。[②] 楫取素彦在就任的同一年就设立了群马县师范学校，1878 年 8 月新校舍落成，第二年明治天皇参观了新建的群马县师范学校。学校还设有宿舍、附属小学等，是当时重要的教师培养机构。另外，楫取素彦开发了初中、女校、医学校等，依次实现了创设先进的教育环境。基础设施的完善、教育环境的提升以及银行的设立都为群马县振兴生丝产业、奠定生丝王国的地位起到保障作用。

（二）富冈制丝厂的技术进步与特色建设

前文也提到，富冈制丝厂注重引进西方机械设备，但为了避免直接引进欧洲制丝机的弊端，技师对进口机械进行了日本式的改良，并将其作为模范制丝厂的基础。[③] 在前期的视察工作中，英国公使馆的亚当斯与生丝检验技师布鲁纳等人在对养蚕地带进行视察的结果报告中总结了很多的建议，他们提出的建议对富冈制丝厂的技术改良有很大启发。纱线纺织专家伯内特亲自研究了日本特有的传统纺丝方法——座缫制丝，包括纺纱工艺和日本特定的再轧技术。在从法国订购纺丝机时，他已经想到了要针对日本传统生丝的质量和女工的技术能力改造特定的纺纱机。[④] 他在回到法国时，与日本女性的体型相对照定制制丝器械，降低了器械的高度，另外给西洋的制丝器械设置了扬返机。西方纺纱机将大幅纱线送到织机的工艺，被称为直送入式。与此相对，在日本，从座缫制丝时

① 志村和次郎『日本近代化の起点・富岡製糸場』、55 頁。
② 志村和次郎『日本近代化の起点・富岡製糸場』、51 頁。
③ 志村和次郎『日本近代化の起点・富岡製糸場』、109 頁。
④ 志村和次郎『日本近代化の起点・富岡製糸場』、110 頁。

代开始将小框所翻过的线再次制作成大框之后，送往下一个工序，称为“扬返式”或“重送入式”，如果没有这个过程，日本高湿度的环境难以生丝。通过改进，富冈制丝厂建立了一种新的反轧制技术，促进了制丝技术的进步。布鲁那从法国导入的制丝器械虽说是法国制造，但由于是富冈制丝厂定制改进的独特器械，因此也可称为“富冈式”制丝器械。可以看出，富冈制丝厂的建立旨在使外国工程师对日本丝织行业进行现代化改造，通过技术革新以及技术传播带动日本生丝行业的发展。富冈制丝厂在引进最新的机械设备的同时，对那些想学习纺纱技术的人开放，使得日本机械纺纱行业迅速普及和发展，这也体现了富冈制丝厂“模范工厂”的意义，带动日本生丝行业跨越式发展。

（三）富冈制丝厂的民营化

1879 年，内务卿伊藤博文对当时的富冈领导人速水坚曹下达了全面改革富冈制丝厂的指示。在这个时候，政府已经有意将富冈制丝厂推向民间。速水坚曹认为，富冈制丝厂作为器械纺纱厂的模范，在技术传播与培训方面已经获得成效，因此决定将重点放在维持和发展经营方案上，旨在更大程度上实行对外贸易。富冈制丝厂是全国范围内的模范工厂，但一直存在着因工人交替而不能保证技术水平的问题。因此，速水就提出了富冈制纱厂民营化的必要性。① 西南战争后，日本内务卿松方正义的方针是“返还国有资产”，推行财政紧缩政策，因此富冈制丝厂的民营化也得到了进一步发展。②

1893 年，富冈制丝厂公开竞标，三井集团以 121460 日元的最高价格中标，于是富冈制丝厂自此发放给三井家族。③ 当时三井银行董事中上川彦次郎是当时三井工业化的领头人，后来三井将制丝厂发展为片仓制纺织企业。④ 三井集团专注于丝织业的发展，决定在名古屋和三重县建立一个大型机械纺纱厂，当时富冈制丝厂的厂长被任命为名古屋制丝厂主任，并且从富

---

① 志村和次郎『日本近代化の起点・富岡製糸場』、123 頁。
② 志村和次郎『日本近代化の起点・富岡製糸場』、124 頁。
③ 志村和次郎『日本近代化の起点・富岡製糸場』、126 頁。
④ 志村和次郎『日本近代化の起点・富岡製糸場』、115 頁。

冈制丝厂中学习技术与经验。可以看出，富冈制丝厂在转向民间之后仍对日本丝织业起到重要作用，发挥余热。

三　富冈制丝厂的文化遗产

有论者指出，工业遗产可分为物质和非物质两大类。工业物质遗产主要包括工业文物、工业建筑及工业遗址三部分，工业非物质遗产则包括生产工艺流程、记忆、口传等相关的工业文化形态，具有特殊贡献的个人或群体及其先进事迹报告或口述史。[①] 富冈制丝厂作为日本近代工业化的典型开端，是当时世界上最大的缫丝厂，在人们的保护与努力下保存了丰富的文化遗产。2005 年 6 月 25 日在卡塔尔首都多哈举行的联合国教科文组织世界遗产委员会（联合国教育文化和科学组织）申请将“富冈丝绸厂和丝绸工业遗产集团”列入世界遗产名录。在经历多重努力后，在 2014 年第 38 届联合国教科文组织世界遗产委员会会议上，富冈制丝厂和丝绸产业遗产群被最终认定为世界文化遗产。此外，曾在富冈制丝厂工作的女工和田英出版的《富冈日记》也为我们了解当时富冈的工业发展提供了宝贵的材料。可以说，富冈制丝厂的物质与非物质工业遗产都是很丰富的。

被确定为世界文化遗产的富冈制丝厂和丝绸产业遗产群主要由四个遗址组成，包括位于富冈市的富冈制丝厂、位于伊势崎市的田岛弥平旧宅、位于藤冈市的高山社遗址以及位于下仁田町的荒船风穴。其中最重要的就是富冈制丝厂遗址。这里完好地保存了明治时期建立的厂址原貌，展现着当时在政府扶持下所建立的现代化工厂，主要建筑物包括女工馆、检查人馆、缫丝场、仓库等地，体现了这座工厂昔日的辉煌。当然，富冈当地政府为富冈制丝厂遗址的保护工作做出了极大的努力。群马县于 2004 年 4 月在其政策部门设立了世界遗产促进办公室，成立促进办公室的目标是要求县内人民配合世界遗产登记运动的公众意识和活动，制作公共关系文件，举办地方公民世界遗产课程，等等，积极推进申请遗产保护的工作。为了促进申遗工作，富冈市推行“富冈市城镇建设计划”，以未来的都市形象为基

① 王新哲、孙星、罗民：《工业文化》，电子工业出版社，2016，第 330 页。

础，振兴原有的生丝产业基础，旨在让人民感受到富冈特有的自然风光、历史和文化。

在富冈制丝厂被确定为世界文化遗产之后，富冈制丝厂的参观人数实现大幅增长。富冈制丝厂作为日本早期工业化的典型代表，开创了日本乃至亚洲的工业化，是丝绸业现代化的先行者。在日本传统养蚕的背景下，富冈制丝厂引入法国的技术并进行改良，使高品质丝绸的大量生产成为可能。此外，富冈制丝厂的建筑是一种日本特有的产业建筑样式，即木骨炼瓦结构，这也彰显着明治时代下日本的西化与转变。富冈制丝厂的开创可以说具有重要的历史意义，其文化遗产也彰显着普遍价值，当今社会人们直接去接触、感受工业遗址是传播工业文化精神的重要一环。同时，富冈制丝厂是富冈的一部分，富冈市利用工业革命遗产来引领知识和信息社会城市的发展也彰显了富冈制丝厂的伟大生命力，从过去到将来，富冈的丝绸产业遗址都是一座灯塔，照亮人们前行的路。

和田英的《富冈日记》也是富冈制丝厂重要的文化遗产。这本书是富冈制丝厂的女工和田英记录的其早年在富冈制丝厂工作期间的所见所闻，对于我们了解富冈制丝厂的历史提供了别样的角度。

和田英是信州松代的前藩士和田横马（明治年间信州松代的区长）的长女。为响应政府的号召，父亲提议让和田英于1873年去富冈制丝厂工作。[①] 临行前他告诫女儿："这次为了国家派人去富冈制丝厂，要谨慎行事，注意不要败坏国家的名声。入厂后要尽心尽力学习，不能怠慢业绩，要一心一意的工作。"[②] 和田英来到富冈制丝厂工作后，看到了当时少有的砖造建筑物，为此而惊叹。工厂的管理相当严格，在工作时不可以与他人讲话，讲一句话就会被责备。[③] 和田英记录道："还有一个法国人时常来走访，如果被发现谈话，就会大声斥责'日本姑娘有很多懒汉'。"工厂管理严苛，但是也为女工们提供了师傅进行技术学习，和田英在日记中表示了她对师傅的感激之情。在日记中，和田英还写了天皇来视察的场景。"天皇陛下到达的

① 和田英『富岡日記』筑摩書房、2016、11頁。

② 和田英：『富岡日記』、15頁。

③ 和田英：『富岡日記』、23頁。

当天，厂内打扫得很干净。那时候三百余人都聚集在一起，我们一起选蚕茧进行工作。天皇陛下在尾高厂长以及法国技师的引导下，参观了生丝制作的过程。天皇陛下赐予我们酒，下酒菜有两三种简便的料理。”① 可以看出当时政府对于富冈制丝厂的重视，富冈制丝厂作为国营生丝模范工厂，在日本的近代化过程中发挥了重要作用。

工业遗产的价值是多方面的，其中蕴含的人类智慧以及求真务实、锐意进取等的精神气质也需要我们传承，工业文化遗产保护之路任重而道远。

余 论

富冈制丝厂作为日本近代生丝行业发展的先驱，有其特别的历史文化价值，其在工业中的变革意义仍值得我们探讨。明治维新时期时代的转变、技术的改良、时机的成熟共同造就了富冈制丝厂的成功，富冈制丝厂在当时成为“模范工厂”引领日本生丝产业的革命，也为其他行业的工业化提供范本。可以说，富冈制丝厂的成功是日本早期工业化转型的一个缩影。当下的富冈制丝厂文化遗产同样发挥余热，发扬其精益求精、求真务实的精神文化，促进日本的现代化发展。富冈制丝厂遗址只是工业文化的一处代表，它的成功经验值得我们借鉴。我们也需要立足于当下，汲取工业精神内核，实现现代化的转型与发展。

---

① 和田英:『富岡日記』、35~37頁。

复制技术结合讽刺艺术的知识生产
——以东德画报为例

黄明慧*

摘　要　早期资本主义生产模式下的文化工业，是一项结合技术、商业与宣传的产业。在电影工业尚未开展之际，大众便已受惠于印刷术的传播，获得大量与图文影像接触的机会。摆放在家中的宗教圣像、悬挂于建筑外墙上的标语旗帜与大型海报，或是17世纪荷兰阿姆斯特丹、法国里昂等大城市的书市报业，都是教育和宣传得以普及扩张的媒介。本文首先探讨机械复制的技术如何影响人们的视觉经验，进而分析东德时期的讽刺画报如何仰赖这种技术来传递思想。大量复制、方便携带的特性为艺术开启新的创作途径，也为观者带来新的视觉体验。在苏共治理下的东德，人们透过讽刺画报，启动另类的知识生产——一种欢笑之后对时局的反思和醒悟。

关键词　机械复制　东德　讽刺画　知识生产

德意志民主共和国（German Democratic Republic，简称“东德”）成立于1949年。第二次世界大战结束之际，东德人民因战败而民族自信受挫，在苏联接管成为事实后，开始苏式共产主义指导原则的经济管理，以及社会主义样态的文化生活。东德政权承袭了苏共的政治理念，在无产阶级专政与反对西方资本主义入侵的口号下，采取的是阶级划分明确的施政方针。虽然战后一切“从零开始”，但相较于苏共支配下的其他东

* 黄明慧，集美大学文学院助理教授。

欧国家，东德政府在制度建立、经济发展与福利配给等政策上，表现亮眼；丰硕的成果以输出工业产品赚取大笔外汇为主，人民也因此享有免费的教育及医疗服务。尽管各项工业的生产效率提升，然而由国家实行的计划经济仍存在许多缺失，延宕未决的民生问题是东德内政的致命伤。此外，东、西德的关系暧昧又对立，且经常彼此揶揄。以讽刺画为例，东德以《拂屎屁》（*Eulenspiegel*）为发行大宗，西德则是以评论东德现况与苏共专制的讽刺性刊物《毒蛛》（*Tarantel*）为主，两者政治立场明确。值得一提的是，东德共产党利用媒体宣传党纲政令的做法纯熟，许多笑话段子及讽刺形象屡见不鲜。由于官方肯定这种复制艺术的传递方式，因此画报、海报的视觉符号如丛林般包围着人们的日常生活，观者驻足欣赏的次数增加，人群聚集的现象也连带影响原本生活环境的样貌，同时改变了民众吸收新知及参与政治的习惯。

画报这种艺术形式的特色是图文并茂、简单易懂、大量印制、传播迅速，其影响已渗透到个别的私领域中，它所引发的后续效应，令人着迷。购自书报摊的画报杂志，内容充分表现党政机关意欲教化、宣传的目的。然而，因官僚体系僵化运作，报刊也曾出现官方意识形态主导下的艺术“瑕疵品”。创作者面对官方的审查制度，采取以量制衡的策略，在众多作品中夹杂少量具有强烈批判意识的画作。倘不符规定，或遭审查单位退件，或禁止公开展示；但也有因官员不察，而顺利问世者。从国家政令宣传的标准来看，这无疑是生产线上的瑕疵品，却同时是官方核准上市的产品。政府和艺术家之间尽管因检禁而持续存在冲突与对立，但摆放在街头、橱窗等开放的公共空间，在政策法令的底线与公共场域不全然受制的高标间，仍值得期待各种视觉艺术的多样风貌与发展。这种持续创作的动能，也让底线的标准不断受到挑战。[①] 本文经由对讽刺画报的分析，进一步了解苏联在东德的政治掌控，及随后无以为继的文艺政策转向。

---

① 这段表述来自柏林美术馆公关主任 Volker Weidhaas 的个人经验，受访时间为 2008 年 7 月 28 日。

一　复制技术与讽刺画的传统

德国学者本雅明（Walter Benjamin，1892－1940）在其著作《机械复制时代的艺术》中指出，机械复制的作品可以产生原作未能呈现的细节，让观者根据自身的意愿，调整观察的角度和姿态，进而发现不易被察觉的图像。[①] 本雅明高度评价这种类型的艺术作品，同时肯定机械复制生产过程中的平等意识。[②] 大规模的印刷技术，使得原本具有神圣光环的庙堂艺术得以普及社会各个阶层；而所谓的高级艺术则失去优势，作品也不再仅供少数人独享。另外，由于复制技术容许画面快、慢、重复，因此有利观者评判赏析；相较于早期艺术欣赏的贫乏互动，观者与复制作品间的距离变得亲近。印刷术之于欧洲文明的传播与发展至关重要。近代活字印刷术的发明人古腾堡（Johannes Gensfleisch zur Laden zum Gutenberg，1398－1468）就诞生在今日德国的土地上。欧洲宗教改革倡导者马丁·路德（Martin Luther，1483－1546）于1517年结合印刷术获得在语言和宗教上的历史转折，到了20世纪下半叶的东德画报，这些印刷作品能否产生如安德森（B. Anderson）所设想的那种力量，作为一种民族意识发展的关键媒介，如同18世纪末的法国革命，或盛行于19世纪的欧洲并且扩及其他地区的民族主义般显著?[③] 画报刊物中的视觉图像及口号标语，能否因观赏距离的变化进一步产生批判的动力，还是终究落入鲍德里亚（Jean Baudrillard，1929－2007）符号体系中所

---

① 〔德〕瓦本特·本雅明：《机械复制时代的艺术》，李伟、郭东编译，重庆出版社，2006。尽管本雅明在该书主要讨论电影和摄影等影像艺术的复制程序，但其逻辑可扩及其他如图像、声音等也能被复制的艺术作品。

② 〔德〕瓦尔特·本雅明：《机械复制时代的艺术》，第4～6页。

③ 〔美〕本尼迪克特·安德森：《想象的共同体——民族主义的起源与散布》，吴叡人译，上海人民出版社，2005，第38～47页。安德森在探究语言及印刷术之于民族意识起源和发展的重要性时提到，各种方言与印刷出版业的结合，创造了许多新的诸如商贾及妇人等的阅读大众，并对其进行政治与宗教的动员。印刷术发明以前，人与人主要靠口语沟通，手抄经典并非知识普遍传递的形式。在中世纪的西欧，拉丁文流行的地区并未与任何一个政治实体的疆界契合；直到发明了印刷语言（print-language），利用各种符号与表意系统的排列组合，统整了各地方言的文法、句法，创造了可用机器复制，经由市场大量扩散的印刷语言。因此，对于在实用语言发展过程中物竞天择产生的权力语言，以及印刷语言固定化（fixity）后的普遍流传，安德森提出一种想象共同体形成的可能。

谓“观想之不能”，在触觉发生的当下，距离瞬间消失，也就无法产生本雅明所称许的那种批判意识?[①]

讽刺画（caricature）的起源，最早可溯及欧洲的图像讽刺（graphic satire)。其一是作为中世纪宗教信仰的教化工具，以寓言图像进行道德规训，间接保存并记录彼时大众的生活风格。其二是绘画史上对统治阶级肖像画的变形，这种实验性的讽刺手法在文艺复兴时期蔚为风潮，直到1646年，“讽刺画”一词始散见于意大利艺术家或传记作家的手稿中，主要用以形容夸张的肖像画（exaggerated portrait)。[②]

本雅明谈及欧洲讽刺画的历史发展时，特别推崇福克斯（Eduard Fuchs）作为一位收藏家与历史学家的贡献。本雅明认为，福克斯在其著作《欧洲漫画史》（*Die Karikatur der Europäischen Völker*，1903）中，展现了他身为历史唯物主义者的任务，主张以过去反映既存现状的观念，将经验与所有的历史起源整合，尝试延续历史，并引领当前的主流意识。福克斯认为，艺术是社会情境中最理想的伪装；它是不朽的律法，是一个主政者不得不将自身理想化以促成道德对其存在的评价。[③] 本雅明谈及艺术，认为它因各方的支持展现出一种充沛的动力；而这股力量持续影响着当代人，它不仅出现在与艺术品相遇的瞬间，也出现在它踏进时代与历史交汇的切入点上。而研究者在动荡的情势下被迫放弃安逸，转而采取有意识的评判，细致地让过去的片段在当下找到安身之地。[④] 可见，唯有在特殊的情况下，一件成品的历史内涵才可能被彻底呈现，并了解其之所以成为一件艺术品的原委。无论是讽刺画或情色小册，福克斯的收藏已跳脱马克思关于古典艺术的诠释，那个由资产阶级所建立的艺术观念，在福克斯的收藏中已不再扮演要角，美与和

① Jean Baudrillard, *Symbolic Exchange and Death*, London, Thousand Oaks: Sage Publications, 1993, pp. 62 - 64.

② Caricature and Its Role in Graphic Satire: An Exhibition by the Department of Art, Brown University, at the Museum of Art, Rhode Island School of Design April 7 through May 9, 1971, Providence, RI: The Museum of Art, 1971, pp. 5 - 6.

③ Caricature and Its Role in Graphic Satire, p. 245.

④ Walter Benjamin, "Eduard Fuchs: Collector and Historian," *The Essential Frankfurt School Reader*, New York: The Continuum Publishing Company, 1982, pp. 226 - 245.

谐也都不再是绝对的标准。[①] 在本雅明的眼里，福克斯最大的贡献在于为艺术史开辟了一条道路，使它从名家拜物的迷思中解放；福克斯也是建立大众艺术的先驱之一，并且孕育出他从历史唯物主义那儿所获得的一股冲劲。[②]

此外，法国哲学家伯格森（Henri Bergson，1859 - 1941）谈及讽刺画的滑稽元素（comic element）[③] 时，则推崇插画家的技艺在于捕捉一些平时不易察觉的细节，刻意放大容貌、线条或动作中的缺陷，一如被天使推倒在地的恶魔又重新站了起来。插画家在形象端庄、协调的缝隙中所发现的夸张鬼脸，是引人发笑的关键；而扭曲形象的延伸变异，也是饶富趣味的视觉焦点。图像中的滑稽元素经常借自文本，因此插画家既是讽刺作家，也是滑稽剧作家。至于观者的反应，与其说是因形象滑稽而笑，不如说是笑它所表现的讽刺或者喜剧场面。伯格森将人体可笑的姿态与动作比拟为简单的机械装置（machine），插画家在绘制图像的过程中，将人物和机械的僵硬结合，制造出的笨拙与窘况，引人发笑。[④] 诗人波德莱尔（Charles Baudelaire，1821 - 1867）也认为讽刺画不仅呈现出强烈的绘画技术（violent drawing），也暗藏腐蚀性的思想（caustic idea）。

> 当你初次与它相遇，无论看懂与否，总会带着一丝不安和恐惧；但你若是看得够久，且具备相当的知识，你一定会笑出来；这点毫无疑问，也绝对是天使堕落后才能懂得的笑。[⑤]

---

① Walter Benjamin, "Eduard Fuchs: Collector and Historian," *The Essential Frankfurt School Reader*, p. 234.

② Walter Benjamin, "Eduard Fuchs: Collector and Historian," *The Essential Frankfurt School Reader*, p. 251.

③ 又译"喜剧性"。

④ Henri Bergson, *Laughter: An Essay on the Meaning of the Comic*, New York: Doubleday Anchor Books, 1956, pp. 74 - 85.

⑤ Charles Baudelaire, "On the Essence of Laughter," *The Painter of Modern Life and Other Essays*, trans. and ed. by Jonathan Mayne, London: Phaidon Press Limited, 1995, p. 151. 这是波德莱尔以法国作家圣比埃（Bernardin de Saint-Pierre）的小说《保罗与维珍妮》（*Paul et Virginie*）为例，描写女主角维珍妮与讽刺漫画（caricature）初次相遇的情景与感受。

波德莱尔曾专文介绍多位法国著名的插画家，其中特别欣赏杜米埃（Honoré Daumier，1808－1879）；国内外学界也有许多论文、专书以其作品为题，结合时代背景进行诸如历史与绘画技巧方面的研究。波德莱尔对杜米埃严谨的思路，及其针对人物、事件的直言评论，印象深刻。波德莱尔认为杜米埃不仅是杰出的插画家，还是位道德家。杜米埃的画作用色大胆，构图简约且不失庄重；他的幽默经常在作品中无意间流露，他的讽刺画不仅好笑、犀利，还具备高级艺术作品的象征符号。① 由此可见，讽刺画着重针砭时事，并兼具描写日常生活的社会功能；它的可贵在于其跳脱古典美学框架的实验风格，却又不失作为一种艺术形式的价值。

讽刺画符合大众艺术②的定义，没有一种讽刺画不具备这种普遍传播至受众的形式；而论及大众艺术就不得不探讨复制技术的影响。复制技术带来的不仅是艺术作品在数量上的提升，题材也尝试取自日常生活，让记录庶民的史料随着印刷的普及日渐丰富。此外，复制技术也让大众和作品之间发生微妙的变化，作品因此能不受时间、地点的限制，供人展示或收藏。在电影盛行之前，期刊作为文学出版的主流形式已将近150年，从报纸杂志中的“文艺”专栏最能看见文学创作的生命力。然而，本雅明认为七月革命③之后，新闻出版业的诸多革新，导致民众阅报的习惯改变；大量复制让印刷成本下降；广告数量的增多，让订报的费用降低，一般人也负担得起阅报的支出。每一天，报纸里丰富多样的信息吸引着广大的读者。最让人津津乐道的不是政论时事或副刊小说，而是专栏中来自市井小民的闲话与花边新闻，这些通俗又容易获得的故事，是人们茶余饭后的首选话题。④ 复制技术的精进

---

① Charles Baudelaire, *The Painter of Modern Life and Other Essays*, pp. 171－179.

② 大众艺术（popular art）是通过舞蹈、文学、音乐、戏剧或其他艺术形式，以尽量获得最多观众接受与欣赏为宗旨。20世纪的大众艺术通常依赖印刷、摄影、唱片、录音带、电影、广播、电视等再现技术，并主要以都市文化人口为传播的对象。参见《大英百科全书》，“Popular Art”，https://www.britannica.com/art/popular－art，2020年6月9日。

③ 法国“七月革命”是自1830年起一连串欧洲革命浪潮的序曲。波旁王室的专制统治令经历过法国大革命洗礼的法国人民难以忍受，因此导致法国人民群起反抗当时法国国王查理十世的统治。此次革命是维也纳会议后首次在欧洲成功的革命运动，并激励了1830年及1831年欧洲各地的革命运动。同时，它预示了维也纳会议后，尽管奥匈帝国由梅特涅组织的保守力量日渐壮大，也无法抑制法国大革命后日益上扬的民族主义及自由主义浪潮。

④ 〔德〕瓦尔特·本雅明：《机械复制时代的艺术》，第47～53页。

除了展现工业化的生产标准，也体现了时代的特别需求。回顾历史，时代的剧变为不同的社会阶层带来可观的权力，而其中的关键通常在印制技术能否提升这个问题上。本雅明将复制技术与图像学诠释、大众艺术的凝视并置观察，指出这三种艺术形式有一项共同的性质，即它们都蕴含了知识形式的参照，尽管无法确定它究竟是什么，但可以确定的是其在传统艺术概念下的破坏性。[①]

二 东德的文艺政策与讽刺画报

二战之后，物资缺乏的德国百废待举。纳粹政权溃败后，德国人如释重负却也彷徨无助；日耳曼民族的自负转趋低调，列强积极密谋瓜分德国的计划。二战前的德国不属于“东欧史”的讨论范围，直到苏联红军占领柏林之后，才开始改变。在苏共的安排下，口号从“对法西斯的战争结束”，转向“对资本主义斗争的开始”。1948年，苏联在与西方阵营针对德国货币政策的歧见中开始分裂德国，并于1949年宣告成立德意志民主共和国，德国自始一分为二长达40个年头。1961年筑起的柏林墙，更切断了两德人民的联系；本是同根生的手足，开始了不同世界的生活。苏联与西方各国的对峙，开启了冷战的序幕。

苏联掌控下的东欧卫星国是为了建设苏联母国而存在，这些国家的天然资源亦是苏联实行计划经济的支柱，地理位置则是苏联试图影响中欧地缘政治的关键。除了政治体制一脉相承外，东德实行仿自苏联的计划经济与文艺政策，并开始苏式共产主义思想指导下的经济管理与社会主义样态的文化生活。在经济方面，得益于战前德国工业的基础，加上战后苏联推动的计划经济，这些条件让东德的生产线能充分提供战后各国急需的日常用品。据统计，20世纪60年代末到70年代初，东德国民生产总值（GNP）的年增长率逐步攀升，可谓独占鳌头。尽管东德的工业生产效率位居东欧各国之冠，但这种由国家建立全面的生产计划、目标、价格，并据其调拨资源的计划经济，仍存在诸多弊端与缺失。民生物资缺乏，公共设施老旧，经济上的获利未能直接使人民生活水平提高。手持粮票等待兑

---

① 〔德〕瓦尔特·本雅明：《机械复制时代的艺术》，第235页。

换物资的队伍在街头大排长龙，货架上不是寥寥可数的国营罐头就是空无一物。

在文艺政策方面，东德除了深受苏联的影响，也因国际情势的牵动，时而调整修正。[①] 在东德，执政党不仅提出文艺和政治关系的准则，同时具体规定各时期文学艺术的题材范围与创作方法。自1949年起，东德统一社会党（Die Sozialistische Einheitspartei Deutschlands，SED）即不断提出口号呼吁，先是反对文学艺术上的"世界主义"，继而反对"资产阶级客观主义"和美国"颓废文化"，同时号召文学艺术家以东德社会主义建设为主轴，描写建设过程中的英雄人物。在资本主义末日说与消灭帝国主义余毒的基础上，东德政府于1951年提出文艺界的"反形式主义运动"。东德针对形式主义的官方论述，可上溯至1934年的第一届全苏联作家代表大会；苏联文学界在经历了第一个五年计划后，提出"社会主义现实主义"（sozialistische realismus）的创作原则，章程中明确定义：

> 社会主义现实主义，作为苏联文学与苏联文学批评的基本方法，要求艺术家从现实的革命发展中真实地、具体地描写现实。同时，艺术描写的历史真实性和具体性必须用社会主义的精神，结合思想改造与教育劳动人民的任务。社会主义现实主义保证艺术作品具有特殊性，同时得选择不同的形式、风格和体裁，以表现创造的主动性。[②]

以上述原则为基础，东德统一社会党的领导高层重新诠释后提出，任何妨碍文艺反映东德的真实生活，使文艺落后于东德现状的创作，都是文学艺术中的"形式主义"，也是首要打击的对象。艺术家在追求艺术形式的创新时，也许会选择扬弃古典文化的传统；然而德国传统文化的形式与内容，被视为维系民族意识和建立新民族文化的基础。因此，形式主义的发展将破坏这种可能让分裂的德国再次统一的媒介。通过反形式主义的运动，东德文艺

---

① 例如1953年斯大林去世、1956年苏共第二十次代表大会、波兰与匈牙利的街头游行事件、批判"修正主义"运动、勃列日涅夫主义等，都曾产生对政策检讨的契机。

② 叶书宗、张盛发：《锤子和镰刀——苏维埃文化与苏维埃人》，台北：淑馨出版社，1991，第103页。

工作者和党政高层休戚与共，从现实生活中找寻创作题材，并以完成五年计划为目标，使文艺创作成为政治的绝佳宣传手。

讽刺画在西欧发展的历史源远流长，本文前已论及多位思想家对于讽刺画作的评价。在东德，大量生产并肩负传递信息任务的讽刺画，是讽刺结合印刷术所产生的复制品，是一把以“笑”刻画现状的利刃，是一种知识交流的媒介。讽刺画作为一项大众艺术，具备跨越时空的优势，在复制技术日益精进的条件下，吸纳了更多的观众，也让阅报者多了一种参与政治的渠道。尽管官方的意识形态无所不在，读者还是从插画家绘制的滑稽形象中发现了夸张背后的细节与深层的脉络。人们无须在咖啡馆或沙龙集合商议，只要用零钱在街头报摊购得日报、周刊，便能从印刷的语言中读出对国家社会发展的共同关切。大众不再只是被动的受话者，也能成为积极的行动者。透过讽刺画而凝聚的共识，也能成为促成两德统一的动力。

三　讽刺与笑的活力

现实主义的风格始见于17世纪逐渐脱离宗教影响的小说中。自16世纪末起，随着城市经济的发展，出现大量以市民、下层官吏、小职员、下级神职人员为主角的讽刺小说。作者借由描写日常生活，揭露社会阶级的问题及矛盾。一个主人翁命运多舛，是亲戚的嫉妒、富人的压迫、邻人的仇视、告密者的出卖所导致的结果；教会的黑暗、僧侣的伪善和无止境的贪婪也在讽刺文学中百态尽出。无论是艺术作品还是行为，其象征意义不仅隐含在各自的符号系统或法则之中，也存在于其所处的语境里，以及观者对各式符号的理解与反应之中。讽刺画属于非言说的符号系统，尽管画中偶有简单的文字，但吸引观者注意的主要是其中的形象、构图与配色。它是经由视觉经验的仿真，来指称事物的意义或指涉的概念，并透过人们对画中符号的认知及诠释，进一步达到信息沟通的目的。亦即讽刺画将生活周遭的大小事，透过明显的表征与概念的演化来运作认知，并通过绘制图像符号作为表意的媒介。过程中，符号制码者与译码者之间能否达成共识，或是传递媒介本身的特性与变化，都是影响信息传递的关键因素。在文化脉络中属性相似的“组合”与相关的“聚合”要素，彼此允许有意无意的置换。[①] 而这种错置，导致事物产生新的联想与延伸意义；当这个衍意背离了社会所认同的价值体系，就容易发生不和谐的滑稽，令人莞尔。

“讽刺”是一种古老的民间文学形式，亦即民间节庆中的讥笑和秽语。巴赫金（Mikhail Bakhtin，1895－1975）认为讽刺的手法与模仿取笑、滑稽谐戏密切相关，它能够使体裁摆脱枯燥乏味的格式与传统，以一种新的风格出现，让文本不因僵化的教条而仅剩纯粹的形式。[②] 巴赫金认为，“讽刺”是创作者面对现实仍保有的一种积极态度；讽刺具备双重性，它不仅对现状保持怀疑，也肯定未来的美好。在巴赫金探究的文化事例中，人民笑看僵化、压迫的旧形象，并将美好的向往与追求寄托在新的事物上。垂死的旧事物中孕育着新的生命，正如讽刺的未来建立在陈旧的过去之上一般；而这个新生体的形象尚未成形，只是潜藏在笑谑的欢乐里，在物质躯体和生殖形象中，等待成形。[③] 譬如讽刺情节里的傻瓜，他的驽钝与单纯原是揭露统治思想的俗众睿智，但他同时又体现着纯粹负面的愚蠢行为，被嘲笑的不仅是他自己，也是他周围的整个现实。再如，贪食与狂饮的形象，与民间节庆的丰收、复活和丰裕相关，在反转阶级现实的狂欢状态下，这些形象获得了新的意义，并借着它们来嘲讽资产阶级的贪婪。由此可见，讽刺在现实主义的发展史上占有举足轻重的地位。就东德的文艺政策而言，对敌营的讽刺挖苦，更能凸显社会主义制度的美好；而它的首要任务，就是针砭战前的过去与当时环伺的资本主义。

四　东德讽刺画的创新与扎根

斯大林为积极拉拢民心，在与英、美、法三国共同代管柏林时，给

① 索绪尔对符号中“组合”与“聚合”两个概念的讨论，以是否牵涉时间为区分，他指出，表意符号之间存在着沿时间序列而发生的“组合”（syntagmatic）关系及与时间无关的“聚合”（paradigmatic）关系。

② 〔俄〕巴赫金：《文本　对话与人文》，白春仁等译，河北教育出版社，1998，第21页。

③ 〔俄〕巴赫金：《文本　对话与人文》，第28页。

予德国人较大的自由和自主权利。在文艺刊物方面，苏联当局首先同意在1945年于西柏林创办讽刺杂志《乌伦施皮格》（*Ulenspiegel*），该杂志后因局势转变，于1948年被划入东柏林管辖，亦即苏占区的势力范围下继续经营。此外，早在1946年苏联的军事占领区内，在印刷原料极为拮据的情况下，东柏林的著名杂志《清流》（*Frischer Wind*）也草创成立。直到1949年德意志民主共和国成立，文化政策的指导原则确立后，讽刺画才更广泛地在各个层面受到大众的注意；而艺术家也开始放弃形式主义的创作，转而为“社会主义现实主义”服务。这一系列因政局情势影响文艺发展的转变过程中，最引人关注的实例是1950年5月《乌伦施皮格》杂志被列为禁书，并遭到撤刊。而《清流》却获得更进一步的发展，在年轻总编辑赫尤夫斯基（Walter Heyowski）的带领下，独树一帜，引领杂志成为专门处理讽刺与煽动的纸上媒体。《清流》的风格承袭自苏联的讽刺杂志《鳄鱼》（*Krokodil*），两份刊物在内容编排与讽刺画的表现上具备相似的手法和元素。

此时，东德政府为了更进一步落实文化政策的规定，同时满足视听大众的喜好，除了批准柏林、莱比锡、德勒斯登等地新成立的剧团表演许可之外，新的杂志也同样在这一波由政府力促推广的名单之列，譬如《每周邮报》（*Wochenpost*）及《杂志》（*Magazin*）相继创办。早先于战后的《清流》也于1954年更名为《拂屎屁》（*Eulenspiegel*）[①]，延续它过往的风格，扩增丰富的主题和内容，辅以更大的版面、篇幅和色彩来吸引读者大众。而

① “Eulenspiegel”这个字源于一位粗鲁的恶作剧者提尔·厄伦施皮格（Till Eulenspiegel），他的形象被写进德国下层社会的民间故事与文艺作品里。据说，历史上的厄伦施皮格生于克奈林琴（Kneitlingen），1350年卒于默恩（Molln），他的形貌就像我们在扑克牌上常见的小丑，全身穿戴着五彩缤纷的戏服，总是手舞足蹈、调皮捣蛋。不过，学者考察后多半认为，厄伦施皮格其实是一个虚构的人物，指的是一个流行于中世纪系列传说故事中的角色。他经常以骗子（tricker）或愚人（fool）的形象出现，在神圣罗马帝国境内游走。他对于同时代的人发挥了其最擅长的刻薄讽刺，揭露行旅中遭遇的贪婪、愚蠢和虚伪。不论贵族还是僧侣，都逃不过他的伶牙俐齿。厄伦施皮格这个名字在其原本的低地德语（Niederdeutsche Sprache）中是写成“Ul’ n Spegel”，意思是“擦屁股”（wipe the arse）。有鉴于此，自19世纪起，许多讽刺家便把这个字作为社会讽刺的代名词。本文对东德杂志 *Eulenspiegel* 的译文，是取其历史的意义和内涵，对事物采取一针见血的评判。杂志上一个戴着小丑帽、背对读者露出半截屁股的小人，就是杂志的标记。本文也取其意，用其谐音，将之译为《拂屎屁》。

《拂屎屁》也在这一改头换面的过程中，站稳出版业界的龙头位置，以文学和造型艺术的创作引领风潮。

在东德，除了绘画之外，电影、讽刺剧场、节庆游行的标语口号等，都是民众在日常生活中经常接触到的。官方通过不同的渠道，将意识形态经由媒介传播至受众。对于东德当局而言，在印刷成本相对低廉的情况下，讽刺画宣传政令的传播效果与速度，较其他媒体更具优势。官方的主要考量，不外乎是如何在法令政策的范围内吸引更多的读者。同时，题材与形象的选择也是当务之急；那些使人发笑的滑稽人物，是供人民抒发对现状不满的出气孔，也是让人民凝聚批判意识的化身。

习以为常的事没有笑点，能够让人发笑的都是新奇又不期而遇的事件。讽刺画家的联想功力是否炉火纯青，端看画作的图像在变形错置后，能否触动观赏者的诠释系统。东德画报中经常出现的几种形象，诸如敌人（西方国家）呆滞的脸孔与僵硬的动作、既虚伪又自以为是的神情、错置的事件或角色场景以及违反常理的行为模式等。其中，又以描写二战后敌对阵营的讽刺画作数量最多，画家改变了描绘的对象，不变的是刻画的笔法。鼠辈、猛兽、死神骷髅的形象，影射以美国为首的西方国家贪婪、邪恶、奸佞的行为，以及渴望染指苏联以至东欧这片净土。人物形象或因为处心积虑而让自己面白肌瘦，要不就是秃头肥脸的资本家，一副锱铢必较的模样，嘴角经常带着一丝不怀好意的笑。

描写敌人的滑稽，一如社会规范的镜像功能，目的在纠正其不合时宜的机械化僵硬。这种不适应症的典型表现，以傻笑、失神及僵化的举动为主，表现出慌张和手足无措的模样。这类形象的特点通常是因心不在焉而导致滑稽的效果。至于装模作样的行为，其特点在于被描写的对象是有意识地表现，然而在这种意识运作的状况下，却未能察觉自身行为的格格不入，或是故意让人辨识他别有用心，譬如吝啬、吹牛、拍马屁等。此外，事件、角色与场景是构成社会规范最基本的组合单位，这三者之间通常具有约定俗成的关系，倘其中一个单位被置换成组合中的其他单位，相对于原本的规范，这种组合就会产生失序，最后导致滑稽的评价。当单位组合成分更复杂时，失序的状况就更加明显。最后，关于反常理概念的错置结构，亦即戏剧或小说里常用的吊诡，是以一种自相矛盾的手法，强化或引人注意事物的特殊性。它必须先透过一些具有代表性的世俗判断，得出一个普遍的结论，再由论证中因断章取义而出现的错置，推演出超乎基本架构的结果，这个推演的过程看似合理，但推导出的结果又因不合逻辑而造成事件的滑稽。

讽刺画充当“反击敌人的武器”（feindbilder karikaturen als waffe），不仅是用来对抗西方的资本主义、欧美国家或劳工阶级的敌人，东德的内政问题也在针砭的范围里。这一类的讽刺画在东德成立之初占绝大多数，日报和周刊都能看见为数可观的画作。这种风格的形象不仅制作成本低廉，还能将意欲传递的信息转化成简单易懂的图像，在最短的时间达成最广泛的传播；透过漫画的形式将局部的特征放大，让观众觉得有趣味且印象深刻。无论是书报画刊中的讽刺标语还是滑稽意象，这些组合结构都存在于东德的历史文化与社会规范之中，同时潜藏于观者认知与评价的系统里。讽刺画家绘制形象所需考虑的重点，在于如何将建构的对象主体与观者对其认知之间的不协调与矛盾加以放大、对比，进而呈现夸张变形的视觉效果；同时，以部分代替整体的换喻，烘托出创作本身可供无限联想的隐喻。讽刺画的历史价值在于，画中人物的每一个姿态和动作，都隐约透露出真理；每一个主角的面容，都以真实的风格呈现。尽管东德讽刺画家创作的自由受限，但作品中仍能保有深刻的严肃性，一种愉悦的直言不讳。透过纯熟的绘画技巧，讽刺画在夸张的图像中，仍可见其严谨的构图与谨慎的思考，以及尽可能对时事保持公正与中立的分析。

五　结语

苏联接管东德以至东欧地区后的文化整合，先是将斯拉夫文化的价值与规范加诸其上，再融合当地的传统，创造出一组共同的象征符号与记忆。这项工程势必遭遇不可避免的抵抗与挫败，但国家权力的优势辅以文化工业的推进，政治意识形态随着媒体传播到受众的眼前，它是直接的政治宣传，由上而下主宰支配的一贯作业，这在东德境内实属自然。本文探讨讽刺画的积极性，强调讽刺的传统是由“笑”所主导，并在对反官方了无生气的艺术形式中，创作出一种反思并且提供新生的视觉经验。讽刺画作为本雅明口中的大众艺术，有着巴赫金论及拉伯雷谈到的民间狂欢特色，对怪诞躯体的诋毁、嘲笑之后，自奄奄一息的肉体中再生出新的生命。这份因讽刺画而生的笑意，透过印刷复制的迅速、便利，被观者携带、分享，同时与人进行交换。复制而来的画作，使观者得以持批判的距离分毫检视，从而累积不同于官方的客观意识。尽管这些讽刺画还不足以被视为导致苏共治理衰退的主因，但苏联自身在内政与外交上的问题和困境，疏忽了对东欧各国的掌控，大小不一的丝绒革命腐蚀了共产主义的根基，而执政党内部的斗争与矛盾则动摇了政策路线，民生经济问题拖垮内政，戈尔巴乔夫上台后推行的“改革”与“开放”，则被视为压垮骆驼的最后一根稻草。

· 工业调研 ·

劫后重生，再度启航

——对上海英雄金笔厂有限公司的调研

姚瀚霖*

一　企业相关情况简介

上海英雄金笔厂有限公司是上海英雄（集团）有限公司下属控股公司之一。1931 年 10 月 26 日，周荆庭开设“华孚金笔厂”，这是现在的英雄金笔厂的前身。1951 年华孚金笔厂实行公私合营。1955 年合并公私合营绿宝金笔厂和公私合营大同英雄金笔厂。1966 年 10 月，经上海市轻工业局批准，华孚金笔厂正式更名为“国营英雄金笔厂”。2003 年 11 月，英雄金笔厂改组为上海英雄金笔厂有限公司，延续英雄笔的生产经营。

在计划经济时代，国营英雄金笔厂风光无二，其生产的英雄 100 型金笔是可以媲美派克笔的存在。自改革开放以来，随着社会主义市场经济体制的逐步建立与国有企业改革，英雄金笔厂等国有企业在体制、经营管理等方面面临不小的挑战。进入 21 世纪，中国加入世界贸易组织，国外产品快速涌进中国市场，加上电子产品和中性笔的普及等因素，英雄金笔厂的业务受到很大的冲击，以至于 2012 年英雄金笔厂一度欲转让 49% 的股权。对此，外界评价英雄金笔厂“英雄迟暮”。

* 姚瀚霖，华中师范大学历史文化学院。

近几年来，英雄金笔厂进行了一些改革，销售经营情况稍有起色，并打出了“重振英雄，再创辉煌”的口号。

二　访谈部分

访谈时间：2019 年 5 月 14 日

访谈地点：上海市普陀区绥德路 2 弄 34 号（上海英雄金笔厂有限公司）

访谈人：姚瀚霖

被访谈人：上海英雄金笔厂有限公司党委书记虞亦敏、上海英雄金笔厂有限公司笔尖车间金笔小组组长兼车间工会主席刘根敏、上海英雄（集团）有限公司党群工作部文职人员姚璐

（一）党委书记虞亦敏

问：虞书记您好，感谢您百忙中抽空接受我的采访，在下感激不尽！首先，我想了解一下英雄金笔厂当下的规模和业务，您可以谈一谈吗？

答：不客气！2014 年，我来到英雄金笔厂有限公司工作，当时公司还在祁连山路 127 号，占地面积约 40 亩。2016 年 9 月，为了把土地腾给建设中的桃浦科技智慧城，我们离开了近 70 年的老厂房，将工厂搬到了现在的李子园工业园区内，也就是现在这栋四层的楼房，公司占地面积大大减少。之前因为厂房比较大，所以从笔尖到笔杆等一系列零部件都由我们自己生产。搬过来后，因为地方变小了，也为了节约成本、提高效率，我们决定金笔厂总部只负责产品的设计与开发、钢笔头部和笔尖这些核心部件的生产以及钢笔的组装，其余零部件移到外地的卫星工厂生产。

问：那贵公司是如何选择这些卫星工厂，又如何确保卫星工厂生产的零部件质量呢？

答：其实起初我们选择的余地并不是特别大，一是因为前几年工厂营销收入不景气，英雄的订单没有国外或者国内一些牌子的订单大；二是我们对

技术要求比较严格，一些供应商不太符合我们的要求；三是由于公司的资金紧张，在谈判时我们极力要求压低价格，因此不少供应商不愿意与我们做生意。不过因为我们是国企，是老品牌，我们允诺不拖欠他们的加工费，所以还是有部分供应商同意给我们代加工。英雄钢笔毕竟是品牌产品，因此我们在选择供应商时也要看他们的技术能力，技术能力不过关的工厂，我们不会与他们进行业务往来。在被我们选中的这些作为卫星工厂的供应商中，技术能力高的工厂，我们开的价格就高；技术能力低一点的工厂，我们给出的价格也就低一点；对于那些技术高且价格低的供应商，我们会加大订单数量。这些卫星工厂生产的技术图纸由我们提供，同时我们会派人去飞行监督检查，根据检查结果决定之后分配给各卫星工厂的订单数额。

问：请问这几年公司的生产经营情况怎么样？

答：2014 年我刚到金笔厂时，那一年厂里的销售额为 3010 万元。当时我很着急，就在想我们的问题出在哪里，如何改变现状，金笔厂应该走向何处，我们的核心竞争力在哪里。经过调研走访，我们发现了一些问题，并调整战略、加强改革，因此近几年公司生产经营情况正在改善。2015 年，我们的年销售额为 4010 万元，销售额增长约 33%；到了 2016 年，年销售额为 4800 万元，比 2015 年提升近 20%；2017 年为 5520 万元，2018 年为 6259 万元。

问：那真是一条好消息！您这一串数据让我很好奇，你们进行了怎样的思考、调整与改革，使得公司在短时间内销售额增长得如此之快？面对电子化、中性笔、国内外同行竞争等挑战，英雄金笔厂的应对措施与发展战略又是什么呢？

答：这两个问题我一起回答吧！

在产品生产方面，经过市场调研，我们确立了两个发展方向：一是以中小学生为对象的低端产品，该部分产品质量监管及设计仍由总厂负责，制作由分厂负责；二是中高档的产品，这部分产品由总厂负责主抓。前面已经提到，对于钢笔零部件的生产，我们做出了取舍，除了核心零部件，其余零部件由卫星工厂完成。在产品生产方面，注重确保产品质量，树立“做精品”的意识。而且我们每年都会投入一部分资金进行新产品的研发工作，约占公司总支出的12%。我们在公司总部设立了研发中心，该中心由9人组成，其中5人主攻开发设计，其余4人做辅助工作。在研发产品时，注意消费者审美需求与时代发展潮流，在确保钢笔质量的基础上加强外观设计。以往我们制作的钢笔大多呈单支出现，且以数字命名，如“英雄100型金笔”等，这样导致的问题是消费者不一定能够记住我们的产品。针对这个问题，我们学习派克公司的做法，以“系列主题”的形式推出我们的产品，如福禄寿喜财系列金笔、fancy系列金笔等等。除此以外，我们近几年加强与大牌跨界合作，借助其他品牌的力量，提高产品档次和附加值，推动产品转型，进军礼品、藏品和赠品等文化市场，实现产业转型和供给侧结构性改革。例如，与施华洛世奇公司合作，打造人造钻石时尚钢笔系列；与上海老凤祥有限公司合作，将传统的黄金首饰加工工艺运用于笔杆设计制作之中，定制研发高端礼赠型钢笔；和腾讯公司合作，以“一带一路”建设为突破口，弘扬民族品牌，推动双向合作和推销，实现数据共享；和广州长隆文创深度合作，在钢笔设计中加入乐园主题元素，同时将专卖店开进广州。此外，我们还和一些丝绸商、上海市博物馆、人民日报社等机构合作。

在产品的销售方面，鉴于传统批发市场出现萎缩的状态，公司积极谋求新的销售渠道，并于2014年成立市场部，负责市场调研和营销。目前，英雄金笔在全国共拥有专营品牌店几十家，一级批发商约百家，在主要一、二线城市均设有合作经销商，但是在西藏、香港、澳门、台湾等地还没有设立专柜，西藏的可以到成都拿货，港澳台地区的可以到广州和深圳拿货。基于近几年国内网购发展如火如荼，2012年，公司高层萌发了进军电商领域的想法，2014年英雄金笔进入了电商领域，先后入驻京东、淘宝、优品汇、天猫等平台，与这些电商平台合作，使得我们的销量大大增加。除此之外，我们注意到了高级定制和团购市场的兴起，于2018年在市场部单独设立团购部门来办理这方面的业务。

在企业管理方面，践行“质量第一，信誉第一，致力开发，服务大众”的经营理念和“人尽其才，才尽其用，共同发展”的人才管理理念；加强对员工的思想教育，传承老一辈“虚心好学，实干创新，不断赶超，为国争光”的“英雄”精神，树立居安思危的思想，告诉员工厂情，让他们放下历史包袱，脚踏实地、一心一意搞生产；设立多劳多得等激励机制，树立人物典型，鼓励员工加强创新、积极生产；实行8小时弹性工作制，使制度人性化，从而保证工时期间的工作质量。

在产品宣传方面，我们暂时没有商业性质的广告和赞助，主要通过市委宣传部的渠道进行宣传，同时制作一些纪录片给客户看，向客户介绍我们的厂史厂情和先进人物，从而达到宣传的目的。

问：目前工厂里面的设备情况如何？有没有实现生产自动化呢？

答：目前我们使用的造笔尖的设备仍是20世纪70年代自主研发的那套，虽然也有所改进，但总体无大改动。因为机器运行时必须有工人守在旁边，随时监测生产情况，调整部件位置，因此只能算是“半机械化生产”。

问：请问现在公司员工有多少人呢？他们的平均年龄、学历和工资、保险等待遇如何呢？

答：为了节约开支，我们公司进行了三次大裁员。最近的一次是2014年，将原有的300多人裁到125人。其实我当初设定的理想员工数量为120人，后来实际操作中由于一些原因，现实从业人员比预设多了5人。现有的125名从业人员中，正式职工73人，其中包括管理人员、技术人员、文职人员和普通工人，这些人有“五险一金”；外劳工36人，这些人与劳务公司签订合同，以劳务派遣的方式来我们这里做工，在待遇方面除了月工资比普通工人少600元以及没有住房公积金外，其他与正式员工享受一样的待遇；退休返聘职工有16人。公司员工平均年龄42岁左右。在学历方面，管理人员、技术人员、文职人员都是大学学历，正式工人基本为高中学历，外劳工大部分是初中学历。员工平均月工资为5000元左右，一些骨干人员在底薪的基础上，可以通过项目获得额外的收入，激励他们加强创新；对于普通工人也实行激励机制，多劳多得。在激励机制的影响下，加上资金和需求的因素，工厂钢笔的月产量由原来的3000～5000支上升为现在的20000支。

问：据我了解，以前国企都是有大食堂，且可以分配住房，请问在这两方面，英雄金笔厂是什么情况呢？

答：之前还在祁连山路那里时，工厂设有集体食堂和集体宿舍。搬到绥德路这里后，因为场地变小和企业资金吃紧，不再包住。在吃饭方面，李子园工业园区有员工食堂。本来公司是让员工自由去食堂吃饭，但是不少员工趁机在外面闲逛，浪费上班时间，因此现在改为让人把午饭送到车间吃。

问：自20世纪末以来，英雄金笔厂的效益一直都不尽如人意，2012年金笔厂甚至准备转让49%的股权，可以说金笔厂碰到了一次“滑铁卢”，您方便谈谈其中的原因吗？

答：的确前几年工厂经营惨淡。这里面有工厂内部的原因，有政策的原因，也有时代的原因。在计划经济时代，金笔厂的产品依托于统购统销文化站，因此工厂只要抓好生产，不愁产品销不出去。后来发展市场经济，国有企业改革，工厂需要自产自销，在这个关头英雄金笔厂没有能够及时适应市场，所生产的产品样式单一，不能满足人民日益高涨的审美需要，产品销量自然不理想。后来公司一度想改革，但囿于历史包袱，体制不灵活，资金不足，因此改革迟迟不见成效。直到2014年，我们争取到了为APEC峰会提供会务专用笔的任务，事情才出现转机。以上是工厂内部的原因。1992年，上海市政府让英雄金笔厂上市，英雄金笔厂先后在A股和B股挂牌上市，根据1996年的半年财报显示，金笔厂当时的总资产达7.03亿元，净资产高达3.72亿元，是一笔相当优质的资产。当时政府让资产优质的企业带亏损的国企，在这种情况下，英雄投资了门窗和煤气灶等产业。当时在学习西方的浪潮下，英雄投资的门窗和煤气灶产业积极向西方学习，出现了外行指导内行、不顾市场需求的问题，由于生产理念超前、产品价格昂贵，很少有消费者消费得起，因此血本无归。本来重组的工厂就负债，生产经营又出现问题，工人那么多，需要发工资，因此英雄资金链出现断裂，用于研发新产品的投资大大减少，这带来的恶果是产品缺乏竞争力，技术人员流失，英雄金笔厂走向衰败。这是政策原因。中国“入世”后，市场经济和国际贸易日益发达，英雄金笔厂资金不足，产品更新慢，经营管理不善，导致英雄钢笔的竞争力不及国外的品牌，国内市场上杂牌、假货的出现，更是让英雄金笔厂的境况雪上加霜。随后电子化的快速发展和中性笔的大量普及，使整个钢笔行业都受到了冲击，英雄金笔厂也不例外。这是时代原因。为了存活下去，节约成本，缓解资金压力，英雄金笔厂不得不大量裁员，将经营权折成股份转让出去。因此才出现了2012年11月的那一幕，不过我们打算转让的只是部分经营权，不涉及品牌与固有资产，网上的消息不可尽信。更何况后来政府出面，帮助英雄金笔厂解决了这个问题，因此英雄金笔厂仍是国企，不存在“贱卖”给美国派克的说法。

问：听您的描述，当时的情况的确很紧急。好在近几年公司经营状况出现好转，也是不幸中的万幸了！那么在您看来，当下或者未来公司发展过程中，有或者可预见哪些困难呢？

答：首先要解决的还是资金问题，因为设备的更新、产品的更新等都离不开资金。尽管目前我们的销售额逐年增长，但是依旧不够多，离我们当年的峰值仍有不小的差距。我们每年投入到产品研发的经费占总支出的12%，但是美国派克等公司的投入比重比我们大。我们从德国引进了先进的设备，但目前工厂无人会操作那台机器，加上引进人才的成本比较高，导致那套设备一直闲置在仓库里。其次是假货问题，当前市面上有不少假冒英雄钢笔的产品，这些假货给我们公司造成了重大损失，对“英雄”品牌损害严重。为了打击冒牌，我们请了北京两家打假公司打假，每年我们会给它们相当数量的基础金，同时约定冒牌工厂交的赔偿金归打假公司。但即使这样，假货依旧防不胜防。我们期望在法律规范和行政管理下，未来市场环境能够改善。此外，电子化和中性笔普及给钢笔制造业带来的冲击也是一个问题，因此我们需要与时俱进，实事求是地调整产品定位和生产经营销售的策略。

问：再问您最后一个问题，您能根据您的知识和工作经验谈谈您对未来钢笔制造业发展的看法吗？

答：未来钢笔制造业的竞争是技术的竞争、理念的竞争和市场份额的竞争。在技术层面，人工智能方兴未艾，是未来产品发展的一大趋势。在理念层面，需要有更灵活先进的规章制度，更加吸引消费者的服务理念。前两者的状况关系到市场份额的竞争，也关系到企业能不能有充足的资金进行可持续发展。我们已经先于国内同行，研发出一款人工智能笔“D01智能电子笔系列”，该产品融合了现今流行的一些实用智能电子功能和传统的书写功能，集环境温度检测、心率检测、室外紫外线强度检测及墨水存量检测四大智能功能于一体。我相信，未来的钢笔制造业依旧有市场，我们也能够“重振英雄，再创辉煌”！

（二）工人刘根敏

问：刘师傅您好，请问您在英雄金笔厂工作有多长时间了？

答：我是1987年从英雄金笔厂技校毕业进厂工作的，至今已有近33年。

问：您可以给我介绍一下英雄金笔厂技校的一些情况吗？

答：20世纪70年代初，英雄金笔厂想创办一所学校为工厂培养技术人员，于是就创办了英雄金笔厂技校。同时技校还专门设立了实习工厂，给学生提供实际操作的机会。后来因为资金不足，技校被迫关门。现在金笔厂的技术传承只能依靠师徒制了。

问：您能谈谈一支钢笔中最重要的部件吗？生产这个部件需要哪些工序呢？

答：一支英雄钢笔包含20多个零部件，核心技术在笔尖。一支钢笔书写起来体验是否良好，笔尖质量很重要，这是我们英雄金笔厂几十年来领先于国内其他钢笔品牌的原因所在，也是我们不把笔尖外包给供应商的原因所在。制作笔尖要经过点铱、打磨造型、开缝等34道工序，其中8道工序必须由技师纯手工完成，最后还需要人工检验笔尖的质量，是一个考验技术、需要人力的活儿。一支英雄金笔，从原材料进来加工到制成成品，需要22天，很耗时。

问：刘师傅，我在网上看见不少英雄钢笔型号后面都带有一个“K”字，请问这是什么意思呢？

答：这是英雄金笔尖的参数，常见的有18K、14K、10K的金笔尖，数字越高，质地越软，含金量越高，价格也就越贵。18K的金笔属于奢侈品，大多用于送礼和收藏。14K是比较通用的，也是我们目前增量生产的，该类型的金笔我们占据了国内市场份额的大部分，因为我们的性价比高，同样的钢笔，英雄卖300～500元，而国外品牌价格则为1000元以上。12K的金笔很少生产。10K的金笔媲美高铱笔，售价100元左右，因为笔尖含金，同等价位、同样的使用效果，消费者当然选择金笔，因此10K金笔挤占了不少高铱笔市场。

问：我听说您曾荣获上海市“五一劳动奖章”、2016年“上海工匠”等多项荣誉称号，那么您能谈谈您对工匠精神的理解吗?

答：我认为“工匠精神”就是干一行、爱一行、专一行的爱岗敬业态度，刻苦学习和钻研技能的“钉子”精神，一心一意为社会尽力的共产党员的情怀!

（三）文职人员姚璐

问：您好，请问您在找工作时，为什么会选择英雄公司呢?

答：首先，我老家在江苏扬州，所读大学在常州，这两个地方都在长江三角洲城市群范围内，上海作为长三角城市群最发达的城市，深深吸引着我；其次，英雄是老国企，我小时候就用过英雄的产品，对英雄也有着一份情怀；并且，我感觉这份工作比较适合自己，作为一名共产党员，能够进入党群工作部，我深感荣幸。

问：请问您在公司党群工作部的日常工作是什么?

答：我的日常工作是负责集团对外的宣传口，及时掌握集团宣传动态，做好集团简报《情况交流》的每期发布，以及信息上报工作，并做好区国资委对集团党群宣传工作信息的上传下达。

问：在您心中，英雄公司是一个怎样的公司呢?您对现在的工资待遇、工作环境满意吗?

答：我们公司整体情况都非常好，一如英雄的企业精神所概括的那样，“创新、一流、诚信、和谐”，而且英雄是老字号，历史文化氛围很浓厚。我对自己的待遇也很满意，我进公司后，就得到公司同事领导的关怀与帮助，倍感亲切。

问：您可以谈谈您对公司当前经营状况的评价吗？

答：公司目前经营状况良好，已经渐渐从前几年的低谷中走了出来。在公司领导和员工的努力下，集团主营业务收入每年都达到两位数的利润增长，实现英雄的二次腾飞指日可待。

问：您可以谈谈您对公司领导层的看法吗？

答：我觉得从近几年英雄不断增长的销售利润中就不难看出，公司领导层很有真知灼见和深谋远虑，英雄已经不是90年代末陷入低谷的英雄了，现在是崭新的英雄。在领导层的多方考察下，英雄还在浙江嘉兴海盐建设了新的英雄产业基地，为英雄的腾飞奠定基础。

问：您对公司和个人未来的期许是什么呢？

答：今年是英雄成立88周年，希望英雄能够越来越好，打造百年老国企，培育出更多的大国巧匠。我希望自己也能在英雄这片沃土上，发挥所长，茁壮成长，为英雄的腾飞贡献自己微薄的一份力量。

三　工厂内部掠影

访谈期间，虞亦敏书记和姚璐带着我参观了工厂的生产车间，以下为笔者拍摄的照片。

图1　点铱工序

图2　开缝工序

图3　打磨笔尖工序

图 4　组装

图 5　制作笔尖的机器

四　总结

改革开放给国企带来了不小的挑战。市场经济取代计划经济，这意味着国企需要考虑到产品的销售与盈利问题；外国商品和资本的涌入、民营企业的兴起，加大了市场的竞争力。长期养尊处优的国企能否尽快适应市场经济的发展，树立自己的核心竞争力，克服制度弊端，解除历史包袱，对于国企的生死存亡很重要。英雄金笔厂作为一个老国企，在经历过滑铁卢后，依旧能慢慢爬起，它是怎么做到的，这值得我们去研究。

通过对上海英雄金笔厂有限公司的调研，我清晰地感受到一个老国企风光不再的辛酸以及当代“英雄人”为谋生存、求发展的努力。面对历史包袱和市场竞争，英雄金笔厂在生产、销售、管理、宣传等方面做出了调整。从当前英雄金笔厂逐年增高的销售额来看，他们的调整是有一定效果的。未来英雄金笔厂能不能重振英雄，再创辉煌，我们拭目以待。在市场经济环境下，国有企业改革始终在路上。

小镇纺织机械企业的发展状况

——对青岛东鑫源机械制造有限公司调查采访报告

徐晓升*

一 调研简介

本次我所采访的企业是青岛市王台镇的青岛东鑫源机械制造有限公司。之所以选择王台镇的机械企业作为我的调查对象，首先是因为王台镇是我的家乡，我也希望通过此次调查能够更好地了解家乡纺织机械产业的发展，以及时代发展下纺织机械产业面临的挑战；再者，王台镇作为青岛市黄岛区下辖的一个镇，在几十年的积累发展过程中，纺织机械产业获得了大发展、大进步，并且成为王台镇工业经济重要的支柱性产业。

早在20世纪80年代，王台镇就曾荣获“全国纺织配件城”的美誉；2004年1月，王台镇被中国纺织工业协会命名为“中国纺织机械名镇”；在2016年的全国纺织产业集群工作会议上，王台镇再次被授予“中国纺织机械名镇”称号。王台镇是中国最大的无梭织机生产基地之一，现已形成以前纺、梳棉、梳毛、织布、印染等设备于一体的比较完整的产业链。全镇拥有上百家纺织机械及零配件生产企业，就业人员超过万人，产品遍及全国30个省区市，纺织机械销售人员遍及全国各地。2005年，全镇纺织机械产业实现总产值达32亿元，占全镇工业总量的70%，销售收入29亿元，占

* 徐晓升，华中师范大学历史文化学院。

全镇工业总量的72%。全镇地方财政收入的80%和农民人均纯收入的65%均来自纺织机械产业。2015年，王台镇的纺机产业更是实现总产值166.7亿元、销售收入164.8亿元，分别占全镇工业总量的73.6%和74%。在全镇纺织机械产业蓬勃发展的现实状况下，为了避免纺机行业的无序恶性竞争，王台镇组建了纺机行业协会，通过充分发挥自身优势，联络家庭工厂，围绕纺机骨干企业，争取实现以大带小、以强带弱，进一步推动纺机产业健康、持续发展。

当然，王台镇的纺机产业发展也存在许多问题，例如企业的科研投入较少、科研力量薄弱，骨干企业的国际竞争力较差，企业之间还存在竞相压价、无序竞争等等。而且，受国际、国内经济形势的影响，国内的纺织产业出现了持续多年不景气的状态。以上这些都成为王台纺机行业持续稳步发展与提升的巨大阻力。

本次调研试图通过采访王台镇的一个普通纺织机械厂，来反映在时代经济发展下，王台镇纺机行业的发展与壮大的历程，以及新时代所遇到的困难与问题。

二　企业简介

青岛东鑫源机械制造有限公司位于黄海之滨，毗邻青岛经济技术开发区，是青岛地区生产纺织机械的重要企业之一，自1969年创建以来，生产过多种纺织机械，备受用户赞誉。80年代初转为生产纺织机械设备的专业厂家。主营行业是纺织设备和器材，主营产品有BC262型、B262型和B261型和毛机；A186F梳棉机，A186G梳棉机，FA204C、FA204K梳棉机，FA231、FA206系列梳棉机；A186羊绒分梳机，FN288羊绒分梳联合机，FB218、FB219系列羊绒制条机，FB191羊毛制条机，XKS100系列开松机，KS100系列开松机；棉被生产线，羊毛被、驼毛被等自动生产线，无纺布生产线设备。其中BC262型、B261A型和毛机被山东省纺织机械器材有限公司评为“一等产品”和“信誉产品”。公司产品畅销全国，部分产品远销澳大利亚、巴基斯坦、孟加拉国、乌兹别克斯坦、新西兰等十几个国家和地区。

三　青岛东鑫源机械制造有限公司员工访谈

问：您好，您能简单介绍一下您的公司吗？公司生产的产品有什么？现在主打什么产品呢？

答：青岛东鑫源机械制造有限公司位于青岛市黄岛区王台镇，主要生产和毛机、梳棉机，供毛纺厂、棉纺厂使用，和毛机曾经属全国独家生产，出口过多个国家，还曾创过省优、部优产品。其中本地区 90 年代最早的梳棉机由我公司承担生产，从过去的几个厂家生产，到现在发展到百家企业生产。该产品的销售遍布全国各地。公司从创业开始，经过二十年的发展，以老产品 BC262、B261A 和毛机及 A186G 梳棉机、FN288 喂毛机为主打产品，从 1998 年至今已销售到全国各地，出口十多个国家和地区，如澳大利亚、新西兰、俄罗斯、非洲、越南、印度等。进而以老产品为基础，更新换代了高端梳棉机，如 FIV206、FIV231、FIV1170 型多种配套产品，特别与浙江客户共同研发了国外进口型号 BC262 高档和毛机，占据了全国纺织行业的多半订单，从 2012 年起公司已具备二十几种产品型号。

问：请问您方便透露一下去年的产值和销售情况吗？与前几年的销售状况相比有什么变化呢？

答：去年的销售产值有 2000 多万元，下半年的订单就比往年有所下降，总之公司目前产品销售已出现直线下滑趋势。目前纺织行业竞争十分激烈，全国各地的纺织业遇到前所未有的滑坡，目前公司的订单只能维持正常生产，暂时没有大批量的生产计划，所有产品出现滞销问题。这也是许多纺织机械厂近期面临的问题。

问：请问贵司员工人数一共有多少呢？员工的工资待遇怎么样？贵司是如何对员工进行管理的呢？

答：公司现有固定职工 7 人，人均工资 5000 多元，公司为每位职工投了“五险”；流动职工共有 8 人。现有职工都是入厂 20 年之内的员工，有的也是本司的老员工。员工管理方面，刚开始创业时，曾因为管理制度不健全、奖惩制度不明确，出现了部分技术人员和销售人员流失的问题，造成公司市场的不稳定，而同时竞争厂家又每年增加。在2002年的时候，公司及时调整了奖惩政策，稳定了公司骨干力量，从而使得公司的产品质量及销售数量在同行业中稳步提升，对技术人员研发新产品给予销售产值纯利润10%红利，对销售人员推销产品按纯利润5%提成，对公司所有职工按年纯利润10%发放红利，从而带动了每位员工的积极性，现在我司的管理制度是相对比较完善的。

问：请问贵司合作的商家有哪些？如何推广销售本厂产品？

答：目前以合作多年的老客户为主，公司与全国好多知名厂家合作，如内蒙古鄂尔多斯羊绒集团及6个分公司一直发生业务，江苏张家港阳光集团、海澜集团、江阴宏茂纺织有限公司、山东恒丰集团、山东如意集团、山东鲁银集团，这些都是上市公司，也是公司主要客户，公司产品主要分布在浙江、广东等地区。至于在推广销售方面，公司2012年从国内销售为主转为外贸出口为主导，以老产品BC262和毛机及FIV202、FA231高端梳棉机等系列产品，与山东外贸公司及青岛外贸公司合作，部分产品走出国门，特别与江苏、浙江外贸公司合作近5年一直占所有外贸公司50%的销量。

问：请问在您创业初期，纺机行业整体的大环境是怎样的呢？

答：公司初期创业，占了改制早的优势，当时，全国纺织行业总体比较萧条，产品也比较单一，从而遇到产品转型阶段，政府提的是集体亏损企业改制，当时我接管了公司，在本地区属于最早改制的企业之一，政府给予很多优惠政策帮助公司及时扭亏为盈，当时竞争企业很少，所以抓住了很多机遇，包括多种产品开发、技术人员集中、公司高工资招收了很多专业人员，对公司产品开发升级起到了后期发展的决定性作用。从计划经济的终结到全面放开，国家的政策变化对公司的快速发展起到了决定性影响，从而出现了年年产品供不用求的现象。

问：您能介绍一下贵司的发展经历吗？中间有经历过怎样的困难与阻力？您又是如何克服这些困难的呢？

答：本公司1998年前属于村办企业，因一直亏损，于1998年底改制承包，当时公司有80多人，通过投标、承包、接纳了公司全部债务，精简了很多员工，艰苦奋斗了一年才走出困境。1998 年创业开始，对于管理、销售到产品开发，我大脑是一片空白的，一切都要从头学起，当时首先以利用本地区两大企业的产品协作配套为主要渠道，间接性地销售部分公司的产品，从而掌握了大公司的产品技术及发展方向，为公司后期研发多种产品打下了良好的基础。我刚接管公司的时候，对公司内部管理及各科室、车间的具体事项都比较清楚，利害关系和存在的弊端都一目了然，当时有各界朋友的大力支持做后盾，顺利收拾了一堆烂摊子，开始了从集体过渡到个人管理公司的进程。从 1985 年入厂到 1998 年接管公司的十几年间，我看到和学到了不少经验，从而给了我初期创业的许多勇气。当时形势严峻，人员过剩，产品单一，债务有 60 多万元，库存产品及零部件积压过多，导致资金不能正常运转，公司面临破产。我接管后首先精减了部分员工，政府部门和朋友从资金到销售及产品开发，都给予了我大力支持，从老员工到大公司的技术人员，从创业开始，持续了半年时间，从管理到产品销售及产品转型，企业的发展基本稳定，下半年开始公司转向以产品为主、加工部套为辅，加大了多种产品研发力度。特别是 2000 年后，公司在当地已经形成规模。从 1998 年到 1999 年员工月工资达到 800 元左右，到 2000 年月工资突破 2000 元。2000 年公司一年的产值超过了 1990 年以来十年的总和，也算得上是一个奇迹，同时公司被青岛胶南市评为十强企业、带领致富领头人、十强纳税企业等称号。

问：请问贵司的办厂理念是什么？公司的整体精神、氛围怎么样？

答：公司以诚信为本，秉持信誉至上的原则，踏踏实实做事，努力给客户最满意的产品，提供最优质的服务，产品质量上要求精益求精，对工作要求认真负责，严格遵守行业产品的质量规范，不断改进提升产品的质量。只有得到客户的认可，我们公司才能越来越好。

广大员工以厂为家，各司其职，在自己的岗位上尽职尽责，有着较高的工作热情和积极性，使公司获得了突破性的发展，产品销售全国各地，并走出国门，销往世界各地。

问：请问贵司现在的发展状况如何？整个纺机行业的发展状况又怎么样呢？

答：公司目前以稳定发展为主，在此基础上，注重进一步开发新产品，提高产品质量，与同行业共同合作，努力走出全国纺织行业滑坡的困境，坚持度过了困难周期。

问：近几年的政府政策，例如产业转型升级，是否对贵司的生产经营产生了影响呢?

答：政府近几年加大力度整改安全环保，对生产企业影响很大，好多企业已经停产，公司目前已按政府要求整改完善。

问：您对公司未来的规划是什么?有什么样的目标呢?

答：本厂已对旧设备、旧机械进行更新换代。在此基础上，注重进一步发掘技术型人才，进一步加强职工队伍建设，不断提高员工的专业技能水平，进一步调动大家的积极性，努力开发研制新产品，加大市场推广力度，提高产品在市场上的竞争力，同时注重与多家企业合作开发配套产品。

问：您觉得办好一个公司需要哪些条件呢?

答：办好一个公司，管理人员、技术人员必须素质过硬，要有一个完善的团队，视客户为上帝。

问：您能向我们简单说说王台镇纺织业的发展历程吗?什么时候开始初步发展?最为发达的时期是什么时候?形势滑坡又是什么时候?

答：王台镇纺织机械发展已有60多年的历史了，当初有胶南县纺机厂(位于王台东村)，60年代我村就利用先决条件，一直属于协作单位。于70年代成立了镇办企业，最发达时期是在80年代，在纺机厂、星火集团的带动下，全镇纺机业实现了全面开花，全镇各村都加入了两大企业分厂，当时协作单位产品供不应求，全国纺机都在青岛，以至于青岛纺机在王台达到了前所未有的发达时期。这种蓬勃发展的状态一直持续到了90年代末，纺织产业开始出现全面下滑，两大企业面临破产的危机。在这种危机下，政府毅然决然进行了二次改革，进入2000年以后，由市、镇、村级企业改制为个人股份制，此后，王台镇的纺机行业又出现了两次蓬勃发展，一直持续到了2008年，造就了王台镇纺机行业的进一步发展。

问：您认为王台镇作为纺织重镇，在新时代产业发展又面临着怎样的问题?应该怎样抓住时机促进产业的转型升级?

答：王台镇是全国纺织重镇，各种纺织机械处于更新换代状态，必须抓住目前新产品开发，向江浙二省看齐，多家企业开发、强强联合是未来企业发展的必经之路。

四　总结与思考

王台镇的纺机产业在中国改革开放中起步，并不断发展成全镇的支柱产业。但受新的经济形势的影响，纺织业和纺机行业一直不景气，生产和用工成本都在上涨，企业的利润却始终普遍较低，有的企业甚至没有利润。不仅销量没有上涨，产品的价格也一直提不上去。在这种持续不景气的形势下，有一百多家生产喷水织机的企业。东鑫源机械有限公司的发展状况其实就是王台镇大多数纺机企业的发展现状。

说到原因，其实，王台镇纺机业进一步发展受到限制的一个很重要的原因，还是缺乏核心技术，始终处于“引进—落后—引进”的怪圈，创新技术缺乏，竞争力自然提不上去，那么也就会影响到它的持续健康发展。王台镇虽然有大量的纺机企业，但绝大多数是私人小企业，资金储备不足，没有资金可以进行进一步的技术创新。而且王台镇只是一个小乡镇，对于人才的吸引力是极度缺乏的，即使去周边的大学招聘，也很少有人愿意来。人才缺乏、技术缺乏使得王台镇的企业缺乏创新与活力。同时许多企业之间存在无序竞争的问题，依靠降低产品价格这种消极的手段抢夺客户，以模仿代替自主研发的问题大大存在。

培养自主创新能力是重点，积极推动校企合作，积极引进优秀人才，提高纺机的科技含量和企业的核心竞争力。同时对于绝大多数小企业无法支撑研发创新，政府可以进行适当的资金投入，推动产业集群发展，实现集群效益。在市场的开拓方面，可以将目光投入西亚、中亚等周边发展中国家，努力拓宽市场。同时王台镇还在规划建设纺机博物馆，以纺机文化为支撑，打造工业文化旅游基地。

如何在新时代、新形势下，突破发展怪圈，获得发展新动力，是值得许多像王台镇这样的工业小镇思考的问题。

从汉江钢铁厂到汉钢集团

——对一位钢铁厂退休工人的访谈

周雅洁*

我要采访的对象是一位将青春奉献给钢铁厂的退休老工人，今年70岁。从1970年到2005年，他都在钢铁厂里面工作，经历了企业制度的变更。通过对其采访，可以部分了解到20世纪中后期陕西汉中钢铁企业的生产经营历史，看出工人个人生存状况和企业经营状况和时代背景的密切联系。下面我先介绍汉江钢铁厂发展成汉钢集团的历史，以及目前陕西汉中钢铁有限公司的发展状况。

一　汉江钢铁厂的31年历史

汉江钢铁厂建于1969年，是国家“四五”期间建设的一家中型钢铁联合企业，厂址位于陕西省汉中市勉县。在矿山尚未完全建成时，1979年停工缓建，直至1985年才恢复矿山建设。1986年底，杨家坝铁矿才简易投产。在“八五”期间，国家冶金部和陕西省政府计划建设汉江钢铁厂陕西省百万吨钢铁生产基地。1993年，先联合召开了汉江钢铁厂总体发展规划审查会，并通过了《汉钢总体发展规划方案》。由于汉江钢铁厂建设为全额贷款，产品初级单一，管理粗放，建厂31年，仍是有铁无钢。从1994年开始，生铁市场价格持续下滑，第二座高炉投产以来年年亏损，到破产时总负

* 周雅洁，华中师范大学历史文化学院。

债高达16.79亿元，资产负债率249%，最后连电费都支付不起，贷款无门，企业生产停滞。

1999年开始，厂里拖欠职工工资达四个月，养老金、医疗保险费都缴不上，企业连续四年亏损。2000年1月28日，汉江钢铁厂高炉停产，职工全部下岗，每月仅靠一百多元的生活费养家糊口，生活相当困难，有些职工在农贸市场捡白菜叶子度日，有的职工因为温饱问题无法解决而从事高危职业导致伤残。

（一）从国有企业到民营钢铁联合企业

汉江钢铁厂全面停产后，原企业党政班子在各方压力下为稳定人心、解决职工生存发展问题，分成三部分负责不同工作：一部分处理汉江钢铁厂的破产问题，向国家申请破产；一部分在国内外寻找有经济实力、愿意从事钢铁生产、有收购决心的企业进行合作，整体租赁经营汉江钢铁厂；一部分处理职工生活上的困难。在此过程中，走出了一条“破产、租赁、收购、发展”的道路。2000年10月，汉江钢铁厂决定与有一定钢铁厂管理经验的河北半壁村董事长韩文臣合作，签订了整体租赁经营汉江钢铁厂的协议，同月，陕西汉中钢铁集团有限公司在汉中注册成立。

2001年3月，汉钢集团恢复了汉江钢铁厂杨家坝铁矿的生产，但不久，厂里职工认为是为“资本家”赚钱，于是连续发生了打伤租赁方和厂领导的事件。后经过政府、旧汉江钢铁厂领导等多方处理，教育引导职工，向投资人赔礼道歉，钢铁厂才重新投入生产。

2003年7月，经省拍卖机构公开拍卖，汉钢集团收购了汉江钢铁厂破产资产，成功实现改制。从2000年到2006年，汉钢集团累计投资15亿元，收购了汉江钢铁厂、汉中铁合金厂、汉中钢铁厂、汉中化工总厂和略阳水泥厂五家国企。2006年7月，随着一期、二期和三期技改工程全部竣工投产，汉钢人实现了三十多年来打造百万吨钢联的梦想，彻底摆脱了“有铁无钢、有钢无材”的历史。

国有企业改革创造了一个崭新的民营钢铁联合企业，目前陕西汉中钢铁集团有限公司是一家集采选、焦化、炼轧为一体，涉足房地产开发、进出口贸易等多个领域的大型企业集团。现有员工5500余人，专业技术人员1098名，总资产37亿元。达到了年产铁精矿45万吨、生铁150万吨、连铸钢坯200万吨、热轧带钢80万吨、铁合金5万吨、二级冶金焦60万吨、发电1.3亿度、粗苯6000吨、硫铵5000吨、水泥30万吨的生产规模。产品辐射陕、甘、川、鄂及华东地区等。

（二）退休老职工访谈

老赵，男，陕西省汉中市南郑区人，小学文化水平，出生于1949年，1970年进入汉江钢铁厂参加工作，2005年退休，在钢铁厂工作35年，现年70岁。参加工作时家庭人口四口，有两个女儿。在钢铁厂做过风钻工，当过炉削工，管理过熄焦车。

问：您当时是出于什么机缘去汉江钢铁厂工作的呢？

答：20岁的时候按国家的要求去延安修铁路，基本上每个人都要去，是每个人的义务。修完铁路不久后国家招工，那个时候国家在全国各地兴办钢铁厂，是国家统一招工去钢铁厂工作，名额下发到大队里，我属于丁店村公社，一般名额只有三四个，组织男人报名，报名之后进行体检，体检不合格不要，体检合格了才有人通知去厂里做工，当时丁店大队就我一个人选上了。我进工厂是1970年，“文革”开始不久，当时的经济还没有这么好，很多人还吃不上饭。我想在农村里种地一辈子，只能吃口饭，遇到年岁不好，连饭都吃不上，进工厂给国家工作，还有工资拿、发粮票，能解决吃饭问题。于是我去了略阳当工人。

问：请介绍一下您在工厂的工作经历，从进厂到退休您都干过什么工作？

答：刚开始到厂里，我是徒工，什么活都干，厂里面让你去种菜你要去种菜，要你去修路你就去修路，在这期间会进行培训，培训完之后才能让你从事工厂里的生产工作。过了几个月之后我在汉中市略阳县当风钻工，干了10年，主要是在地下矿井里面打眼，然后在石缝里埋炸药爆破矿石。后来土地包产到户，妻子一个人务农太辛苦忙不过来，为了离家近点，照顾家里的妻子和两个女儿，我申请调回勉县总厂。1980年在勉县总厂的铁合金车间做炉前工，主要是向高炉、冶炼炉里面投放矿石等原料，控制冶炼的温度。后来随着改革开放的深入，国家要推进社会主义市场经济体制的建立，国家要打破铁饭碗，90年代的时候出现了下岗潮，我就在1998年的时候下岗了。可是作为一个农村出生的人，妻子是农民，女儿也是农民，刚刚结婚，家里穷，没办法只能出去找工作，在县城街头一般会有临时工聚集在那里做廉价劳动力，有人需要就去做，但大多是一些没人做的脏活、累活。在外面给人家打工免不了在外面吃饭，就传染上了肝炎，没钱看病就找厂里领导，厂里领导让我写了一份保证书，说自己的肝炎与钢铁厂无关，厂里就借给我800块钱让去看病，还给安排了工作让我回去上班。一直到2006年退休，我一直从事管理熄焦车，主要是完成接焦、熄焦、卸焦工作。

问：工资和待遇水平大概是什么状况？工作时间大概多长？工厂会组织活动吗？

答：刚开始工作的时候一个月38块钱，也会有粮票补贴，我那时候每个月有45斤粮的粮票，粮票主要是依据工种和工人的劳动强度来划分的，如果是水泵工的话，一个月有36斤粮。我当了炉前工之后有48斤粮的粮票，工资在46块钱左右，那时候一斤猪肉大概一块二、一块三。工作时间的话，是八小时制，不包括吃饭的时间。放假的话，基本不放长假，一个月一般放四天假，大月就放五天。那时候爱学习，周三或者周六下午工厂会组织工人进行学习，主要是安全生产的知识，那时候讲究阶级斗争，也会学习一些马克思主义理论和毛泽东思想。

问：厂里的规模和生产情况如何？大概有多少人？生产环境大概是怎么样的？

答：那时候我们一个厂有五六千人，生产很忙碌，每个车间每个月都有固定的任务指标，超出指标有奖金。后来到了2000年，生产经营状况不太好，有些车间就逐渐停滞了。生产环境的话还不错，打开水有开水房，洗澡有洗澡间。我们车间住的楼比较新，其他人的楼都很破烂，墙壁都没有粉刷。工作环境相当艰苦，车间里面油烟滚滚，油气熏死人，污染很严重。我在做炉前工的时候，工作车间里面温度高得厉害，大概有50摄氏度，大型电风扇一直转但还是汗流浃背，每次做完工作回宿舍的时候，衣服都会被汗湿透。

问：您有没有受伤的经历？工作期间发生过什么意外或者别人发生过什么意外？

答：当工人，受伤的状况还是时有发生的。1971 年我刚刚转为风钻工，工作经验也不是很丰富，我蹲下来炸石头的时候，把炸药点燃后急着去上厕所，没关注山上的状况。山上滚下来一个大石头，大概有一间房子那么大的巨型石头，从我旁边飞过去，伴随落下的小石头砸到我脑袋上，打了个窟窿，最后去医务室包扎缝针，留下了伤疤。曾经厂里有一个小伙子，二十几岁，叫何大秋，在配料车间上班，配料车间里的工作主要是把需要的矿石用传送带运输到高炉里面去，他负责看传送带是否走偏。结果有一天晚上上班传送带偏了，他没有拿工具去调整传送带，而是用手直接去扳动传送带，结果一只胳膊被卷进传送带，后来不得不截肢。钢铁厂一直养着他，汉江钢铁厂被收购了，但现在国家还养着他。

问：你们厂里有没有劳资纠纷之类的？是如何解决的？

答：我曾经在我们厂里发生过一场小纠纷。九几年的时候，我发现厂里面的劳资科把我的出生年月日弄错了，我就和劳资科吵起来，最后闹到厂长那里，厂长批评劳资科不认真，做事粗心，我的档案才重新进行了整理。厂里面的领导还是比较好的，没有拖欠工人工资的状况出现。

问：2000 年汉江钢铁厂破产的时候，职工的生活状况如何？

答：那时候很多钢铁厂职工失去了工作，我比较幸运留在了车间，虽然厂里给了下岗职工 205 元的生活费，但是生活很困难。刚满 50 岁的魏延发，因家庭困难，有病无钱医治，硬是小感冒拖成重病，突发心脏病猝死。张汉民下岗后，在汉中靠推车卖水果养活一家三口，他死之前一个月我在街上遇到他，他的面颊有些浮肿，我还以为他发胖了。他讲自己患了感冒，不要紧。为了不增加家庭负担，自己买感冒药治病，死活不到医院看病，等病情严重了，到医院一检查，才发现是感冒引起肾衰竭。医生让他做透析，因为交不起治疗费，他到死都不肯。一个礼拜后，他便离开了人世。35 岁的原汉江钢铁厂杨家坝铁矿财务会计张涛，下岗后四处打工谋生，然而由于患有肝炎，工作无着落，又无钱治疗，看病一拖再拖，最终恶化为肝腹水。他死在家中，吐血而亡。想起这些工友我就很难过，要是当时生产状况好点，厂里就能借钱给他们，或者直接救助他们，也不至于得病走了。

问：在钢铁厂的多年工作中，您对于钢铁厂的企业文化有什么了解？

答：作为老职工，我一直都在关注汉中钢铁集团的发展，现在和以前，我们钢铁厂比较强调安全、节约、环保、高效这些企业文化。因为我们厂是钢铁厂，在平时的工作中，特别容易发生安全事故，所以厂里面一直强调安全问题，经常开会或者组织学习，对员工进行安全教育。资源来之不易，厂里面以前到处都是“节约用电、节约用水”的标志，特别注重培养工人的节约意识，鼓励工人从节约一分钱、一滴水、一滴油、一度电做起。现在环境污染问题越来越严重，国家这些年也一直强调企业要绿色发展、环保发展，像废气、废水、废渣这些东西现在都不敢随意排放了，乱排放就是犯法。以前还是国企的时候，吃懒饭的人很多，虽然做得好有奖金，但是因为有国家的保障，大家都不怕偷懒，改制后工人不认真工作就可能被赶走，所以偷懒的人变少了，生产变得高效起来。

问：从汉江钢铁厂到汉中钢铁集团的发展，您觉得企业改制对普通职工有什么影响？

答：我工作的绝大部分时间我们厂子还是属于国有企业，国家统一管理，后来快退休的时候变成了民营企业。以前的正式工都是固定工，属于国家正式职工，改成民营企业后有了临时工，要和企业签订劳动合同，厂子不要你你就得卷铺盖走。我觉得对普通职工的素质要求变高了，以前的铁饭碗被打破，改制之后，如果工作积极性不高、不努力的话，就会被厂里开除。这样一来，浑水摸鱼的人就减少了，大家工作不得不干出来成绩，钢铁产量上去了，企业的效益也提高了。现在的汉中钢铁集团，我觉得很好，虽然缺乏铁饭碗的保障，但这是时代的进步，经济效益越来越好，职工的工资越来越高，企业经营面也越来越大。

二　总结思考

通过对这位老工人的采访，我觉得作为一名工人个体，其命运与企业的命运是紧密相连的。在社会保障体系尚未完全建立起来的时候，发生疾病、意外、突发事故，工人无路可走时除了亲朋好友可以求助，企业是普通人唯一可以抓住的救命稻草。虽然企业可以成为工人个体某种程度上的庇护所，但是如果在铁饭碗下混饭吃，浑浑噩噩工作，最终企业生产经营不下去，受到影响最大的还是广大的工人个体。而当工人尽心竭力地工作，把生产经营效益提上去，企业发展得好了，工人的工资自然会涨，生活水平自然会提高。

只有企业制度不断改革、不断进步，企业才能创造更高的生产效益，不至于穷途末路。汉江钢铁厂作为政府控制的国企，在建厂后虽有所发展，但是仅靠政府扶持，企业缺乏竞争力与创新精神，由于员工生产积极性不高，生产技术难以创新，与市场接轨程度不高，最终负债累累，走向破产。在被租赁、收购后，汉中钢铁集团是旧有汉江钢铁厂的转型升级，完成了国有制企业向民营企业的转变，在改制成功后，企业重新焕发了勃勃生机，活力被激发，规模不断扩大，以灵活的管理机制和发展魄力，实现了汉钢几代人建设百万吨钢联的世纪梦想。虽然在改制过程中遇到了这样或那样的困难，市场的起伏变化也给企业带来了许多风险，但是市场化经营、与国际接轨是企业发展的必然方向。企业只有顺应社会经济的发展变化、顺应时代潮流的发展变化，并立足于市场的发展变化，才能冲破藩篱，焕发生机与活力。

煤系齐鲁

——兴隆庄煤矿口述历史调研

张云飞[*]

本文选择山东省兖矿集团有限公司下属的兴隆庄煤矿作为调研地点，采访对象包含退休干部、中年工人以及年轻矿工三代煤矿从业人员，希望可以借此窥见新中国成立以来，直至今日国有煤矿经历的种种变革，以及数据图表无法刻画的煤矿人员的切身经历与实际感受，获得对于中国工业更为深入立体的了解。

一　矿区情况介绍

兴隆庄煤矿系国家“六五”重点建设项目，是中国自行设计和建造的第一座设计年产300万吨的大型现代化矿井，1975年2月20日开工建设。矿井位于山东省济宁市，隶属于兖州矿业集团有限公司，具体地址为山东省济宁市兖州区兴隆庄镇。

兴隆庄煤矿位于兖州煤田的北部，煤田面积约为56.23平方公里。1966年3月，山东省煤田地质公司第二勘探队提出精查报告，其地质构造简单，煤层宽缓皱曲。煤系属石炭二叠纪，分山西组和太原组两个煤组，可采煤7层，总厚13.7米，主采煤层为第三层煤，平均厚度8.65米，地质储量78983.3万吨，可采储量38170万吨；煤质稳定，属中变质气肥煤，有自然

* 张云飞，华中师范大学历史文化学院。

发火和煤尘爆炸的危险。矿井设计由山东省煤炭设计院编制，1975 年 5 月国家建委审查批准，1978 年煤炭工业部复核井型为 300 万吨。兖州矿区会战指挥部组织第 1、2、32、37、70 工程处施工，于 1975 年 2 月 20 日破土动工，1981 年 12 月 21 日经国家验收委员会验收移交投产，实际完成投资 36763 万元。1982 年 12 月 21 日正式建成投产，建设工期 6 年零 10 个月。《人民日报》将其誉为“煤炭战线新井建设的典型”。①

兴隆庄煤矿于 1987 年被国家经委和煤炭工业部命名为现代化矿井，1988 年被煤炭工业部命名为特级质量标准化矿井，1989 年被中国煤炭管理协会确认为国家二级企业。②

截至 2013 年 12 月 31 日，估计主采煤层的已探明及推定储量为 2.963 亿吨。通常采用综采放顶煤开采法开采。2013 年末，兴隆庄煤矿有 2 个采煤工作面。兴隆庄煤矿选煤厂主要生产一号精煤、二号精煤、块煤和动力煤。兴隆庄煤矿选煤厂主要分选设备为动筛跳汰机、跳汰机和浮选机，大部分设备由中国制造，少数为国外进口设备。③

二　访谈部分

（一）退休干部

访谈时间：2019 年 5 月 1 日

访谈地点：山东省济宁市兖州区兴隆庄煤矿

访谈人：张云飞

受访者：兴隆庄煤矿安检处原主任辛福堂

问：请问您是本地人吗？

---

① 《煤炭战线新井建设的典型》，《人民日报》1981 年 11 月 30 日，第 2 版。

② 《中国煤炭志》编纂委员会编《中国煤炭志·山东卷》，煤炭工业出版社，1997，第 792 页。

③ 《兴隆庄煤矿》，兖州煤业股份有限公司官方网站，2009 年 11 月 9 日，http://www.yanzhoucoal.com.cn/gsjj/text/2009－11/09/content_88317.htm，访问日期：2019 年 5 月 4 日。

答：我是淄博的，1980 年 1 月来到这里，原来在黑山煤矿。

问：您有兄弟姐妹吗？

答：我有三个姐姐，没有弟弟妹妹，就我们姐弟四个。

问：您的姐姐们也是在煤矿干活吗？

答：没有，她们年龄比我大，当时结了婚以后就留在农村了。

问：您家以前在农村吗？

答：对，一直在农村，就是淄川张庄。

问：可以请您介绍介绍您过去的煤矿工作经历吗？

答：当时黑山矿区分成三个井：一立井、二立井、三立井。我就在二立井，是 1973 年 11 月 15 日入矿的，一直在井下干掘进。然后到了 1975 年从掘进提到了区队的区长。等来到这边，原来的区改成队，我就成了队长，队长、书记一肩挑，后来就到了安检处当了处长，兼着书记，干到 2005 年就退休了。

问：您就业以前的家庭状况是什么样的？

答：小的时候父亲是工人，他就在黑山，我是顶替了父亲的名额去的。差不多祖祖辈辈全是工人，我的小孩现在一样在煤矿工作。

问：您是在哪里上学的？

答：一开始就是在村子里的小学，上了五年。五年级的时候，“文化大革命”就开始了，就是到处“串联”什么的，就不上学了。当时是半日制，半工半读，上午上半天课，下午就去生产队干半天的活儿。后来去镇里上了中学，一样是半工半读。正儿八经上了一年，其余两年就忙着写大字报什么的。上了三年就毕业了，反正我觉得就像没念一样，连六年级都没念好。

问：您参加工作时年龄多大呢？

答：25 岁，我参加工作的时候就已经结婚了，有了小孩。当时已经是最后一批了，如果我再不入矿，我就超过年龄了，就入不了了。正巧当年我父亲身体有病，病故了，我就顶了父亲的班。

问：您干掘进的技术是怎么学的呢？

答：工作以前，我在农村，在生产队里干了五年，上坡翻地之类的，后来当了生产队的会计。入矿以后，就不再干农活了，培训了半个月，就开始下井了。矿上的工作得分开来看。采煤是挖煤，矿道就半米高，人得趴着、躺着，用锹挖，用人力；掘进就是支上铁棚铁柱，大概1.2米，矿工可以半蹲着。把矸石什么的挖出来，装上车运出去。我去的时候，矿上给我配了一个老师，老师一样是工人。我的老师姓宋，当时是组长，就带着我干。当时新人入矿得有半年的试用期，实际上老师就带了我三个月，我就自己干了。半年以后，我就转正了。老师成了班长，我就带着一伙新入矿的小青年，大概40人，新成立了一个小组，成了组长。当时的工作，人赶都赶不上来。虽然要求8个小时，但是一般干12个小时，有时我们干到16个小时，一整晚不上来的都有。

问：当时是不是要生产竞赛，评选劳模呀？

答：对呀，反正没有奖金之类的，就是人的思想优秀，就知道干活，领导有时候下去赶着工人上来。当时工人就是拿上两个馒头、半斤油条、煎饼、地瓜什么的带下去。矿灯的电池就够8个小时左右，有人就多带一块电池。当时人们的思想素质太好了。最后评选劳模、标兵、突击手，评上了也没有什么奖金，就是一张奖状。我干了半年左右，就成了区队长。之前全是代理干部，到了我们的时候，省里就公布转成了正式干部，成了副科级。后来我就开始值班了，上班的时候一样要下井，安排工作。当时经常创高产，我就下去帮着职工干活，一样每天干上十几个小时。当时的掘进基本谈不上机械化，就是打眼、放炮。打眼就是人抱着钻机打钻；放炮就是放上炸药，等到炮响，就得靠人力来挖。矸石也好，煤炭也好，石头也好，全是用锹挖出来的，装到车里，靠人推出来。一处顶多四个人，互相帮助，一天能掘进七八米。干上8小时的话，挖出来的东西得有七八车。

问：当时下井之前需要先确定生产任务吗？

答：确定目标就是下井之前安排，区队其实并不明说生产任务，但是我们要了解上一个班，就主动看看上一个班完成多少任务，夜班、中班、早班三个班，比如我们是早班的话，就去看看人家夜班干活的情况。他们干完活之后得向上面汇报，他们汇报的时候，我们就去听一听他们能够掘进多少，要是采煤的话，就问问人家采了多少吨。然后我们心里就有数了，下井之后生产量只能超过他们，不能低于他们。所以领导不安排生产任务，但是人们都自觉去干，不能比别人落后，要不然感觉脸面上不好看，当时的人积极性太高了。我去干了两个月之后，就开始代理团支部书记组织活动，一个月至少组织两三次支援采煤，创高产。创高产的时候，我就领着年轻人去采煤的地方一起挖炭。产煤的条件就不如掘进。掘进人员可以弯着腰，最高的地方能有1.8米高，这样的话人就可以站起来了，但是采煤的地方，人全部都得趴着或躺着。80年代来到这边，机械化程度就高了。

问：您能描述一下当年搬到兖州的具体过程吗？

答：1980年黑山煤矿向这里搬迁，一下子搬来了500名职工，加上行李，一共20辆车。警车在前面开道，后面是我们这些带着行李的职工，最后跟着救护车。当时路不好走，来到这儿需要一天，不少年长工人受不了。按照区队管理，一个区队大概100人，需要三到四辆车，每车分人管理，书记押送一辆车，队长押送一辆车。出发的时候是早上8点，来到这边就已经是晚上了。当地条件不好，农村没有通电。我们来之后没有地方生活，这里只有三十七处①的食堂，其他各种楼房一律都没有。那年冬天特别寒冷，雪特别大，来的路上全部结冰，冻得人受不了。我们一车情况比较好，来到后直接住进了唯一的楼房里面，人家已经给我们的房间贴上了每个人的名字，并且给我们生上炉子。当时房子刚建好，冬天还会渗水，幸好生了炉子才比较暖和。人来得太多了，楼房又没有盖几栋，没有办法就只能全部安置在周边的农村里，大家全部去农村里面租赁房子。五六个人，打好地铺，住在一间屋子里。许多年长工人受不了这种待遇。当时黑山煤矿的矿长叫翟作悌，我们喊他“黑山爷”。他是当时的负责人，来到这里以后主管事务，要求特别严格。我记得当时来到的当天就是腊月十五，已经快过年了，大家都想回去过节，他就不让大家走。当地农村习惯在门板后面留下一块木板，他们叫作神道。我们以为只是一块普通的木板，农村的人不让拿走，人家就要敞着，我们觉得如果不拿的话就会漏风，就会很冷，但是人家不愿意，反正大家冻得不轻。当时矿长去看他们，他们就全给矿长下跪，想要回去。当时的工人冻得特别难受，就想早点回家，但是矿长就是不让他们回去。过了不

① 1972年9月，燃料化学工业部为了加速兖州矿区开发，随即决定将江西第三十二工程处、第三十八工程处以及贵州第三十七工程处、第七十工程处先后调入兖州矿区。其中三十二处、三十七处、七十处主要负责兴隆庄煤矿建设。参见《中国煤炭志·山东卷》，第52页。

久，矿区安排所有的单位出去学习，去青岛、淮南各个地方学习。当时我们区队没去，跟着三十二处学习。不过三十二处的处长之类的领导全是淄博人，他们也觉得，马上过年了，不如早点回去过年吧。因为当时我们区队没有指标、没有任务，我们只是帮着人家干活，跟着人家学习。可是矿长就是不让我们回去，他怕工人一旦回去之后就不容易再召集回来了，于是不让大家回去。他就牵头成立了工作组，联合矿区领导一起值班蹲点。

问：您能描述一下当时的生活情况吗？

答：当时黑山煤矿的澡堂、食堂条件不错。食堂里面一份单独小炒是两毛钱，要是汤菜的话，大概五分钱一碗。不过每个人吃的精粮数量是有控制的，所以每个人都应该是混合着吃，而且大部分人离家里近，平时要给家里老婆孩子带点细粮回去，所以大家一般多吃粗粮，给老婆孩子留点细粮。刚来到兖州时，条件比较艰苦。比如看病，三十二处设有一个医疗站点，我们就去那里看病。没有澡堂，我们只能去院子里的炉子上烧水，一个人烧水，其他的人洗澡。当地人喜欢吃辣椒，菜里基本都带辣味，我们不习惯，吃不了。当地人吃米饭，我们不习惯，我们爱吃馒头。我们宿舍的三四个人就合伙，其实刚来的时候宿舍大部分是六个人，不过当时我是区队的队长算是干部，当时我就和副队长、书记三四个人撮合着一起吃饭，自己去市场买菜，自己做饭，轮流负责。有时谁在单位有事走不开身，有空的人就回来做饭，大家一起回来吃饭，坚持了一段时间，等到投产后，矿区自己办了食堂，厨师全是淄博的人，饭菜全变成了淄博风味。所有的方面到1982年矿区正式投产情况就变好了。刚来时，家属没有跟着过来，多数职工每两个月回家一次。个别家属来到兖州探亲，有些家属就在周边农村租了房子住下了。到了1984年，矿区盖起了不少宿舍。多数职工住进楼房，个别家属一起入住。当时的西风井盖了干部楼，就是为了照顾干部，让他们不用来回奔波，就为干部在西风井分了房子，把家属接过来。当时家属分配过来之后，矿区可以予以照顾，分配到其他单位帮助工作，而且后来新建了不少宿舍，矿区就安排部分家属在宿舍负责卫生工作。直到1985年，国家推行“农转非”政策，大量职工家属借机迁到兖州。当时矿区又进行了一次房屋分配，我就分到了旁边的四十六号楼，一直住到现在。

问：您能介绍一下当时“农转非”的过程吗？

答：其实“农转非”主要是照顾煤炭工人，目的是解决两地分居的问题。工人从黑山煤矿来到兖州，距离将近四百里，离家很远。当时的农村家里一般有土地，有时职工必须请假回去帮着家里收麦子，秋天收了玉米再种上麦子，到了春天还有高粱。以前没有什么机械，种地全部都得依靠人力，所以一年需要请假几次。当时大家都是轮流请假。出现这个政策后，家属就全部迁移过来了。不过当时有年龄限制，孩子一旦超过 17 岁就不能转移。以前家里的地，全是自己种的，后来转过来以后，家里的地就全部交给队里了。我刚回去的时候，家里的玉米长得很高。因为当时通信条件不好，黑山附近全是山区，送信需要 20 天左右，他们不知道要搬走，和往常一样在地里刨地。我向生产队说明情况，办理小孩的学籍，就一起搬到兖州这边。当时的工人一旦入矿，就不再是农村户口了。但是只有井下工人才能转到城镇户口，地面工人不行。地面工人转移存在比例，大概就是 2‰的转入比例，而且只能转移家属，不能转移孩子。孩子只能指望自己上学，然后参加招工。

问：当时有没有职工不愿意离开黑山煤矿呢？

答：大部分人不愿意来这里，因为刚来的时候，生产没有开始，百废待兴。不论是地面以上还是地面以下，都非常艰苦，大家都想回去。当时留在黑山不过来的一样有很多人，不过这是组织上成编制的调动，工人的档案已经全部调到这边了。有人内部存在关系，提前半年托人帮忙，就留下了。但是这么多年过去，实话实说，留在黑山的人全部吃亏了，留在当地的人有的去了双山，有的去了岭子，待在黑山的留了不长时间，当地煤矿效益就不行了，工资收入不如我们，来到这边的工人实际占了便宜。其实不少职工来到兖州之后又托关系调回黑山，回去之后终于发现自己吃亏，我的小叔就是如此。他是废品收购站的站长，每年可以分到不少福利，待遇相当优越。可是，他回到黑山不到半年时间，废品收购站就倒闭了。他最后只能去烧锅炉，工资低，待遇差。同龄的留在兖州的，大部分人可以拿到八九千元的退休工资，但是他在退休之后工资只有千八百块钱。不过个别职工关系较硬，调回黑山之后发现情况不对，马上又调回来了。来到兖州之前，单位做了不少宣传工作，说工人采煤的时候，穿着一身白色衣服，穿着白鞋，走过一圈，身上不沾一点灰儿。但是当时百废待兴，许多设备没有正常运转，没有生产，条件比较艰苦。后来发现这里矿道两三米高，方便作业。随着机械化程度慢慢提高，采煤全部用割煤机，掘进使用总掘机，只需要职工安置设备，之后就由机器打钻割煤。可惜当时不少职工不能理解。

问：通车投产之后要是矿上的职工想回去看看是有班车吗?

答：没有，回家特别麻烦。职工只能搭上运输材料的车，坐着人家的车回去。矿区经常派车回去把黑山矿区的相关机器运到这边，我们就跟着人家回去。不过司机得是熟人，才让你坐。要是关系不好，就白搭了。很多职工得每天凌晨四五点赶到程家庄村坐车，每天就一辆车，实在不行就得赶去兖州坐火车。有些时候甚至看到济南方面有人开车拉货，大家就跟着人家货车去济南，到了济南后再坐车赶到淄博。四百里路，人们两头不见明，早上天不亮出去，晚上天黑了才能到家。我父亲去世得早，我在这里分了房子之后就把母亲接过来了，妻子和孩子们也跟着母亲一块过来了，三个孩子全部在矿区的小学念书，后来考上技校，继续回到煤矿做工人。母亲在这里生活了大概20年，中间就回了一次家。因为兖州矿区条件太好，不想回去。到了冬天暖气非常暖和，回去以后需要生上炉子。

问：您来到这边之后经常下井吗?

答：对呀，就算是在区队里，我一样经常下井，我是队长兼任书记，每天必须下井。如果不下井，我就不知道井下是什么状况，没有办法布置任务，因为作为领导需要布置三个班组的生产工作，而且每个班组的生产会和班后、产后会都需要领导参与。一个月大概会有20天左右的时间下井。后来我去安监处做事，主管安全事务，一个月需要下井10次左右。

问：您成为干部之后有没有全面学习煤矿相关知识?

答：学得不多，我主要学习安全生产方面的内容。工人一样，主要学习安全知识，但是每个区队都有专门的技术人员负责技术层面的工作，非技术人员一般就学习生产安全知识，即如何保证自身安全和如何保证其他工友安全。

问：当时您经常出去学习培训吗?

答：一年一次去集团公司培训，考取证书。证书到期之后就要再次培训学习，去领证书。到集团公司学习，能去北京煤炭部学习。发证，当时给我发了检查证，全称就是安全生产检查证。全矿的安全当时全部归安监处管，哪里生产存在风险，哪里就不能生产，其他像矿井的一些特殊地点，比如说主矿井、副矿井以及井塔这些位置，要想进入必须一样具有资格证，必须去北京培训学习才能拿到证。记得当时我们去北京培训之后，后期转到昆明、桂林当地游玩，然后发了证书。

问：除了黑山煤矿之外，和您年龄相仿的同事里面有没有其他地方的人呢？

答：全国各地的人都有，比如莱阳、淮北，当地来了许多退伍军人，一来就来四五十个，甚至有东北的人。兖州矿区的当地人不少，宁阳的、嘉祥的，各个县市全有。以前黑山煤矿招工大部分是照顾退伍军人，来到这边就是面向社会招工，其中不少职工学校毕业的学生直接成为工人，不少煤炭学院毕业的学生直接进入矿区工作，后来矿区里面的工程师全部都是煤炭学院学校培养出来或者大专院校毕业，来到这边全部成了骨干。

问：您能介绍这边矿区以前的生产活动吗？

答：投产之前我们主要跟着三十二处，除了三十二处之外，还有三十七处以及七十处。三十二处主要负责地下建设；三十七处主要负责地面建设；七十处负责井下设备安装，包括电气和其他的确保生产正常运行的设备。在三十二处干活是服从生产任务，定了指标，但是我们之前的指标不明确，基本就是任由职工自己干活。我们平时干活，20 天基本可以完成一项任务，但是换作他们，30 天的时间也比较紧张。等到月末召开生产会议的时候，他们就给我们多加一点任务。一个班次需要井下工作时间为 8 ~ 10 个小时，井下工人需要在井下就餐。区队选派一名人员，送水送饭，根据职工的需求从食堂领好饭菜，然后下井送饭。他们按照生产时间工作，超过工作时间，人家不会多干，但我们不是。他们以前不开生产会和总结会，不让班长每天去队里汇报工作，就是每周二组织职工一起学习安全知识，平时职工上井之后就可以洗澡回家了。但是我们黑山煤矿的工人全部是按照以前的传统，下井之前先开班前会，强调生产安全，上井以后开收工会，最后开完才能走。

以前黑山煤矿，区队就是单位，因为当地煤矿已经作为分散单位进行生产，来到这边只有一个矿井，所以就将“区”改成“队”，其实是一个道理。兖矿实行三级管理，即集团公司—矿区—队。一队人数大概在100～200人，一个队一般分成三个班，班再分成几个小队。以前工人刚刚入职，属于二级工人，工资每月37.5元。到了四级工人，工资大概每月60元。八级工人属于最高级别工人，评选并不参考工龄之类，而是依靠大家评议评选。每个区队100余人，领导下放3～5个名额进行评选。年轻工人入矿经过半年，全部都能提升为三级工人，但是四级以上全部按照比例进行。不过七、八级职称没有职工敢于承受。不是当时的人谦虚，而是采煤面发生了冒顶，青年工人不敢上前，就需要他们带着青年干活，所以当时七、八级工的称号给谁谁都不想要，都是互相推诿。80年代刚刚投产，我们矿区不少设备是由外国进口的，来自日本、英国以及德国，所以许多老外来到这边指导我们安装使用。但是当时有规定限制他们。比如选煤厂就不准外国人入内，规定外国人员可以通过某些道路，其他一律不行。他们全部被安置在内招、外招，好好招待。不过自己要是想购买什么东西就全部委托翻译带领，不能自己随便乱走。下井一样是跟随工人下去，工人在旁边看着。不过实话实说，他们素质很高。当地工人工作态度不如以前，干不完活，看时间到了也就走了。但是人家没有，外国人的事业心一样很强，活没干完，一样不会上来。

矿区建设发展一直不错，不少领导人物来视察，虽然会出现一些戒严的情况，但是不会影响生产。

问：您作为后来长期负责安全的人员，工作期间是否曾经遭遇安全事故呢？

答：安全事故当然存在。我1973年入矿，就在黑山煤矿工作了八年，没有多大事故。掘进采煤过程中可能发生渗水事故。岩层中的水透过煤矿顶板向下滴，以前许多矿工甚至穿着雨衣干活。有时断层中含有水分，所以遭遇断层时一般是使用钻探机进行勘测，如果有水分就必须先将水分排出。因为断层的含水量一般比较大，一旦发生透水就会造成严重事故。黑山煤矿情况比较特殊，德国曾经开采过，之后日本又开采过。一方面我们的地质勘测技术水平有限，另一方面我们不知道外国人当时的开采状况，可能他们开采煤层之后在一些地方造成了积水，而我们的勘测技术没有勘探到，所以发生了好多透水事故，不过造成人员伤亡并不多。

搬到这边之后基本没有发生透水事故，这边的勘测技术比较先进，30米的区域只能开采20米，而且经过多次勘探。每次测定距离之后，只采2/3，预留1/3，进行重复勘探，防止发生事故。同时矿区有专门的人员，一方面负责矿区通风，另一方面负责矿区的防止透水工作。事故就和以往不同，事故原因主要变成机械伤人。比如采煤区队需要铁棚支架，固定支架的链子断开，导致支架塌陷，造成人员伤亡。不过从1980年到1994年，我作为采掘工人，一样没有遭遇事故，没有重大伤亡。我成为安监处处长之后，井下发生了一次严重事故，就是“八一五”事故。事故发生在综采一队，井下发生冒顶，采煤支架倒塌，事故发生当时正好属于井下职工集体用餐时间，他们聚在一起吃饭，就在这个时候顶棚发生了坍塌，造成几十名职工死亡，还有许多重伤人员。发生事故的时间正好处于两任矿长交接的当天，当时我是安监处主任，上上下下，火急火燎。

一位处长就在井下指挥救援，各个机构，甚至食堂管理井下饮食的人员也下井帮忙救援，而且井下人员需要判断伤员的情况。如果是直接死亡人员，而且尸体比较完整的话，就直接运往医院的太平间；如果尸体情况比较恶劣，必须先将尸体包裹起来，直接送往邹城进行尸体整形，然后放到太平间。我就在井口负责指挥，当时井口围了大量家属，井口人员就拦住他们。因为煤层质量太过松垮，一层一层地塌陷，最初开始抢救的时候，大家一边挖掘，煤层一边塌陷，导致救援进展很慢，持续了大概一天一夜。

问：您知道矿区的矸石山是如何修建的吗？

答：矸石山的材料主要就是井下挖掘造成的矸石，进行挖掘之后，对于煤炭，送到皮带上运往选煤厂；对于矸石，就运输到地面，堆积到当时矸石山所在的位置。随着时间流逝，矸石越堆越高。于是，时任矿长决定修建一座人工的山体。当时其他主要领导全部反对，大家觉得煤矿堆山没有用处而且难度太大，矸石建成的山体就算种上植被，一样不会存活。但是矿长力排众议，决定要修建矸石山。可惜工程只进行了1/3，矿长就被调到了矿务局，做了局长。新任领导不想继续矸石山的建设，工程就逐渐停了下来。好在矿长成了局长之后，每次来兴隆矿视察都要督促现任矿长搞好工程建设，几十辆铲车、几十辆挖掘机同时开到矿区里开始建设，最后运土种树，修建凉亭，包括山下人工湖区一并建成，矿区内部儿童乐园等生活娱乐场所全部是由当时矿长力主修建，甚至可以算是前任矿长逼着完成的。他的眼光确实长远，现在矿区外的塌陷区一样要修建类似湿地公园，建设工业旅游区，投资共计150亿元。其中，省里出资50亿元，兖矿集团出资100亿元，不仅治理塌陷区域，同时提供工业转型思路。现在矿区外部的塌陷区域正在建设湿地公园，未来就要打通围墙，连通矿区内部已有的人工湖和矸石山，打造工业旅游。

问：您知道为什么矿区周围修建了围墙和周边农村分离开来吗？

答：当时社会治安不好，而且我们矿区存在非常明显的缺点，就是生产区和生活区相互混杂，办公场所和生产厂房混在一起，而且矿区与周边农村一直没能协调清楚。

矿区内部目前进行“三供一业”改造，生活区域全部划归专门物业公司管理，包括两座办公大楼以及洗煤厂在内的生产单位依旧属于矿区管理。对于外部，矿区建设之初，相关部门已经支付款项，购置相关土地，但是部分土地没有完全利用，所以当地农民继续耕种并且不断扩大面积，还向矿区索要钱财，最后矿区就修建了围墙。以前村民经常偷抢木料、煤炭，甚至连他们农村巡逻人员一样来抢材料产品。矿区保卫人员束手无策，直到一任矿长命令矿区的保卫科配备警棍。再次遇到偷抢行为，直接动手，之后就再没有发生过类似的抢劫事件。以前三十二处负责矿区建设的时候，当地农民甚至把厂房的院墙扒开进行偷窃。矿区电厂建设之前，大量煤泥全部成了废品。周边村民全部依靠煤泥倒卖发了大财。但是他们认为矿区占用了他们的土地，他们偷用甚至抢夺矿区的物品，觉得全部都是合理的。

问：您知道井下塌陷区是怎么出来的吗？

答：兴隆矿的矿层平均是8米，分成两到三个矿层进行开采，每层大概2米，经过开采之后煤炭残余不多。采煤过后，该处的岩层就会向下塌陷。地面沉降导致地下水上涌，形成塌陷区，部分矿区采取充填的形式，就是使用采矿过程中产生的矸石及时予以填充。因为兴隆庄矿煤层偏高，不适于填充，所以形成了大片的塌陷地区。现在矿区正在治理，部分塌陷区域形成了大片养鱼池。治理塌陷区域，一方面要根据塌陷区的面积做出不同的规划，面积大的塌陷区可以集中予以治理，面积相对小而分散的塌陷区就成本相对较高；另一方面要根据采煤作业决定，一旦确定塌陷区停止塌陷之后，作业条件相对安全才能予以治理。

问：周围村民对于塌陷区的态度是什么？

答：他们肯定不满，对于塌陷土地，矿区全部支付了费用，但是他们还想继续索要。双方打过官司，不过土地确实经过矿区购买，而且纠纷的原因是当地政府要求农户搬迁，农户拒绝搬迁，塌陷之后土地没了，房子裂了，农民自然着急。当时矿区组织了人员进行勘测，并且告诉对方及时进行搬迁，对方没有听从，所以才造成了这样的事件。矿区后来通过诉讼了解到，当时支付的费用是和当地政府进行交涉的，费用流入当地政府之后再流向当地的村子，最后再流到村民手中，得到的费用就非常少了，所以发生了这样的事件，不过事件的原因与矿区没有关系。实际生产过程中如果勘测到某些村民正在居住的地方即将塌陷，必须去和当地村民沟通，有时甚至要补贴对方一定费用，督促对方搬迁。不过截至目前来说，上述事件的话，矿区直接和镇政府沟通，由镇政府催促村民搬迁。

问：您以前接触过环保方面的知识吗？

答：以前煤矿生产没有什么环保注意的要求，尤其以前黑山煤矿挖煤，上吨的煤炭直接落到地面，漫天全是扬起的灰尘。外地人说，走在黑山大街上，衣服上面全都落满煤灰。周边工厂天天放着乌拉乌拉的黑烟。现在，矿区注意环保。矿区煤炭不再落地，直接进入煤仓；矿区之内，如果不是在生产区，基本看不到任何煤炭。

问：您觉得现在的青年工人去省外矿区参与开发，和您当年从黑山煤矿来到兴隆庄煤矿，有没有什么不同呢？

答：不一样，我们当年过来的时候一切还处在建设过程当中，所以条件比较艰苦，当时我们能有房子住，就算非常优越的条件了，但是我们可以吃苦，自来到这儿，自己基本没有回过黑山。他们现在各方面条件比较优越，省外矿区各方面条件比较成熟，已经开始生产，去了可以直接参加工作，宿舍、食堂全部建设完成，宿舍条件非常优越，空调电视一应俱全。

问：您的子女一代人大多在矿区就业吗？

答：对，子女全部在矿区就业。不过到了下一代人，就是我的孙子一辈，他们就不愿意留在矿区。大孙子在澳门工作，二孙子在浙江读书，小孙女今年参加高考。现在人的观念变了，他们都不愿意留在煤矿。当年老大大学毕业，我让他回来从事煤矿工作，他都不愿搭理我，直接就出去了。现在矿区的年轻人越来越少，招工招不起来。孙子的同学，其中一部分人当时考上技校，专业基本全是电工一类，和矿区有关，毕业之后就分配到我们矿区。直到现在，当初来的十几个人，只有一个还在煤矿干活。

时代不一样了，他们没有办法适应那样的工作环境。我们全是在农村长大，对于我们，成为工人是一件非常光荣的事情。我以前是农民，天天面朝黄土背朝天。农民以前依靠工分，后来指望分红，每年到头能分一两百块钱就了不得了。当时几乎所有人都愿意当工人，工资虽然有限，但是起码每月都有稳定的工资收入，每月五六十块钱，甚至可以养活五六口人。现在每月工资就算五六千元也养不了一个孩子，何况以前住房、医疗、上学不需要花钱。虽然现在工资上涨了，但是我觉得实际生活水平没有提高多少。

问：您退休之后的生活状况如何？

答：退休之后每月工资是由省社保处发放，集团公司同样有一定的补贴。

退休之后，我一方面是在老干科担任书记；另一方面是组织矿区的志愿服务队，负责慰问矿区生产一线，包括扶助特困特病职工以及节日期间帮助孤寡老人。志愿服务队的成员基本就是矿区的工人。

问：作为煤炭行业从业者，您认为未来煤炭行业的发展会走向何方呢？

答：我觉得首先要解决煤矿人力的问题，必须提高机械化程度，甚至最终实现无人矿井。兖矿集团在贵州进行了试点，一切流程使用机械进行操作，从上到下，从生产到调度，全部使用机械，人员在地面使用电脑进行控制。一来节省人力，二来可以减少安全事故。其次，我认为可以将固态的煤转化成液体油。

以前社会提倡的无烟煤炭，现在一样不能满足环保要求。所以固体的煤炭转化成液体的油料进行使用，一方面减轻排放的烟尘污染，另一方面提高燃烧效率。甚至可以直接把煤炭的生物能转化成热能或其他能量的过程转移到井下，直接提升能量后再到地面，直接利用。这样不仅可以减少污染，也可以减少中间环节的成本。不久之前集团公司组织外地科研人员来到矿区宣讲，也提到了上述的几个方面。集团公司的省外矿区，比如贵州，就是运用类似技术进行试验。我相信通过科技进步，这些过程一定可以在未来全面实现。

（二）中年工人

选煤工人：张浩

张浩，男，1972 年出生于山东省潍坊市昌乐县平原村。1991 年毕业于兖煤技校选煤专业，同年进入兴隆庄煤矿选煤厂工作，现为单位一级高级技师。

我出生在潍坊昌乐的普通农村。家中兄弟四人，我的年纪最小。父亲年轻时参军入伍，1958 年退伍之后进入黑山煤矿的三里井，成为采煤工人，母亲带着四个儿子在家务农。1976 年，父亲调到兴隆庄煤矿筹办处工作，家人全部留在老家农村。其间我读完小学以及初中。1985 年，国家推行“农转非”政策，四年之后我随着母亲、哥哥来到兖州。当时矿务局照顾职工子弟，帮助我们解决就业问题。职工子弟可以参加兖州矿务局兖煤技校的招工考试，其他不是矿工子弟的人一样可以参加，但是需要更高的分数才可以进入技校学习。学生报考的时候根据个人情况以及实际分数选择专业，因为当时技校采用对口培训的方式，学生一旦选择某种专业，毕业之后自然分配到相应的岗位工作，所以选择专业就是选择职业。大哥年龄最大，读完初中之后直接参加兖矿面向社会的招工，进入北宿煤矿采煤。二哥、三哥和我一样读完初中之后，考入兖矿技校，一个分到东滩矿区，一个分到杨村矿区；我选择了选煤专业，经过三年学习，毕业之后分配到兴隆庄煤矿选煤厂洗煤车间。

正式参加工作之前，我作为年轻职工接受矿区的培训，培训内容主要就是安全生产的知识。培训结束，职工通过考试方能上岗。而且工作之初，单位会指派年长工人指导新人，双方签订师徒合同，为期半年。老师一对一、手把手指导徒弟。老师走到哪儿，学生跟到哪儿。学习期间，徒弟可以拿到工资，老师则可以拿到额外补贴。直到现在，我已经带了三个徒弟，他们目前全部成为单位的生产骨干，一个高级技师，一个高级工人，一个中级工人，我也为他们感到高兴。

我记得自己第一次走入选煤厂，心里格外激动。虽然自己年纪最小，但是我一样经历了农村生活。过去，父亲不在身边，我和哥哥在村里帮着母亲放牛种瓜。不但辛苦，日子也过得不算太好。走进工厂，觉得自己终于可以和父亲、哥哥一样成为正式工人，有了定期工资，还有其他福利保障。当时矿上就有专门的职工医院、子弟学校，一切全部安排好了。作为煤矿人，我心里当然高兴，而且作为青年，总会抱着理想情结。虽然自己当时只是一名普通的选煤工人，但我确实是想着为单位、为矿务局做出一点贡献。

洗煤车间属于生产一线，实行三八制度，保证煤炭入洗产量。选煤工作可以算作矿区煤炭生产的最后一步，目的在于针对井下开采的原煤进行深加工。原煤纯度不高，杂质太多，我们就是利用选煤设备去除原煤当中的矸石以及其他杂质。这么一来，原煤就变成了精煤，产品质量提高了，而且可以满足不同客户的需求。现在的产品主要就是一号精煤、二号精煤以及混煤。我所在的选煤厂作为矿区选煤单位，配套设施比较健全。井下原煤提升到地面，通过皮带运输，可以直接运送到洗煤车间。洗煤工艺比较复杂，工人负责设备巡检维修，同时根据产品指标要求调整设备运行，分选不同煤种，通过特定空气流量以及水分含量，洗煤设备分选煤炭，脱水脱泥之后再次进入皮带，运至煤仓，借由铁路向外销售。

刚刚入职的时候，我们单位就基本实现了机械化。当时进口德国生产的巴达克跳汰机进行跳汰选煤。兴隆庄煤矿选煤厂成立之初定向供应上海宝钢的煤炭。为了更好满足宝钢生产需要，单位使用重介选煤工艺，产品灰分低、精度高，在当时处于国际领先水平。洗煤生产强度偏大，设备容易磨损，所以需要不断检修。目前，我们单位的设备基本得到及时更新。德国进口的巴达克跳汰机，规模最大，使用时间最长，车间每年进行全面检查。最近一次更新就是 2017 年，更新机器箱体，改进通风状况。

产量依靠皮带称重核定，确定已洗原煤吨数。七八年前，单位效益很好，我们车间曾经开创日产18000吨的纪录。目前单位调整了生产策略，保证洗选平衡，不再过度追求高产，说明单位管理更加精细，更加科学。

单位每隔三年进行一次生产比武，优胜选手前往集团总部参加比武。不同工种比武标准不同。以我为例，主要考核跳汰操作，包括理论考试和现场实际操作。前者成绩占比40%。后者主要考查生产产品的指标：一是精煤的灰分含量需要控制，不同煤种灰分含量不同，发热量不同；二是矸石损耗要少，就是矸石之中不能存在漏选的煤炭，不能跑煤。比武奖励包含荣誉证书、奖金以及其他物质奖励。

图1　兴隆庄煤矿电厂

说明：该厂1990年11月19日投入运行，使用煤泥进行火力发电，是当时世界容量最大的燃用煤泥发电锅炉。综采工作面采下的原煤经过皮带封闭运输到洗煤厂以后，工人们会对洗出的煤矸石进行分类，把有燃烧价值的煤矸石通过皮带输送到煤矸石发电厂。参见《中国煤炭志·山东卷》，第67页。

资料来源：笔者摄于2019年5月。

单位实行三级管理，从厂到车间，最后是班。全厂人数最多的时候将近800人，车间人数最多的时候将近150人，因为外部矿区开发以及招工减少，目前全厂剩余400人左右，车间人数目前只有90人，每个班组大概10人。为了降低成本、提高效益，集团公司好几年没有招工，所以目前单位大多是四五十岁的中年工人。

最近几年，国家强调环境保护，监管力度大大加强。我们单位格外强调现场控制，因为工厂环境不算理想。我们与煤炭打交道，自然离不了煤灰、粉尘，而且工厂内部各种机械设备噪音不小。值得注意的是，洗煤过程需要经过特殊的浓缩机器进行脱水处理，最终产生大量煤泥污水。目前，我们已经实现了煤泥污水闭路循环，就是本厂内部污水循环使用，不外排，不污染。残余煤泥一样得到回收，以供其他单位利用。针对工人的劳动防护一样不能忽视，工人目前全部配置了耳塞、口罩，车间安装除尘设备，而且定期会有人工除尘。相比之前，单位工作环境已经大大改善了。

煤炭资源是不可再生资源，包括兴隆庄煤矿在内的本部矿区经过多年开采，可采煤炭逐渐减少，部分矿区已经停产关矿了，所以集团公司开始开发外部矿区，矿区职工开始奔赴省外矿区。实话实说，多数员工不愿外出。人到中年，父母年迈，儿女需要照顾，而且外部矿区工作艰苦，赶赴内蒙古的同事回来之后，反映当地条件不好，瘦了将近30斤。部分工人积极响应，大多因为家庭没有负担，或者生活困难，希望提高收入。几次选派职工外出，人数不够，单位只能采取抓阄的方式。因为有人想去，有人不想，所以存在职工私下交易名额的现象。双方自己联系，根据不同工种、不同地方，自己协商价格。之前我联系了一位抽签抽中的年轻矿工，希望代替对方。对方虽然从事井下工作，但开价6万元，而且后续薪资不少。我没有什么家庭负担，又想提高工资，而且当地工人退休年龄偏小，所以我一度希望可以前往内蒙古工作，后来因为种种原因没有成行。

一转眼，我作为选煤工人伴随兴隆庄煤矿走过了三十几年，其间既有煤炭行业的黄金十年，又有所谓的寒冬四年，直到去年，兖矿集团终于成了世界500强企业，自己当然会有不少感慨。

煤炭行业兴盛的十年就是兴隆庄煤矿发展最好的十年，大概就是1998~2008年，当时选煤工人每月收入可以达到6000~8000元，井下工种工资更高。可是，之后兖矿由盛转衰，工资水平下降，前些年大概每月只有3000~

4000 元，现在大概 5000 元左右，但是其间物价又不知道涨了多少。

下一代人全部考学出去，能力强的留在北上广深一类大城市，次一点的一样回到兖州、邹城市区，很少有人回到矿区工作，所以现在矿区里面年轻人越来越少，老年人越来越多。像我一样的中年职工，多数拿出自己的积蓄在附近城市，比如兖州、邹城、曲阜买房。有些年长职工退休之后就卖出当年矿区分配的福利住房，搬到城市居住。2013 年，我和妻子商议卖出矿区住房，前往邹城，购置一套商品住房。70 平方米的装修住房，最后成交价格是 21 万元，不过矿区住房价格越来越低，现在同样 70 平方米的房子，只能卖到 10 万元，多少说明矿区生活不如以往了。

目前兖矿已经成了世界 500 强企业，我的自豪自不必说，但是“世界 500 强”的评判标准没有包括工人收入，作为普通职工，自己并没有多少获得感，因为工资水平没有得到有效改善。明明成了“世界 500 强”，工资反倒不如以往，身边同事甚至以此作为自嘲的材料。

我是矿工子弟，又是选煤工人，伴随矿区一同成长，一起发展，起起落落，浮浮沉沉，从青年到中年再像父亲一样干到老年，感触太多，希望兴隆矿可以越来越好，希望煤矿人可以越来越好。

（三）青年矿工

维修工人：小王

小王，男，1986 年出生于山东省济宁市兖州区兴隆庄煤矿，籍贯淄博博山。2010 ~ 2017 年担任矿井综掘维修工人。

我出生在兴隆庄煤矿，从小在这儿长大。爷爷和姥爷全是淄博黑山煤矿的工人。80 年代黑山煤矿的工人集体搬迁到兖州煤矿，双方的家属跟着搬了过来。父母两人全是从黑山搬过来的，父亲是煤矿工人，下井采煤；母亲负责矿区水电管理。1985 年，两人在兴隆矿结婚。父亲在 1996 年因为医疗事故不幸去世，之后母亲一人拉扯我长大。

作为煤矿子弟，我的小学和初中全部就读于兴隆庄煤矿子弟学校。当时的中考规定兖矿职工子弟只能报考兖矿创办的高中、技校，而且是分区报考，兴隆庄煤矿的学生只能报考兖矿二中。矿区的孩子和其他地方不同，其他家长教育孩子会说："不好好学习，就去种地。"要是矿区家长的话，就会说："要是不好好学习，长大就得下井挖煤。"可惜，我小时候不知道用功学习，高考成绩很差，之后报考了省内的一所三本院校。毕业的那一年，集团公司对外招工，又因为父亲的去世包含工伤的因素，加上单位本身照顾矿工子弟，我就顺利成了一名井下维修工人。

当时招工需要笔试和面试。笔试科目是文化课内容，我记得是政治、语文、数学。和我一起参加招工的同龄人大多是技校毕业，大家文化课成绩都不好，所以分数意义不大，面试基本是了解了解个人情况，看看精神面貌之类的，通过的概率很大。

正式上班之前，工人需要在矿区的教培中心接受培训。培训主要是学习各个工种的理论知识以及安全生产的规定要求。培训之后，新人会被分配到各个区队。区队负责安排年长工人作为师父。每个新人分配两名老师，一正一副，跟着师傅学习实际操作。下井、生产、上井全部跟着师傅，手把手学习。三个月之后，我就可以自己参与生产了。

作为"80后"，我又是独生子，虽然说不上娇生惯养，但是第一次下井心里害怕，只是跟着别人往前面走。之后坐上小型列车，大概走了十来分钟。我心里当时挺后悔自己没能好好学习的，但已经下了井，就硬着头皮干吧。

井下工人配备专门服装、矿灯以及自救设施。工作实行三班倒换制度，[①] 每个班次有8个小时。我们单位负责采掘，服务采煤，生产份额主要根据掘进距离而定。区队技术人员负责勘测井下地质状况，之后轮到我们进行生产。我们矿区井下高度大概4米，宽度大概3米，条件相对比较优越。我负责机械检修，每次下井之后检查上个班组生产之后设备状况，完成一遍检修。上井之前，再进行一遍，每次大概需要20分钟。如果设备出现严重故障，必须马上向上汇报，如果问题不大，可以自己维修。其余时间我就帮助掘进生产。井下机械化程度很高，目前单位最老的设备是建矿之初就开始使用的镏子，最新设备是TK150皮带。工人使用综掘机械掘进，使用扒矸

① 矿工生产时间分为早、中、晚三种，早班8：00～16：00，中班16：00～24：00，晚班24：00～次日8：00，以此保证持续生产。

机械处理矸石，通过皮带以及镏子运出，使用排浆机械排出泥浆。但是总是需要人工操作，比如掘进完成一定距离，皮带需要向前延伸，工人必须手动完成这个过程。井下空气不好，又很潮湿，但是总体情况正在慢慢改善。自从入井，安全始终就是最要紧的，除了定期培训，下井之前、上井之后全部需要强调或者总结安全状况。井下各个基站发送信号，地面人员就可以得知井下各地状况，甚至可以定位职工位置。随着矿区更加重视环保，井下各种防护措施不断完善，安装喷雾设施，达到防尘目的，工人全部配备防尘口罩。因为下井时间过长，职工需要带饭下井。矿区就会下发饭卡并且充值，职工可以在矿区食堂或者职工食堂自己购买，一样可以自己带饭。虽然工作辛苦，但是当时工资收入不错，每月大概 9000 元，有时甚至可以上万，所以生活慢慢稳定下来，买房、结婚生子，一切有条不紊。

2012 年，我结婚了。妻子和我一样在兴隆矿长大，父母一样是来自淄博，2013 年生下儿子。当时济宁市开始进行棚户区改造，矿区北部新建小区。矿区职工可以通过优惠价格购买，我们就买了一套作为新房。妻子原本在兴隆庄煤矿环保中心工作，负责污水处理。后来，正好济宁市招聘教师，她就自考教师资格证，现在在济宁市市中区某小学任教师。所以，我们就在济宁市区购房，房价每平方米 7000 元左右，房子是 100 平方米的。后来几年，矿区效益不好，工资跟着降低了。其实我自己感觉矿区顶多还有五六年的好光景，最初目标年产 300 万吨，结果每年生产达到 600 万吨，就像吃肉一样，好肉吃完以后，大家只能将就着啃骨头。听说当时集团公司亏损严重，所以要大力开发外部矿区。首先是省内的赵楼煤矿，后来就到了内蒙古、贵州，大量的职工外迁工作。百分之八九十的职工不愿离开，但是矿区根据外地矿区需要，分配指标，各个单位必须派出一定人数，所以单位采取抓阄的办法。

我就曾经打听省外矿区消息。本部矿区将近 6000 名职工，当地可能只有 1000 名，所以生产强度很大，回来的人全部瘦了一圈，而且位置偏僻，生活条件不好。好像不少矿区因为环保问题没有获得生产许可，不能正常生产。我家里母亲一人生活，儿子刚刚出生，家里离不开我；而且妻子考上教师岗位，多多少少刺激了我，所以自己渐渐产生了辞职考研的想法。

2017年初，我就开始准备考研，因为担心不能成功，所以没有辞职，只是通过病假、事假的方式拖着。不过，身边的同龄人不少人不能正常上班。因为矿区原来的职工去了省外，留下的人干的活儿自然就多了。本来大家就没有那么能吃苦，何况现在工作更累。同龄职工一个月要是可以上够15个班就算好的了。父辈退休工资不少，而且现在社会出路很多，有人待在家里啃老，有人做点买卖，总能养活自己。

我的目标是山东理工大学，但是自己原本文化基础就差，而且工作了几年，备考很吃力。2018年考研没能考上，分数差了不少。当时压力不小，家里的亲戚挺担心的，轮流跑来劝我，不过自己觉得不能放弃，不想再回去下井，所以选择“二战”。今年终于考研成功，考上了省外的一所一本理工院校。导师一样是参加工作之后又回到校园的，所以对我没有什么偏见。下半年，我就要去读研了，我选择了电子工程专业。我觉得未来和电子相关的领域比较吃香，我又干过设备维修，正好可以和电子之类的东西结合起来。等到毕业，我想在济宁市区找到更好的工作，希望自己未来的生活可以更好。

“创造价值，才有价值”
——神马电力股份有限公司董事长马斌及员工访谈实录

胡子昂[*]

一　神马电力简介

江苏神马电力股份有限公司（以下简称“神马”）是成立于1996年的民营企业，系国家高新技术企业。致力于不断为电力行业提供现存及可持续发展问题的解决方案和具备显著经济优势的创新型产品，创立以来，神马通过技术创新，先后推出了变电站复合绝缘子、高压输电复合横担等八大类技术填补国内国际空白，并推出性能达到国际领先水平的新材料电力产品，实现了与全球80多家电网公司、超过90%的一次设备供应商（2000多家）的合作，累计为全球电网用户资产全寿命周期成本节约了超过400亿元。

依托这些产品，神马参与制定国际标准1项、国家标准5项、行业标准4项、国家电网公司企业标准10项，申报专利463件，获得授权专利266件（其中境外专利21件），2012年和2017年两度获得国家科技进步奖特等奖，并获评成为中国创新能力1000强企业。

2014年以来，神马在持续保持利税如皋（百强县第23位）排名第一位的同时，收入实现了超过30%的复合增长率。未来，随着电能占终端能源消费比重的持续提高并越来越快地成为能源消费的绝对主体，以及中国电力体制

* 胡子昂，华中师范大学历史文化学院。

改革的持续深化，神马将依托过往积累下来的综合创新能力和国家能源电力绝缘复合材料重点实验室、CMAPS（复合材料在电力系统中应用的国际会议）等强大技术平台，聚焦让人们用上更经济的电能，以“十年过百亿，二十年跨千亿”的战略目标为指引，持续为行业、为客户、为社会创造价值。

二 马斌访谈

访谈时间：2019 年 6 月 1 日

访谈地点：江苏省南通市如皋市江苏神马电力股份有限公司

访谈人：胡子昂

访谈对象：江苏神马电力股份有限公司董事长兼总经理马斌

问：您能简单谈谈贵公司生产的产品（经营范围）吗？

答：首先我们公司生产的产品范围是在一个大的电网行业当中，我们生产的产品目前有两大类：第一类是橡胶密封线；第二类是电网的外绝缘，分为输电外绝缘、变电外绝缘和配电外绝缘。因为输、变、配电构成了一个电网系统，这也是我们的产品覆盖的范围。现在我们在生产方面有两个正在践行的目标，其一是持续不断地扩大生产数量，其二是将对外购买设备转向本公司团队自主研发、设计乃至自主制造生产线。我们现在的很多产品是国际首创，所以外部没有有关我们产品的成熟的自动化生产线，这就倒逼我们不得不自主研发和制造，自主创造整套的生产流程。当然，我们在某些技术关键点也还是会去借助、学习外部的技术力量。我们现在的设计能力还不够强，因此还是需要外部的合作伙伴的，设备的制造、产品的配套还是需要我们承包给他们。

问：您能具体谈谈贵公司的自动化生产线和设计方面的外部合作伙伴都有哪几家公司吗？

答：在自动化生产线上，2015 年，我们与西门子合作，按照智能制造的理念及要求，实施了数字化工厂的规划咨询，目前正在推进实施，具体计划是在南通建立新工厂。在产品研发设计上，2017 年，我们购买了西门子的 PLM 系统 Teamcenter 和 Solidedge 设计软件；2018 年与西门子的软件实施方——优集计算机信息技术（上海）有限公司（UDS 联合数字集团）合作，开展 PLM 系统的实施，目前也正在实施中。

问：去年和今年第一季度的总产值与销售情况怎么样？

答：我们去年与前年的总产值基本持平，今年的第一季度与去年的第四季度也大致持平。我们今年在销售这一块的成就是值得庆贺的，全球的订单和去年相比有了 30% ~40% 的增长，可以说在快速地增加。

问：您的企业是致力于复合绝缘子的生产，可以简单向我们介绍一下这一产业链在新中国的发展历程吗？

答：新中国成立以来，复合绝缘子的生产起初还是较为依赖国外的技术；直到 2000 年，我们的 500 千伏以上的高压产品还是需要从国外进口，因为跟不上国外的生产能力；2000 年后数年是一个转折点，我们国家在这一行业不仅打破了受制于国外的情况，而且我们现在在这一领域是作为一个全球领跑者的角色，遥遥领先于其他国家。这得归功于技术上的质的飞跃，使得局面发生了根本性的扭转。所以说，科学技术是第一生产力。

问：您可否举出贵公司在技术革新方面的几项创新产品？

答：好的。在叙述创新产品的过程中我想从原先存在的问题开始谈起。

第一个是变电站复合绝缘子。

行业问题：有上百年应用历史的传统瓷绝缘子一直存在爆炸、断裂、闪络等问题；20 世纪 50 年代以来，西方国家研发的变电站复合绝缘子，其性能无法满足电网 30 年使用寿命要求且成本远高于瓷绝缘子；一直到 21 世纪初，中国 330 千伏以上的变电站绝缘子几乎全部依赖进口，严重受制于人。

技术层面的原因：陶瓷材料（公元前 8000 年出现）的先天特性，如脆性、亲水性，是瓷绝缘子爆炸、断裂和闪络问题无法杜绝的根因；西方国家研发的复合绝缘子，未能成功的原因在于没能同时从材料配方和成型工艺两方面取得突破。

神马的技术创新与成果：“采用高温硫化硅橡胶整体注射成型工艺，填补了国内外复合空心绝缘子制造技术空白，为国内外首创技术，综合技术性能达到国际领先水平”（中机电科鉴字〔2004〕第 010 号——新产品鉴定证书），从根本上解决了前述行业问题；专利88件（发明专利50件）；国际IEEE标准1项、国家标准4项、行业标准2项、国家电网公司企业标准3项。

第二个是线路复合绝缘子。

行业问题：传统线路瓷绝缘子和玻璃绝缘子存在易闪络问题和制造成本高问题；20世纪90年代初开始大规模市场应用的线路复合绝缘子，存在耐老化性能不能满足电网30年使用要求的问题，给电网业主造成了高昂的后期更换及停电损失成本（据2018年《国家电网公司运检部委托中国电科院的调查报告》，中国电网公司90年代以来所用的线路复合绝缘子，均因老化问题在10年左右时间进行了更换）。

技术层面的原因：陶瓷材料和玻璃材料的亲水性；传统线路复合绝缘子所使用的材料配方不能满足耐老化性能要求（体现于相应的行业标准过低）。

神马的技术创新与成果：源于电站复合绝缘子中的材料配方技术，从根本上解决了前述行业问题；专利25件，其中发明专利7件；行业标准1项。

第三个是复合横担塔。

行业问题：传统输电塔（"铁横担+线路绝缘子"结构）存在风偏跳闸及各种闪络问题，以及耗费塔材量大、线路走廊占地面积大等经济性问题。

技术层面的原因：铁横担搭配线路绝缘子的结构，是风偏跳闸问题和经济性问题的根因；瓷、玻璃材质的线路绝缘子本身的性能问题，是闪络问题的主要原因。

神马的技术创新与成果："该产品为国际首创，综合技术性能达到国际领先水平"（中电联鉴字〔2013〕第15号——新产品鉴定证书）；采用复合横担，取消线路绝缘子，从根本上解决了前述行业问题；专利42件，其中国内发明专利5件，国际专利4件；国家电网公司企业标准7项。

问：目前您如何规划贵公司的未来产业发展？您是如何解决企业发展道路上的难题的，可以大致和我们分享一下吗？

答：一方面是产品制造上的发展。我们需要凭借外绝缘的产品持续在国际上打开新的局面，为全球相关行业的发展做贡献，同时我们能成为这个行业中全球市场占有份额最大的企业（垄断地位）；另一个方面或者说是更高一个层次上，我们在整个产业链上要积极为全球提供一个整体解决方案，这也是顺应全球化潮流的必然趋势。关于发展道路上的难题，我认为，追求高的目标，本质上就是在化解一个又一个难题，而且是主动面对难题。我认为解决难题的方案当中最核心的还是不停地创新，包括技术的创新、管理的创新，还有业务模式的创新。

问：您如何看待贵公司所涉及的未来的行业走向？

答：我们企业现在已经是此行业在全球的领跑者了，所以下一步我们的任务是如何引领全球行业的发展，同时要不断地优化、革新我们的技术，以保住龙头老大的地位。

问：您可以简单谈谈贵公司的组织架构和人事管理吗？

答：首先，我们上面有一个集团和一个控股公司。控股公司下面有两个实体公司，一个是专门负责制造业，是专门研发和销售产品的机构；另一个公司是负责工程总承包，专门为客户提供从设计到产品集成再到工程施工的一条龙服务。具体的产品制造营销由业务部门负责，业务部门主要分为四大块，即营销、研发、制造、采购；专业管理则分别有人力资源、财务、流程和信息化、质量安全环境管理以及总经理办公室五个子部门。

问：您是如何进行员工待遇这一工作的？面对难免产生的劳资关系摩擦，您是如何化解的呢？

答：我们对于员工的待遇（薪酬），是确定了两个标准，亦即两个“第一”。一个是行业第一，也就是本公司员工和其所在的具体行业对标，如搞技术的、搞营销的是跟全行业搞技术、搞营销的对标，不无故削减；一个是地区第一，比如工地上的工人，我们是跟南通的其他企业去对标，并力图达到地区一流的标准。我们公司的劳资摩擦比较少，即使有的话也是依法依规，因为这是当下最核心的解决办法了。

问：您办企业秉持的理念是什么？能否谈谈您对“企业精神”的理解？

答：我本人对这方面没有过多的了解，只是懂得一些最简单的道理。在企业文化或者说是企业精神这一块呢，我始终坚信一点：就如同人活在世界上是要先思考清楚自己到底要干什么一样，我认为一个企业存在于这个社会，就是要为社会创造价值，这样自身的价值才能实现。所以我们的企业精神就是很简单的八个字：创造价值，才有价值。

问：您在日常工作中是如何激励您的员工的？

答：还是要把一些成功的案例，尤其是改革开放以来一些知名企业如何崛起直至屹立于全球的过程讲给员工们听的。中国人的勤劳、业精于勤，这些最朴素的道理，事业是打拼出来的，这都是一些最基本的规律。

问：中美贸易摩擦对贵公司是否产生了较大的影响？可以谈谈主要影响了哪些方面吗？

答：可以有些自豪地说，贸易摩擦对我们没有影响。因为我们的产品在全世界最有竞争力，美国对我们加征关税构不成实质性威胁和打击，我们的订单还是供不应求，整体呈每年35%左右的速度增长。所以说，一个企业还是要有核心竞争力才能达到无惧任何外部因素干扰的境界。

问：在全球化浪潮和信息时代大背景下，您有利用互联网冲向世界的打算吗？

答：互联网确实是必不可少的发展工具。一个企业的发展，追根究底，还是要靠知识的力量；另外和全球联系，还是需要网络连接的高效率。所以互联网不仅是确保质量和效率的工具，也是企业创新发展模式的一个核心平台。像阿里巴巴，它的电商便建立在互联网平台上，任何一个企业都要很好地运用互联网技术才不至于被淘汰。所以说在这方面我们把内部的网和外部的网如何有效地衔接，让互联网成为企业发展的加速器，在这方面我们都是有清晰的计划的。目前还是聚焦于生产的精益化与自动化、管理的信息化，来转变传统的生产和制造管理方式，落地数字化工厂的建设，通过制造能力的显著提升，进一步增强产品的市场竞争力，从而加速企业的发展。

问：最后，您能从个人角度，谈谈您创业奋斗的心路历程和感想吗？

答：我认为创业就是以问题为导向的奋斗历程，即哪里有问题，其背后便有机会。创业者所要做的就是勇于挑战那个问题，勇于解决那个问题。所以我们经常讲，发现问题就是发现了机遇，解决问题就是获得了机遇。一个企业还是要敢于迎难而上，化难就是遇到了良机。不迎难而上，只是想着规避很小的风险以保住最初的本钱，这样的企业永远都得不到发展。

问：可以谈谈您当年经历过的一个困难吗？

答：当年我们第一个产品刚研发投入市场时，全国的客户都蜂拥而至，我们的产品也很快被他们采购一空。不幸的是在这个时候出了质量问题，很多客户对我们产生了怀疑。这种怀疑如果不能及时打消，就很可能发展为从根本上否定我们的生产能力。如果不能及时打消他们对我们的怀疑，那么毫无疑问一个刚起步的企业马上就会倒闭。当时我也很着急，最后采取了硬着头皮上的方法，挨家挨户以最快的速度去和他们沟通。我记得当时我买了一辆新的汽车，一周左右时间就跑了接近 1 万公里的路程。那时我真的可以说是没日没夜地去跑，去和他们一个个耐心地解释，这不是我们技术上不成熟，而是管理上某个环节出了失误。把真实的情况告诉他们，可以让客户重新建立对我们的信任。如果没有这个艰辛的过程，很可能我们会失去所有的订单，面临的就只有彻底的失败。这次刻骨铭心的经历和我之前谈的迎难而上的企业精神是相对应的，或者说，我们的企业精神就是来自我们解决这次困难的心得，来自我们创业初期的创业团队总结出来的最初经验，这为我们整个企业的发展奠定了迎难而上、永不言弃、创造价值的基础和初心。

访谈小结：通过对马斌先生的采访，我们从神马公司的发展历程中了解到了新中国成立以来电网产业的发展走向和国内、国外相关企业此消彼长的过程，可谓由神马一“点”到全球整个电网行业的面，信息量极为丰富。电网行业“中进外退”现象发生的关键点无疑是神马科技力量的质的飞跃，契合了“科学技术是第一生产力”的宗旨。同时，马斌先生朴实、踏实的创业历程与经营理念反映了他与时俱进、开拓创新的意识和迎难而上、不畏风险的斗志。“创造价值，才有价值”，一句看似平常却掷地有声的话，短短八个字，胜过无数空喊企业文化、附庸传统风雅的所谓企业家。神马公司紧跟时代潮流，积极接轨国际，努力打造自身品牌，注重发展技术，相信他们在现阶段我国工业的道路上会越走越远、越走越好！

三　一名员工眼中的神马

陈述人：任文学（2017年应聘进入神马的年轻职场女性）

第一次见到马总是在2017年10月，于南京金陵大饭店总裁见面会上。在座的几十位同学大多来自南京的985、211类院校，当被问到人生理想、何为成功，每位的发言都不稀松平常。当时的我，就被这个重视人才、重视人才发展的企业深深吸引了。

转眼来到公司有两年的时间，我从前端市场营销人员转变为一名市场推广人员。为了更好地理解并传递公司品牌、产品价值，我翻阅了公司大量的历史资料，得以从不同的维度更深地了解神马。神马22年来的发展，源自持续为社会、行业、客户、员工、相关方创造价值，背后凝聚的是“创造价值，就有价值”的企业文化。

发现了问题，就是发现了机遇；解决了问题，就是抓住了机遇

1996年，马总从瞄准电力行业设备渗漏油的老大难问题，开始了创业的第一步。推出的第一条产品线橡胶密封件填补了国内空白，让行业渗漏油问题成了历史，让神马活了下来，但企业想要发展的脚步没有就此停歇。20世纪90年代，当时国内每年因电力设备外绝缘事故带来的损失达数十亿元，330千伏以上电压等级电站绝缘子几乎全部依赖进口。此时，行业的进步、国家的利益超越了企业自身发展的诉求。通过硅橡胶配方的优化和整体真空注射成型技术的运用，神马推出了第二条产品线——变电站复合绝缘子，彻底解决了传统电站外绝缘材料无法解决的可靠性问题和经济性问题，打破了中国电力外绝缘技术受制于人的局面，开启了复合材料重塑电网的革命进程。发展至今，已产业化的八大类产品共同构成了能够为电网带来巨大价值的新材料产品族群，实现了中国电力外绝缘技术由过去的追赶者一跃成为全球的领跑者。就这样，神马从发现问题和解决问题中抓住了企业发展的时代机遇。

人才是关键，企业文化是根本

创立之初的“三不做”原则也形成了长期以来企业发展的内在逻辑，

首先从市场前端洞察、聚焦行业现存及可持续发展的问题，由研发端通过材料、工艺等技术创新推出能够解决行业问题的产品；通过管理创新、不断优化经营管理制度，将产品性价比做到全球第一；持续打造一个认同并践行企业价值观的团队，使得全员都认同通过为客户和行业创造价值来实现自身价值。

为了打造这样一支团队，公司持续在研发、营销、管理等方面斥资招聘大量人才。如在研发领域，高电压技术、复合材料、高分子材料、结构力学和金属材料等专业背景的复合型人才构成了研发中心强大的智囊团，企业发展的良好氛围也吸引着外部优秀人才不断加入。同时，公司还持续与国际著名公司如 IBM、美世、DDI、普华永道、西门子等在战略梳理、流程建设、人力资源管理、先进制造、资本架构设置和内部控制方面进行全面深入的合作，持续推进管理创新。

企业文化造就团队，优秀的团队造就管理，好的管理造就有核心竞争力的企业，有核心竞争力的企业为所有相关方创造价值，从而也使整个团队实现自我价值。公司 22 年来的发展事实也告诉全体神马人，只有为客户和行业创造价值，才能体现神马人的价值。

·文献翻译·

重商主义制度及其历史意义

施穆勒 著

郑学稼 原译

严　鹏　谭海燕 重译*

重译者按：

古斯塔夫·施穆勒（Gustav Von Schmoller），出生于1838年6月24日，毕业于图宾根大学，1865年成为哈雷（Halle）大学的政治科学教授，1872年在重组后的斯特拉斯堡大学任教，1882年成为柏林大学的教授，1887年入选普鲁士科学院，是19世纪德国经济学历史学派的后期代表。作为历史学派的一员，施穆勒主张用历史方法研究经济学，其论著主题涉及改革时期德意志的经济思想、19世纪德国的小型工业、斯塔拉斯堡的布商与织工行会、腓特烈大帝的经济政策、商业经营的历史演化等。施穆勒持社会改良观点，又被讥讽为"讲坛社会主义者"，但他对德国福利国家的建设有重要影响。整体而言，与大多数历史学派经济学家相同的是，施穆勒强调国家干预对经济发展的重要性。重商主义是一种鼓吹由国家扶植制造业发展的经济思想，是工业文化的重要源头。《重商主义制度及其历史意义》系施穆勒1884年出版的德语著作《腓特烈大帝的经济政策》中的一部分，被英国经济学历史学派代表阿什利（W. J. Ashley）抽取出来译为英文出版，是施穆勒著述少有的英译本。19世纪末，美国的大批经济学家留学德国，施穆勒的弟子中包括哈佛商学院的创立者盖伊（Edwin Gay），彼时英语学界的经济学家能直接阅读德文，故不多事翻译。在《重商主义制度及其历史意义》中，施

* 严鹏，华中师范大学中国工业文化研究中心；谭海燕，华中师范大学历史文化学院硕士研究生。

穆勒从历史角度论证了重商主义的合理性，至今仍不失为产业政策、贸易摩擦等思想观念的理论依据，值得重视，故严鹏与谭海燕根据英译本将其译为中文，供广大读者参考。1936年，中国学者郑学稼同样依据英译本将此书译为《重商制度及其历史意义》，由商务印书馆出版。对德国历史学派经济思想在中国的传播而言，郑译本有开创之功，然而其文风去今甚远，不乏文字不畅或令人费解之处，此或由英译本本身晦涩难解所致。严鹏与谭海燕在重译过程中，对郑译本进行了参考，至于仍有错误或不通之处，则系重译者学养不足之过，有待后来之更高明者纠正。重译稿省略了几处枝蔓而难解的语句，省略部分或不到全书百分之一二。书后所附《18世纪普鲁士的丝绸工业》系一短文，与全书主旨相契合，因种种条件限制，留待他日专门译出。

一　经济演化的阶段

作为经济学家，对于某一历史时代的判断，必须包含对该时代前后时段的比较，也就是说，我们要理解它在某种更大的经济演化运动中所占的地位。于是，很自然地，人们尝试着思考各国发展所经历的各种道路，并致力于用一个完整的理论去理解这种演化。他们或专注于民族生命与个人生命间的对比，或构想出如下依次演进的经济阶段，如游牧阶段、农业阶段、工业阶段、贸易阶段，或者如物物交换阶段、使用货币阶段、基于信贷的贸易阶段。这些理论，的确能把握经济演化进程中某一方面的内容，大体上也适用于对不少时代与社会做比较。然而，对我们现在要讨论的重商主义制度来说，这些理论用处不大，甚至具有误导性。同理，我们可以根据人口、国家拓殖、劳动分工、社会阶级形成、生产过程或交通手段等历史——与前面提到的那些理论结合起来——来创造关于人类发展的整体理论。但对我来说，这些想法都没什么重要的价值，可供我拿来诠释重商主义制度。在我的脑海中，取而代之的是经济生活与极为重要的社会及政治生活之关联——在任何时代，主要的经济制度全由当时最重要的政治实体的性质所决定。

在经济发展的每一个阶段，起引导与控制作用的部门都隶属于民族或国家生活中的某种政治组织。在某个时代，这个部门是宗族联盟或部落；在另一个时代，是乡村或马克（mark）；现在是教区；然后又变成邦国甚或联邦。它或许和当代的国家、民族、智识、宗教组织相一致，或许不一致。然而，它像统治着政治生活那样统治着经济生活，决定着经济的结构与制度，并始终为社会-经济生活的质量提供重心。当然，它不是解释经济演化的唯一因素，但对我来说，它在经济史中展示了最充分的意义。在与部落、马克、乡村、市镇（或城市）、领地、邦国和联邦的结合中，特定的经济有机体已经成功地演化出更广袤的范围：我们在此范围中有了一个持续的发展，尽管这种发展不能引发每个时代经济生活全部的因素，但它确实决定并统治着经济生活。在乡村、市镇、领地和邦国中，个人与其家庭保留着独立的地位；劳动分工、货币改良、技术进步，各自继续其发展；社会各阶级的形成，朝着特定的方向发展。然而，经济环境，自始至终，通过每一个时代的乡村经济、市镇经济、领地经济或国民经济的盛行，收获其独特的印记。又或者，分散的人群组成了一些村庄或市镇经济，松散地结合在一起，领地或国家的兴起，支配了较早形成的这些经济组织，将其纳入自身，而这些进程也赋予了经济环境特别的形态。政治有机体与经济有机体并不必然联结在一起，然而，历史上那些伟大的政治与经济成就，就产生于经济组织与政治权力和秩序被置于相同基础上的时代。

二　乡村

那种认为经济生活主要依赖个体行为的观点——这种观点仅仅与满足个体需求的方法有关——误解了人类文明所历经的阶段，假如我们在某些方面回溯得越远，则这种错误也就越明显。

最原始的狩猎或游牧部落仅靠一种基于血缘关系的组织维系其存在。在这种组织里，团结出于防卫之目的，联合迁移是为了冬夏逐水草而居，为了整个部落共同的利益，由部落王子主持的集体防卫发挥最重要的作用。最早的定居以及对土地的占有，从来不可能为个人的事考虑，而是为了部落与宗族。然后，当整个宗教、语言、战争与政治生活仍然为了更大的圈子而保留共有的形式时，经济生活的重心却已转移到马克与乡村，它们成为主宰经济生活数世纪之久的实体。个人所占有的房屋、苗圃、花园和田地，都需要得到马克和乡村公社的承认，并只能在公社允诺的条件下使用牧场、树林、鱼塘与狩猎场。他的耕作与收获，更要遵从公社的愿望与规定。对他而言，和外人亲密交流基本上是不可能的，不管何种产品，只要是直接或间接得自公地，都严禁移动。从公共森林中砍伐树木之所以被允许，是因为无人出口木材、木炭或柏油；在公共牧地随意放牧被认为是一种权利，只是因为每个人喂养自己的牲畜是供自己使用，而不是为了陌生人。将土地让给非公社成员被严令禁止，而且，作为规矩，即使是佃农（Hufner）要离开村子，也必须遵守各类礼节。乡村是一种自身十分完备的经济与商业体系，且与外界隔绝开来。乡村的旧制度只有在被大的邦国或其他外界力量打破后，更高级的经济生活才能出现。

三　市镇

与乡村一样，甚或更明显的是，市镇成长为一种经济实体（或有机体），伴随着它自己独特而朝气蓬勃的生活，并在每个方面都占据着优势。市镇始于地址的选择，方针的规划，道路、桥梁、城墙的修筑；然后，要进行街道的铺筑、饮水的供给，以及照明设备的安设；最后，是市场所需要的公共设施，并由此产生了公共的房屋、量器等——这些，再加上紧密排列的住宅、更高形式的劳动分工、货币与信用。所有这一切，创造了大规模的公共制度，并带来一种远比从前更密切的联系。这必然使人能感觉到是在市镇内还是在市镇外。数世纪以来，经济发展与市镇的兴起和公民制度的形成紧密相连。每一个市镇，尤其是那些稍大一点的市镇，都试图使自己成为一个完整的经济体，与此同时，在与外部世界的关系上，则试图尽可能地扩展其经济与政治的势力范围。在古代与中世纪历史的大部分时间里，所有完整的政治结构都是城市国家，涵盖了政治生活与经济生活、地方经济的自私性与政治爱国主义、政治斗争与经济竞争，这种情形并非无关紧要。中世纪德意志市镇的经济政策，以及它们的经济制度，直到 17、18 世纪，都在德意志人的生活中扮演着起支配作用的角色。在很多方面，市镇将它们自身投射至我们现在的时代，这使我们必须多花点时间详细地讲述它们。

不仅独立的司法权，还有市场的占有权、通行税的征收权以及铸币权，从很早的时代开始，就属于成长中的城市共同体的特权。这种特殊的地位，由实物贡赋的废除所强化，经“城市的空气使人自由”这一原则加以合法化，最后则因市镇议会取得自治权与立法权而巩固。每一个独立的市镇都认为自己是特权共同体，通过持续数百年的斗争取得一个又一个权利，并通过谈判与购买的手段，一次又一次提升政治与经济地位。公民团体，将自己视为一个整体，一个尽可能狭小而永远绑在一起的整体。它只接纳有能力为自己做出贡献的人，那些人满足特定的条件，被证明有一定财产，经由宣誓和提供担保的形式加入，并必须在城市中居住有一定的年头。与它断开联系的那些人，是在议会前发誓放弃公民权的人，而那些人曾发誓要为市镇的债务负担一定的份额、为市镇的税收贡献若干年，并向市镇上交他们1/10的财产。全能的议会统治着市镇的经济生活，在其全盛时代几乎不受任何限制。议会的全部活动，受到最铁石心肠的市镇自私心以及最热忱的市镇爱国主义的支持，不管它是否要压榨具有竞争关系的邻镇或郊区，还是要给乡村施加更重的束缚以鼓励本地贸易或刺激本地工业。

市场权、通行权以及距离权（mile-rights）是市镇用来为自己创收以及制定政策的武器。该政策的精髓，是让自己的同胞获益，而让外部的竞争者受损。整个体系关于市场及垄断的规则，是一种有技巧的发明，调节着城市消费者与乡村生产者之间的供求关系，使城市居民发现他们在讨价还价中处于非常有利的地位，而乡村居民则不然。市镇对价格的调节，在某种程度上，只是对付出售谷物、木材、野味和蔬菜的农村卖家的小武器，就如同禁止农村地区从事特定工业与贸易一样，是为了满足市政府的利益。市镇从王权那里获取的特权，首先被用于有利于市镇的规则改进。因此，市议员通常会关心市场税与过境税的废除，保留下来的税，仅仅是为乡村居民和没有特权的“外人”准备。一套复杂的过境税系统在各地被发明出来，该系统对一些市镇有利，对其他人则不利。而在各种情况中，贸易都因特权的授予或与之相应的希望和恐惧而发展起来。同样的目的，亦被尽可能地去征收邻近河流与道路的过境税而满足。日复一日，当需求增长后，特殊的商品或被征收了更重的税，或在市场交易中被禁以时日，或干脆被逐出市场。例如，从邻近地区进口的酒[①]与啤酒，要么被禁，要么被数不胜数的理由加以限制。禁止谷物、羊毛和羊毛皮出口，是为了地区利益而管制地区市场的最寻常手段，它不时导致贸易的完全终止。这样的终止，是为了竞争所能采取的最为严酷的手段，它虽时常对施行者自身造成损害，但仍然惯于被那些更加强有力的集团出于自身利益而采用。至早在 13 世纪初，对货币与贵金属的出口限制就经常发生在一些市镇中。在城市内部的通商中，我们发现了贸易平衡理论的最初萌芽。可以看到，市镇时常致力于货物的直接交易，并强制性地通过法令使其成为义务，目的则在于阻止贵金属经常性地流向外国——波罗的海一带的贸易即是如此。

市政府所有的外交资源、各阶级间围绕宪政的斗争，以及最后所依恃之暴力，均被用于对贸易路线的控制，并获得基本权益。将尽可能多的商路引向市镇，并尽可能减少只是经过市镇的路线。如有可能，将在中途阻止利用骆驼或船只运输货物的商队继续行进，而使其将货物卖给本市商人。因此，所有适用于陌生人或外国人的法律，在任何场合都不过是一种工具，用来摧毁或削弱外部世界那些更富裕也更有技术水平的竞争者。只有在定期集市中，被从零售贸易中排除在外的外国人，才被允许有一定时间的停留，但也被禁止借钱给本地商人或与其合股经营。外商负担着更重的税，包括摆摊税、货物重量税，以及付给掮客的费用。由地方市场特权而产生的行会组织，其目的在于保障每个师傅与每个手艺人过符合其身份的生活。为此，无论何时有需要，行会都会让市议会对输入市镇的面包、鱼、啤酒与酒以及其他一切种类的货物，施以或临时或永久的限制。为了同样的目的，行会还会要求一年或更长的时间内，禁止新的师傅进入某个行当。简言之，市镇市场形成了一个包含货币、信用、贸易、过境费和财税的复杂体系，闭关自守，作为一个整体施加管理。这套体系建立在地方利益的重心之上，通过集体力量而为经济利益斗争，并由于精明而有活力的商人牢牢控制着市镇议会而获得成功。

因此，中世纪呈现在我们眼前的就是市政府与地方的经济中心，其整个经济生活都取决于下述内容：多样化的地方利益在那时达成一致，生成统一的情感与理念，而市镇当局则用一种完备的保护手段去表达这些情感。当

① 应是指红酒、葡萄酒之类的酒。——译者

然，手段因时因地而异，视地方市场、特殊工业或贸易在当时的重要性而定。整个市镇的经济政策，连同其在各地的表现形式，在如此长的时间里，满足了依赖市镇繁荣的文明与经济的进步。这种繁荣不是基于“复杂的群众心理因素”，而是社团的自私：现在的经济结构只能从局部的特权中产生，而不能基于整个邦国的范围。这种小圈子共同体的自私心，同样带来了一种充满活力的运动，满足了它自身——尽管从今天的眼光看，我们无法认可其粗鄙的暴力——直到体系开始变得支持奢靡与慵懒，而它那时就要被其他的群众心理因素与进程以及其他的社会形式与组织取而代之了。

毫无疑问，某些限制往往被强加于市镇的自私心上，如教会的公共生活创造的法律与道德的束缚、德意志帝国的存在，又如乡村的土地所有者的权势，这些情形早已存在。但在较早的时代，这些限制是如此松散，如此无意义，以至于它们甚少能被意识到，就如同不管是帝国、教会还是领主，都没能创造一种属于自己的经济生活或任何有力的经济组织。随着商业范围的变更与扩大，联合的精神产生，有了将利益惠及更大地区的觉悟。随着仅仅基于市镇和乡村利益的经济生活所面临的困难加大，以及无政府状态下无休止的小规模斗争，各地出现了召唤更大规模经济力量的努力与趋势。

四　领土国家

市镇联盟，虽胜过王侯与乡村的居民，却始终用一套旧的、自私的政策对待其周围的农村，目的在于满足更多的利益与贸易的需求，但其努力并不能永远成功。大型市镇试图通过兼并乡村、地产、采邑及农村集镇的方式，扩大自己的范围，变为领土国家。在这方面，大的意大利郡县最为成功，瑞士的几个市镇与德意志帝国的城市紧随其后，繁荣的荷兰行省亦复如是，尽管它们本身就和大型领土国家无甚区别。在德意志，无论如何，通常的情形是，诸侯的领地建立于血亲的原始结合基础之上，仰赖公社与骑士的合作，而这创造了新的政治单位。这个单位，就其性质来说，是市镇与乡村的联合，其一是许多市镇的联合，其二则经常是方圆数百里内隶属于同一权威统治的乡村的联合。15～18世纪，这些领地在和别的制度的斗争中，不仅成长为政治实体，而且成长为经济实体。现在，将由领地有机体承载进步，并塑造经济与政治发展的媒介。领地制度于是变得头等重要，就如同曾经的市镇；与市镇一样，它们找到了一个重心，而且它们同样寻求排外以自利之道。于是，一个封闭的区域形成了，它包含生产与消费、劳动分工、货币与度量衡体系——这是一个独立的领土经济实体，有它自身的重心，并自觉行事。

不用说，各个领地采取了不同的手段来追求同样的政策并获得成功。我们早就发现如佛罗伦萨、米兰和威尼斯，这些高度发达的工商业市镇，成功地实施了脱胎于古老市镇利益的经济政策，并带来了奇迹。波西米亚的卢森堡家族，佛兰德斯与下莱茵的勃艮第家族，在较早的时代也能在他们的土地上大规模地实施领地政策。但是，在德意志，大多数王侯缺乏足够大的领土来满足同样的目的：在一些地方是市镇，在另一些地方是骑士，仍然独立于新的领地国家。16 世纪初，最杰出的诸侯，如萨克森王室的统治者们，把中德意志从黑森到西里西亚的军事要道上的领地零散地分给小领主。更糟糕的是，这些领地又经常在家族内部分给不同的支派。甚至不管萨克森的一个诸侯在何时开始其统治，其领地都在地理上被分割为一连串不相连的地区，其他地区也差不多。

尽管遇到了严重的困难，尤其是市镇这一旧经济制度的保守者的顽固抵制，但实际生活的需求还是不懈地驱使社会朝领地组织的方向迈进。中世纪那些本质上联系松散的旧形式，如为维系和平而组建的市镇联盟、市镇的过境税制度和货币、城乡间持久的敌对以及所有的中古旧组织，日益成为贸易与经济进步道路上的阻碍。人们不得不从这些旧制度中争取自由，迈向更大的单位、地区的联合，谋求更长远的利益，而这些都可以在领土国家里发现。王侯们的领地与旧边界和原始部族的情感越一致，与议会地产制度的捆绑就越牢。首先，是单独的市镇和贵族抱团；然后，整个市镇当局和全体贵族联合。在节俭而能干的官僚的帮助下，主导这一运动的诸侯越聪明、越强大，经济一体化进程就越快。当然，这一进程绝不是没有遇到过最激烈的抵抗。

勃兰登堡的霍亨索伦王侯们在统治其领地上的贵族和市镇之前，遇到了阻力甚至军事上的麻烦！勃兰登堡诸市镇与汉萨同盟的分离，以及同盟独立权利的废除，直到1448～1488年也尚未完成。但在此后相当长的时间里，市镇并未放弃追求独立的商业政策的权利。与法兰克福订立的极其重要的条约仍然需要经过诸侯的同意才能确定。但市镇依旧掌握主动权，并且这个主动权在三十年战争时仍然保留着，尽管力量减弱了，在其实际运用中却多了些分寸和精明。整个16世纪，我们发现勃兰登堡的王侯们和他们的近邻都更加关注这一类事件。诸侯和市镇的官吏都曾参加1562～1572年波美拉尼亚和勃兰登堡之间的商业争执，但被拖到帝国议会前审判的是法兰克福和什切青（Stettin）。在其他领土国家如吕内堡的市镇间的共同防御条约——这些条约的签订迟至勃兰登堡的约西姆一世时期——看起来在下一个时代已经不再适用，因为它们已经引发吕内堡诸侯的不信任。当维持公共和平的权力落在诸侯而非市镇手里时，市镇便不能对其严格的保护政策彼此协商；这些条约如1479年7月29日勃兰登堡与波美拉尼亚之间订立的条约，1479年7月24日勃兰登堡与马格德堡之间订立的条约。勃兰登堡和波兰在1515年、1524～1527年、1534年和1618年关于商业条约的谈判，以及条约的签署，都是诸侯而非市镇所为。16世纪，在讨论易北河与奥得河航行权的会议上，有几名使臣来自法兰克福，但主导这次讨论的是那些被选侯派遣的人。关于"普通商人"路经勃兰登堡马克进行运输的条约，是与约西姆一世而非勃兰登堡诸市镇订立的。总而言之，乡村在商业政策上的代表权，正缓慢但稳步由市镇转移到诸侯的政府的手中。但是，在1600年前后，所有乡村的贸易都陷入困境，其解释不能归于这个变迁，而是应在诸侯的政策太软弱无力，以及他对付萨克森、西里西亚、马格德堡和波兰时的确处于不利地位这两个事实中去寻找。

当诸侯作为领土国家的至高无上的统治者，其权力在代表对外经济利益的关系中获得一种新的意义时，更重要的事实是，在本国之内，领土国家政府通过等级会议的决议和诸侯的命令强有力地创制新法律。这并不是说以前不存在领土国家的法律，条顿骑士团的库尔姆（Kulm）法规自1233年就已经存在，布雷斯劳的土地法自1346年也已存在。但是地方性法规在任何地方都更强大。直到15、16世纪，诸侯的司法法令，即所谓的"土地法"、国家法令、领土国家的警察条例等，才开始走向胜利。对一种新法律的不容置疑的需求显现出来，新法律要用来处理民事和刑事问题、处理继承权和诉讼的手续，并能普及全国。而在王权施行的过程中产生了应用于森林、狩猎、捕鱼、采矿、河流利用、航运以及建造沟渠的法令，这些法令全国适用，并用统一的规则来支撑经济生活。大众的新生活、新信仰、新学校以及新的贫民救济制度，受到领土国家而非地方性组织的推动，并且通过立法手段很快深入细节。在贸易和工业、度量衡、通货和公路、市场和定期市集方面，同样需要领土国家的立法。

但是，新的领土国家法规的创制及其执行，在不同的地方具有不同的形式。早在14、15世纪时，条顿骑士团就已经开始这样立法；德意志西南部较大的诸邦，因其更高水平的经济发展和更早的文明开化，从1500年开始直到整个16世纪，显示出了更大的作为；而勃兰登堡、波美拉尼亚以及别的北方领土国家都远远落后。我们必须承认，在勃兰登堡，新的司法法庭是在罗马法的中央集权思想的影响下建立的，与约西姆法规以及后来的各种有影响力的法律著作如伯利兹的习惯法等一起，都朝着法律统一的方向迈进。然而，在这个时候，勃兰登堡并没有形成一个公认的“土地法”，也没有形成一个承认农民与他们领主之间的关系被普遍接受的条规。1490~1536年，将市镇置于警察的管理和领土国家统一的行政指挥之下的努力只取得了部分和暂时的成功；什切青、斯特拉尔松德、波美拉尼亚的其他市镇、普鲁士的哥尼斯堡以及大主教辖区内的马格德堡的“旧市镇”，一直到1700年，依旧保留了与帝国诸城市相类似的独立地位。在1515年以来便指导勃兰登堡诸市镇的警察条例中，我们会找到这样的告诫：柏林的埃尔（ell）应该定为测量所有土地的标准尺度，用来称蜡和香料的是埃尔福特镑，用来称肉、铜、锡和沉重货物的柏林的称重器应该是标准的量器——这些不过是存留一时的虔诚愿望罢了。即使在两代人后，萨克森选侯奥古斯都（Augustus）所取得的最大成功，还是在他自己的领地上使用了德累斯顿量斗。

例如，在威特堡，所谓的“土地法令”自1495年以来迅速传承下去，并不断扩大范围，将全国的经济活动都纳入其所规定的路线。这样，甚至在三十年战争之前，各种最重要的手工业者（如屠夫、面包师、鱼贩、制衣工人、铜匠、锡匠、建筑工，而且到1601年还包括全部的商人和小贩），都要服从公爵领地的共同法令的支配。因此，整个领地便获得了经济上的统一；在此期间，我们在勃兰登堡发现，只有一个或两个由诸侯颁发的相当孤立的基尔特法令，这种法令并不具有纯粹的地方性质，例如，一些适用于新马克的纺织匠，一些适用于全部马克的麻织工，以及大约1580年一些适用于不少市镇的皮革匠和麻织工。领土国家趋向统一的唯一证据可以在以下情况中找到：1480年以后，每个地方的行会章程往往需要诸侯的承认和市镇会议的批准；大约从1580年开始，诸侯的衡平法院逐渐开始在已批准的法令中补充条款，来确认其撤销权。然而，这种方法在1640年后并不常用，直到1690～1695年这个权力才被真正使用。授予几个工匠行会具有相同条款的特许状乃始于1731年。

和各地行会的特权相似，地方市镇的特权仍未受到损害。选侯政府所能获得的最大的好处就是，勃兰登堡其他市镇的市民，应该得到比斯特丁或布列司鲁居民稍好一点的待遇。直到1443年选侯颁布法令，才能向柏林制鞋商开放法兰克福皮革交易会；而选侯用辩护的语气补充道："这不会损害到那些不常来法兰克福定期市集的其他城镇鞋匠的利益。"市镇间订立条约的结果是，不付出大笔的撤出费用，不能将马克的继承权从一个市镇转移到另一个市镇。到1481年，斯班杜人开始征收高额的免征税款，以防止富人试图在柏林获得公民权利并移居到柏林。

因此，一开始的问题不在于是否应将各种市镇的特权合为一体，让领土国家的人民平等地享有，而仅仅在于诸侯政府是否应适度增强其权力来对抗每个特殊的市镇。在这方面所做的努力，可从市镇议员为诸侯所认可、审核他们的行政管理（大约从1600年开始）并给予特权和让步的做法中看出。最后一个事实在1500年前后获得了稳固的立足点，在某种程度上，它帮助创立了一种在17世纪和18世纪被认为属于诸侯的颁布一般命令的权力。对市场、磨坊、药剂师、印刷匠、打铜匠、纸厂之类的特权，对建立和他们地位有关的工业的人们给以特许；为个别手工匠和经销商颁发个人许可证，允许他们经营自己的事业，而不必成为行会的会员。这些都是诸侯入侵市镇经济的表现；然而，如果侵占得足够多，他们必然使用领土国家的权力，而不是使市镇会议成为人民在经济生活中所选择的向导。

但是，在此类个别情况下，诸侯不仅提升了权威，而且在其调停者与和平缔造者的性质上也出现了更广泛的相同的经历。由于城市和乡村之间的冲突，诸侯被赋予了充分的权力进行干预，尤其是在德国东北部。城镇市场的旧规、距离权、乡间工业的禁止、每个城镇强加给附近的居民把所有农产品运到那里并在那里购买他们所需要的一切的义务，所有这些常常给予诸侯干涉的机会。15～17 世纪，勃兰登堡、波美拉尼亚和普鲁士的领土国家议会的议事日程主要就是处理这类问题。乡村地区和所谓的乡绅们抱怨：当一个村民到邻近的市镇去卖他的谷物、羊毛和家畜时，却被无耻地欺骗了；价目表的起草并没有得到乡绅代表的协助；他们在度量衡上经常被欺诈；工匠们联合起来反对他们；村民在家门口向陌生人或商贩出售物品遭到阻止；所有关于市场和垄断的立法，就像处分苏格兰和纽伦堡的小贩的法规一样，有损于他们；市镇接受那些未得领主许可而逃跑的农民；行会想获取藏于乡村中的手工匠人，却不对采邑领主的宫廷支付任何报偿；乡村被禁止酿酒，农民和骑士被迫在市镇买酒并被多收了钱；当输出大麦可以获得更多的利益时，人们却必须用大麦来缴纳赋税；等等。

市镇以其“优良的旧法律”和特权为立足点，他们声称，这些特权不断被乡村工匠、乡村酿酒坊、外国小贩、流氓、马贩子和牛贩子侵犯；他们补充道，贵族们自己做生意，购买农民的产品将其卖给旅行的商人，并从苏格兰人那里得到他们需要的铁和其他东西；此外，贵族主张他们有权随时出口他们的产品，这损害了市镇的利益。但市镇并不满足于政府本身——它卖林木给市镇的价格比卖给诸侯更高，它给予外国商贩特权，它在对待犹太人方面不够严厉和专横，它也没有禁止贵族经商。

当这样的案件在立法会议上一直用冗长的诉状和反诉状来处理的时候，市府的禁止输出或输入，以及市镇禁止的法规自然在讨论中占有重要的地位。如果有一天斯特丁的议会禁止谷物的输出，这对波美拉尼亚和马格德堡的农村地区并非无关紧要，而对市镇上的人来说最重要的时刻是贵族们能否要求免除这样的禁令。对整个国家来说都十分重要的是，在东普鲁士，15

世纪开始时，每个乡镇都可以对邻近的乡镇实施出口禁令，而无须等待上级长官的批准。

要摆脱地方经济政策引起的混乱，只有一条出路：其中最重要的问题，是将权力从市镇移交给领土国家的政府，并创立一个顾及反对者利益，并在现存条件的基础上进行调整的折中制度；再者，努力保持对外部世界一定程度的自给自足固然是必要且自然的，却也应该争取在其内部有更大的经济活动自由。

早在1433～1434年，在条顿骑士团治下的普鲁士土地上，人们就接受了一项公认的基本原则，即未来普鲁士的任何市镇都不应阻止其他市镇出口谷物。同样，勃兰登堡的乡绅阶层也获得了从乡间自由输出产品的权利，而农民至少也可以自由地选择将他们的产品带到或远或近的任何一个选侯统辖的市镇。最具争议的问题是，是否应该允许外国商人买卖商品，这在不同的议会中总会有不同的解决方案——取决于市镇或乡绅谁更强大。但无论如何，他们都做出了决议，不管是开放乡村还是封锁，都有同等的约束力。为均分土地的利益，强烈反对旧的市镇政策；为土地均分主义所赞助的自由经营小生意，改良“宾客权”（guest-right）以及垄断市场的法律，都使勃兰登堡、波美拉尼亚和普鲁士——一半因为乡绅阶层力量的强大，一半因为商业的普遍繁荣——在三十年战争之前对市镇特权的限制更胜过三十年战争之后。因为战争造成的可怕的经济衰退似乎需要系统地运用一切可能的手段来鼓励市镇的工业生活。然而，乡绅阶层在取得议会决议或政府法令方面的每一项成功，都意味着更加畅通的农村贸易和更加自由的对外贸易。关于市镇和乡村之间合法关系的基本原则实际上仍然没有改变。因此，人们相信垄断的危害几乎完全从市镇法规转移到土地法规，因为垄断被认为除了抬高价格之外没有别的作用。然而有一个主要的变动，就是1400年的法规，本是建立在混杂的地方法规、风俗习惯、特权和联盟基础上的，到1600年前后变成了一个以相当一致的方式包括整个领土国家的土地法。

与上述转变相关的，就是15世纪和16世纪所有的小市镇都失去了它们的货物销售特权。之前它们会利用这些特权去对抗邻近的竞争市镇，毫不顾及它们处于同一领土国家内的事实。早在1450年腓特烈二世就抱怨说，斯班杜人民无视他的权威，要求从科隆和柏林获得寄存货物之权。斯班杜的主要产品销售特权，以及属于奥登堡、兰特斯堡、艾堡斯瓦特、坦齐蒙底和勃兰登堡，甚至是属于柏林的主要产品销售的权利，到1600年都废除了。1634年，奥登堡正式放弃了要求寄存货物的权利，作为回报，由选侯授予下级的司法法庭。这些都是国内自由贸易取得进展的迹象。只有法兰克福所享有的寄存货物的权利得以保留甚至扩大。由于它的竞争对手是斯特丁、布列司鲁和国外的其他贸易市镇，所以选侯的官吏们认为有责任支持这项特权。

虽然在这个问题上，领土国家对待较大贸易中心的政策不同于较小的贸易中心，并且在某种程度上认为它们的利益是整个国家的利益，但在其他方面，诸侯的政府即使是对较大的市镇，也不得不反对，如在输出和输入的事务、禁止的条例以及其他类似的事情上。市镇越大、越重要，就越不可能允许它在这些方面有独立的政策。

虽然约西姆一世允许一市镇酿的酒可以在另一市镇自由销售的努力只取得了微弱的成功，但柏林的市民们，甚至在18世纪前半期，都不顾一切地抵制贝尔瑙的进一步竞争，尽管政府无法让勃兰登堡其他市镇的所有商人和工匠在定期市集中获得平等的权利。然而，即使在16世纪，人们也非常清楚地认识到，粮食、羊毛、羊毛皮和其他商品的进出口都是由选侯政府决定的。相反，在邻近的领土国家，特别是在波美拉尼亚和马格德堡大主教辖区，我们看到政府正在展开一场长期的辩论，辩论的问题是：主要市镇斯特丁和马格德堡，或乡村政府，或两者加在一起，是否有权禁止谷物贸易。16世纪，不伦瑞克完全独立地宣布了这一禁令，事实上，这一禁令也是极为常见的。

1534~1535年，波美拉尼亚通过仲裁结束了这场争论：如果斯特丁议会想要禁止出口，他们必须在星期二忏悔日之前这样做；公爵则保留中止禁令和允许例外的两项权力。在马格德堡大主教辖区，我们发现，在阿尔伯特选侯的时代，有时该镇要求政府禁止出口，有时政府向市镇做出同样的要求，有时双方联合考虑以图采取共同的行动。然而早在1538年，大主教辖区的统治者在一次歉收后对输出的谷物按每斯比尔的重量征四分之一盾的税，并持续到下一个仲夏节，以保持足够的供应，但“这并非完全不许农民获得生计”。在勃兰登堡大主教继任“行政长官”的统治下，政府在物资匮乏时期禁止出口的权力与在其他大多数领土国家一样，是不容置疑的。

16世纪，勃兰登堡曾设立如下法规。在冬季，从圣马丁节（11月11日）到洁身节（2月2日）期间禁止出口；芝波立兹将此与冬季停止航行（这是古代普遍的习惯）联系起来。此外，农民从来不许出口货物，只有乡绅（骑士）、教士和市镇可经营出口。在饥荒时期，选侯有权禁运。但是如西虎生镇、威尔平镇和1536年旧马克中的奥斯特堡镇，是可以例外的。一是因为它们在边境，二是因为它们花了一大笔钱才享有了这种特权。约翰侯爵在他的封地——新马克上也给予法兰克福人民类似的特权。并非由马克生产的谷物，只要有原产地证明，可以随时自由运输；法兰克福人随时都可以以麦芽的形式出口大麦，即使大麦来自乡间。

因此，虽然波美拉尼亚、马格德堡和勃兰登堡等谷物出口区经常实行暂时性的出口禁令，但这些禁令都是以领土国家生产与消费之间的和谐观念为基础；当需求不同时，人们毫不犹豫地求助更严格的禁令，甚至是永久禁令；正如波希曼所描述的佛罗伦萨和美亚士科斯基所描述的瑞士各州的境况一样。尼德兰不仅禁止出口当地的马匹、军火、战争物资，还禁止出口当地的谷物、金、银、水银、铜和黄铜。在勃兰登堡，啤酒花比谷物更容易被强制控制。各地禁止皮革和家畜的输出。人们总有同一种观念，认为土地资源就整体而言，首先应供全国之需，不应使少数人富足，而应以公平的价格卖给国内的生产者和消费者。市镇为达到这一目的所采用的条例此时已被领土国家采用。此前市镇实行禁运，现在的领土国家也仿行之；此前市镇在某一时期禁止国外啤酒和制造品的输入，现在领土国家也有此举动；此前市镇曾保持一套精密的多种多样的通行税制度，现在地区和领土国家也有相似的税则。伯尔尼对它的附属地威胁道：如果它不把所有的牛油都运到伯尔尼，就对其实行谷物和盐的禁运。又如纽伦堡强迫所有离它不到10英里的牲畜都应在自己的市场里；乌尔蒙则不允许一头在共同牧场上吃草的牛离开它的领土国家；而佛罗伦萨要获得它附属区贩卖的一切家畜，不许它们被驱回，并向大群家畜的主人强索保证，当他们将其驱回马利弥时，数量要比之前多三分之一。在米兰公国，即使是各地谷物的转运，也须拿到官方许可证以保证全国食品的安全。

德意志从市镇政策到领土国家政策的转变，最明显地体现在羊毛这一最重要的工业原料上。当德国纺织业开始陷入危机时——由于国外竞争日益激烈，地方工业开始崩溃，取而代之的是一个更集中的行业，它被限制在特别适合制衣的地方（1450～1550 年）——市镇首先做出努力的，是让羊毛出口变得困难，或者为了本国工业的利益而对羊毛进行管制。这种地方政策的不可行性很快就表现出来了。因此，帝国本身也曾试图禁止羊毛出口（1548～1559 年），但没有奏效，并很快就把这个问题抛给了较大的领土国家。随后，威特堡、巴伐利亚、黑森、萨克森和勃兰登堡等试图重新颁布法律和条例，为了国内生产商的利益而禁止出口。不仅如此，毛织物的进口也被部分禁止了。不久，全国的羊毛贸易和毛织业都得到了领土国家的组织。我们无暇畅述勃兰登堡在这方面的努力，其早在 1415 年和 1416 年就开始了，并以 1572 年和 1611 年著名的羊毛法结束，然而，对我们来说，这只是标志着这一时期问题的主要斗争和努力的一部分。

在我所描述的所有努力的背后，是领土国家的贸易、工业和市场构成一个统一整体的概念。但此前所述及的一切条例，都未曾触及特殊团体的人民。另外，货币制度已经触及了诸侯所辖的全体。德意志从市镇货币向领土国家货币的过渡同样发生于 15～17 世纪，这也是领土国家的宪法史和经济史中最重要和最难了解的部分。关于其发展历程，经我广泛但不全面的研究后，简述如下。

以帝国对货币的权力和标准为理论基础，实际上在 12～14 世纪形成了一套完全属于地方性质的货币制度。然而，无论是从技术、财政还是经济的角度来看，它们都没有达到一种合适的境况，直到它们普遍脱离了诸侯的干预，并受到市镇当局的操纵。各市镇和它们的市场迫切需要一个管理良好、非常稳定的货币体系，正是它们消除了迄今普遍存在的无休止的贬值；它们还发行了“永久便士”——在勃兰登堡和其他地方，货币（在俾斯麦祖先的帮助下）也传到了市镇。至于市镇货币，当时以吕贝克、不伦瑞克、埃尔福特、纽伦堡、哈雷以及别的地方最令人满意。这些市镇足够富裕，可以大量铸造货币，也足够聪明，知道管理不善的货币所带来的恶果，以及财政欺诈带来的危害。

但这场运动只能在流通限于本地且很少的情况下才能维持下去。“一分钱只在其打造的地方使用”是一句合理的中世纪谚语。所有外来货币，即使来自最近的市镇，也必须到铸币厂前的兑换商办事处那里去兑换当地的新钱币。但是这个规定在14世纪已难适用，到15世纪就完全无法推行了。每一个小的货币区，都会被邻国的廉价硬币淹没，并且无论何时这些廉价的货币都能支配它。地方化的弊端开始超过市镇货币的利益，市镇本身也加入了这场可耻的竞争，竞相贬低货币的价值。接着，各市镇与诸侯之间签订了无数的货币条约。质量较好的外币，如意大利和匈牙利的金盾与波西米亚的格罗先强行进入，并被视为一种通用货币，而不是每个地方不断变化的、劣质的小钱币。

德意志诸王和皇帝确实试图创造某种统一的货币——至少在西南地区是这样：金盾被认为是一种帝国货币，1521年的帝国货币条例是由西德意志铸币厂的管理者强加给摄政会议的一项计划。尽管后来颁布了帝国法令，并试图通过行省来控制各郡的货币，帝国依然不能实现真正的统一。取得胜利的又是各个领土国家。然而，强大的领土国家的政府可以逐渐剥夺市镇的铸币权，使铸币厂主一时成为当地诸侯的官吏，并在少于几百平方英里的土地上实行统一的制度。他们成功的范围很大程度上取决于16世纪几个地方贸易的发达和繁荣状况。那些拥有丰富银矿的诸侯，如萨克森的统治者，完成这项工作最为容易。但他们本身非常厌恶使帝国或几个行省有统一币制的企图。霍亨索伦的许多诸侯似乎恢复了铸币权，并为他们自己在勃兰登堡的马克中铸造钱币，其时为1480～1490年；而在条顿骑士团统治下的市镇，却从未完全而持久地拥有这项权力。柏林是个例外，1540～1542年，它因为自己的需要铸造了一些小钱币，最后又在1621年鼓铸一次。1504年，波美拉尼亚和博格斯劳对斯特拉森的特权提出异议；到1569年，该市镇就失去了这项权力。1530年，什切青承认，即使是在公爵父亲统治时期，诸侯们因为一些重要的原因拒绝市镇拥有自己的货币。

紧要的事情，要算领土国家的政府自己行使了诸侯的铸币权。仅仅有法令毫无用处——早在腓特烈二世统治时期就制定了法令，即莱茵的金盾应有某种兑换率，但就成规来说，人民却公认波西米亚的格罗先。关键是诸侯们要用十足重量的钱币来代替市镇和外来的货币。人们发现，约西姆一世为勃兰登堡开辟了在这方面采取积极政策的道路。他不仅在柏林铸造金盾，而且在 7 种不同的铸币厂铸造了轻重兼有的银币。与萨克森就统一货币的谈判以失败告终，马克中所订立的标准更轻。1556 年的勃兰登堡货币法令确实创造了一种新的货币和辅币，并能与帝国货币相协调。但建立一个独立的地区货币体系的想法仍然占主导地位，因此仍然存在。只有某些外国货币被允许使用，并且它们的价值只能由领土国家政府决定，其他领土国家和市镇的货币是完全被禁止的。人们不时地严格要求，最近被禁止使用的货币必须在某个日期被废弃，并在铸币厂交换新币。勃兰登堡对出口的禁令并没有萨克森那么严厉，也许是因为硬币更轻了，没有输送到外地的诱惑力。但对那些购买旧银并使之出口的犹太人和苏格兰人的处分，在 1590 年、1598 年经常发生。

各市镇早先普遍采取的禁止外币流通或出口本国货币的做法、对旧金银的优先购买权以及类似的规定，现在很自然地被领土国家的政府采用了。这些人是否成功地完成了所有的惩罚任务，以及在多大程度上成功，自然取决于贸易的活动、几种货币的面值以及他们在邻近土地和对外贸易中所得到的估价之间的关系。但是毫无疑问，对于统治者和被统治者来说，普遍的想法是，政府有责任为地区提供统一的良好货币，并在这方面与外部世界隔绝，即使这无关贸易。

因此，这种适用于整个公国的货币体系，连同之后将要描述的适用于整个公国的金融体系，都是一种制度，它最清楚地将全体领土国家联结成为一个经济体。

在财政方面，各阶级参与他们的管理，更倾向于中央集权，甚至在很大程度上超过了诸侯及官员的活动。然而，对宫廷的创制权也不可低估。善于理财的诸侯继承父权的统治，适当管理和扩大官方机构（如萨克森的奥古斯都选帝侯、勃兰登堡的约翰侯爵），这种活动对全国的福利及经济力量的巩固具有十分重要的意义。当时的许多诸侯对技术进步和发明很感兴趣，他们有自己的实验室和炼金术士，试图建立矿山、磨坊、玻璃厂和制盐厂。在意大利建筑师、外国艺术家和工匠的帮助下，到处都建起了宏伟的城堡和堡垒。这使得诸侯的家属、侍奉者以及人数增加的官员，比以往任何时候都更加明显地处于领土国家经济生活的中心，并给后世几代人留下了明显的影响。因此汉斯侯爵不无自豪地说，在他统治期间，国家和人民都变得伟大起来，而且在收入和资源方面从来没有达到如此之高度。

领土国家的税收及其发展，因为诸邦遗留下来的关于税收史的材料极少，所以到现在为止，几乎不可能进行清晰而完整的考察。然而，有一点是很清楚的，即市镇税制的建设在13～15世纪，随后是领土国家制度的建设时期；由长期斗争所创立的领土国家的直接与间接的赋税制度，主要是15～17世纪的事；这些新的税制，在一定程度上废除了旧的市镇体制，也在一定程度上深刻地改变了旧的市镇体制。最后，他们建立了市镇与乡村、行省、同一国家不同地区之间的联系，并从根本上影响着经济生活。首先，它必会在各等级的定期集会中，或在颁布税则时，习惯性地将国家和自己的幸福视为一体，并思考着去分配、更改或创立税则。各阶级所派遣的委员们视察全国的情况也是如此，其目的在于起草一种财产税额，遵从同一原则并适用于全国。

在市镇中，税收的发展似乎遵循这样的过程：13世纪主要是直接财产税的创制；14世纪早期，主要是消费税和其他间接税的产生；14世纪，还有增加财产税权力的竞争。领土国家发展的路线，想必也是如此。

到下一个世纪，即1470～1570年，人们试图（到处都有证据）为领土国家建立间接税制度，这也势必会引起市镇的间接税与建立于此基础上的贸易政策之间的冲突。诸侯对盐的垄断，包括封锁国家与外界的联系，连同啤酒税、酒产税和各种各样的通行税，都占据了主要地位。通行税制度的变更，尤其是在勃兰登堡，我已在别处论述过，现在我试图指出，从1470年到1600年，旧的市镇和封建制度是如何在新的领土国家的制度面前完全消失的。事实上，后者已逐渐变为纯粹的财政性质，尤其是在1600～1640年的大萧条时期。然而，在某种程度上它继续受到经济因素的影响。对勃兰登堡同样重要的是引入啤酒税，从1549年开始，它成为各等级围绕领土国家债务所施行的整个行政管理的中心点。由于勃兰登堡啤酒在国外大量销售，对其征收的重税使边境上的出口市镇受到了优良的待遇：早在1580～1620年，就有一场关于本土和邻近地区对啤酒征税的影响的激烈辩论，实际上也讨论了这种领土国家的税收对商业和工业繁荣的普遍影响。各阶级对啤酒税资金的管理逐渐发展成为一种信贷体系，将全国的，尤其是几个市镇的资金纳入其管理网络。任何有闲钱的，不期而然地落入地区管理之手，它便用来填补永无休止的赤字；每年都有成千上万的金盾被收回，又重新被支付。债务办事处就像整个国家的银行，正如市镇早期的储备金一样。全国的有钱人都和这个中心机构有密切的联系，以防止收入不足时引发破产危机。

三十年战争带来的财政危机和经济危机开始了一个领土国家征税的新时代，这一点我们在此不必提及。在勃兰登堡和其他诸邦，提高啤酒税的尝试完全停止，转而用五六十年的时间努力发展直接税、补助税和其他课税。1670～1700年，当经济繁荣时期重新开始时，间接税尤其是土货税的发展趋势，再次占据了主导地位。

五　民族国家

让我们暂且告一段落吧。我们的目的是通过勃兰登堡的这一特殊例子表明，15～17世纪，建立德意志领土国家不仅是政治上的必要，而且是经济上的必要。同样的情况也发生在其他地方。荷兰的诸邦、法国的行省、意大利的城市国家均出现了同一现象。如果我们对这一伟大的历史进程进行研究，便知道它使地方情绪和传统得到了加强，整个领土国家的社会和经济力量得到了巩固，重要的法律和经济机构得到了建立。此外，这样联合起来的力量和制度将引起同其他领土国家的竞争与战斗，包括大量通行税的转移、货物和船只的没收、禁运和货物销售战、进出口的禁止以及其他类似的方面。与此同时，在国家内部，旧的对抗缓和了，贸易也更加自由了。

对于这样一个强大而自治的组织，这样一个独立而个性的政策，就像市镇在更早的时代所达到的，以及从那以后近代化国家所具有的那样，德意志领土国家无论在什么场合都难以达到。自然，领土国家的爱国热忱不像此前市镇或此后民族国家的那样强烈；15、16世纪的经济条件、生产方法、运输方式和劳动分工，并不需要像以前的市镇和后来的民族国家那样在经济组织上高度统一。尽管德意志帝国的宪法并不完美，但它仍然强大到足以在许多方面阻止领土国家实施独立的经济政策。我们已经指出，就大多数领土国家而言，它们的地理位置和边界严重阻碍了它们向意大利和荷兰的一些地区所取得的地位迈进。德意志西南部的任何地方，以及中德意志的大部分地区，几个等级的疆域，伯爵的领地，帝国的城市，高僧、主教和骑士的封土，都那么狭小，以至于如果没有其他原因，它们必然会停留在自然经济阶段，并采取一种地方性的政策。在德意志的东北部实际上有更大的联合区域，但是在人口密度、资本供给、贸易与运输、行政机构与一般文化方面，至少在1600年，它们都逊色于德意志的西部和中部，以至于它们的经济制度仍然远远落后于西南部较大的诸邦。当然，部分原因还在于它们的统治者缺乏技巧以及其他意想不到的情况。1604年，枢密院颁布的勃兰登堡法令不无理由地抱怨说，尽管环境优越、河流畅通，但外国商人来的次数越来越少，甚至可能绝迹；它也并非毫无理由地把这种情况归因于缺乏良好的政治环境，也就是归因于执政者的过分软弱和内外部缺乏团结。在大战发生的过程中，事态变得更加恶劣，不仅人口和资本被消灭，更严酷的是，在勃兰登堡和其他地方，领土国家理性的经济政策的开端也被埋葬在废墟之中。多年来，这种政策的必要性被削弱了，各地都加强了地方特权和个人意志。

而此时，也就是16世纪下半叶到17世纪，正是经济转型的时代。道路已十分明了，走出领土国家的小圈子，进入大势力的联合体，而且只有在大国（great state）中才有可能。印度和美洲向世界贸易开放了一个无从度量的疆域。对香料殖民地的占有，对新的生产金银的国家的占有，向这些懂得如何攫取其战利品的国家许诺了无限财富。但想要达到这一目的，必须有强大的舰队，或一个大的贸易公司，或其他一些相当的国家组织。在国内，同样重要的经济变动也发生了。新的邮政事业创造了一种新的通信系统。汇票以及在定期市集中的大型交易所，连同刚刚出现的银行，创造了一种巨大而空前的信贷机制。印刷术的发明，催生了一种民意，而报纸的激增及其与邮政的合作，也使交流方式发生了变化。此外，几个国家进行了地理上的分工，打破了过去市镇工业的多面性。在这里，羊毛制造业集中在某些地区或围绕着某些城镇，而那里又集中着亚麻制造业；这里有皮革贸易，那里又有金属器的贸易。旧的手工业（handicraft）开始转变为家舍工业（domestic industry），旧的由商人亲自进行的货品贸易，开始呈现出代理人、佣金经销商和投机事业的现代形式。

所有这些力量汇集在一起，推动社会在更广泛的基础上进行某种大规模的经济改组，并导向建立具有相应政策的民族国家。德意志本身在交通、制造过程和劳动分工方面，甚至在对外贸易等许多方面取得了辉煌的开端，但是，无论是它的帝国城市、汉萨同盟城市，还是它的领土国家，通常无法做到这一点……帝国权力更不知道如何着手完成现在迫切需要的巩固帝国经济的伟大任务。16 世纪，帝国的权力完全被用于维持宗教和平。17 世纪，它完全屈从于哈布斯堡王朝的奥地利和天主教政策，英格兰的毛织物充溢于德意志的市场。瑞典和丹麦正把自己组织成海上强国和商业强国，西班牙、葡萄牙和荷兰则从事平等地瓜分殖民地的贸易。除德意志之外，各地的经济团体都在向外扩张，并具有政治机构的性质；各地都涌现了新的国民经济和金融制度，并能够满足时代的新需要。只有在我的祖国那里，旧的经济机构变得僵化且失去生机；只有在德意志，那在 1620 年前拥有的国外贸易、制造业的技术、资本的供给、良好的经济习惯、联系和沿革，也逐渐地并彻底地消失了。

与西方列强相比，德意志在一个多世纪出现的这种倒退，不仅仅是因为人力和资本的外部损失，最重要的甚至不是世界贸易路线从地中海向大洋的转移，它的落后是由于缺乏政治和经济组织，以及缺乏自我统一的力量。在这个时代，首先被带给米兰、威尼斯、佛罗伦萨和热那亚，然后带给西班牙和葡萄牙，现在带给荷兰、法国和英国，并在一定范围内带给丹麦和瑞典的财富和权势，其原因是经济事务中的一种阶段性政策，是优于领土国家的政策。正如前此领土国家的政策优于市镇政策一样。这些国家开始把其时巨大的经济进步纳入它们的政治制度和政策中，并在两者之间建立起密切的关系。国家的兴起，形成了统一和富强的经济主体，与以往的情况大不相同；从这些与前此诸时代完全不同的特点看来，国家的组织有助于民族的经济，而民族的经济又有助于国家的政策。与前此诸时代又有所不同的是，公共财政充当了政治生活和经济生活之间的纽带。这不仅仅是国家军队、舰队和公民使命的问题，更是一个统一财政和经济制度的问题，它包含数百万人的势力，并操纵国家的一切，促使他们的社会生活也联系在一起。历史上一直有许多大的国家，它们并不是因为交通、劳动组织或其他类似的力量而联合在一起。现在的问题是——一个大的社会已分为彼此悬殊的社会阶级，且分工导致其更加复杂——尽可能在共同的民族或宗教情感的基础上产生一种联合，以应付对外防卫、内部公平、行政事务、货币与信贷、贸易利益和全部的经济生活。这个联合，应与当时城市对市镇和周边所取得的成就相比较。这不仅是统治者的幻想，而且是高等文明本身的内在需要，也就是这种扩大和加强的社会与经济共同体形式应当存在。随着语言、艺术和文学领域的不断发展，随着民族精神的勃兴，随着交通和商业的发展，随着货币流转和信用交易日益普遍，中世纪那种旧的松散的联系形式已不再适用，早期所有死板的、地方的、社团的、阶级的和地区的组织都成了经济发展不可容忍的障碍。在西班牙和法国，在荷兰和英国，从各种苦难和冲突中产生了统一的情感，实现了共同利益；也正是这些原因，促使人们跌跌撞撞地寻找新的、更广泛的联系形式。因此，经济利益和政治利益是相辅相成的。民族意识、经济力量和任何国家的政治力量越强，这场运动就越活跃；因为这意味着将国内的资源进行组合和组织，使其具有比散漫时更加强大的力量，当这样的联合成功时，边境也展开了类似的创造。整个17世纪和18世纪的国内历史，不仅在德意志，而且在各个地方，都可以总结为各国经济政策与市镇、郡县和各阶级的经济政策的对立；而对外历史，也可以总结为新兴诸国的利益彼此对抗，各国都追求在欧洲和包括美洲与印度在内的对外贸易中获得并保持自己的地位。政治权力的问题同样是经济组织的问题。关键是真正的政治经济的创造应成统一的有机体，其核心不应仅仅是一项向四面八方延伸的国家政策，而应是一种统一情感的流露。

只有考虑过重商主义的人才会理解它，它的最核心不过是国家的构成——不是狭义上的国家构成，而是同时构造国家和国民经济；近代意义上的国家的构成，是由经济的集合体创造出政治的集合体，并赋予它深远的意义。这一制度的本质，并非基于某种货币的学说或贸易平衡的理论，也并非基于关税壁垒、关税保护或者航海法令，而是基于更远大的事物，即基于社会及其组织、国家及其机构的全面变革，也基于以民族国家的经济政策取代地方和领土国家的经济政策。与之相一致的是，近来所发表的关于这一运动的历史文献指出，所有重商主义作家的特点，与其说他们意在增加贵金属的贸易规则，不如说他们把重点放在货币的活跃流通上，尤其是在国家内部。

这些为反对大贵族、市镇、社团、行省，以及反对把这些孤立的群体融合成一个经济和政治的整体的斗争，为争取统一的度量衡和货币、有秩序的货币和信贷制度、统一的法律和行政、国内更自由和更活跃的运输的斗争，创造了一种新的分工、新的繁荣，并由此解放了成千的力量，走向进步之途。因为领土国家的政策是建立在推翻独立的地方和市镇政策、限制和变更地方机构、加强整个领土国家的公共利益的基础上的，所以几个世纪以来，邦和郡县之间、公国和行省之间一直在进行斗争。在邦统治全国之前，这项任务是加倍困难的。这场斗争主要是经济方面的，它必须消除所有旧的经济和金融机构，并创造新的共同利益和新的统一机构。在意大利和德国，这个过程直到我们这个时代才完全结束，1789 年，法国还没有完全完成，英国至今也尚未完成，尼德兰则中途停止。

现在要注意的是，这场运动是由或多或少专制的 17、18 世纪的“开明”君主发起和推动的。它的整个活动集中在经济措施，它的重大行政改革是反市镇和反诸侯的，而主要目的是创造更大的经济有机体。对这些诸侯来说，重商主义政策并不是附属品，因为他们所有的计划及其执行都必然朝着这个方向发展。

如前所述，尼德兰在 17 世纪中叶受到了普遍的赞赏，它的市镇和行省保留着旧有的独立权，那里的地方和分省的精神如此强烈，甚至产生了某些有利的后果。但是，它能够带来强大、权力和财富，只是由于它受反对趋向中央集权运动的蹂躏。甚至勃艮第的诸侯曾用开明的行政管理，来统一领地内的经济。后来，荷兰阿姆斯特丹在权力和资源上占据绝对优势，因此具有绝对的话语权，并且唯独其发言受人关注。为团结而做出更大努力的，有八十年独立战争，有在各种复杂的政治关系中努力的奥伦治家族，它在这些关系中，是与当时的决定性的经济问题相对立的。海军委员会只存在了几年（1589～1593年），但后来奥伦治王朝成为独立诸邦的海军统辖权的领袖，而这个海军统辖权并非仅仅依靠舰队，还有整个关税制度以及所有的海洋贸易。殖民地的政策、航海政策、黎凡特（Levant）贸易的法规、鲱鱼和鲸鱼的捕捞条例以及诸如此类，都完全集中化了。只要看一看《尼德兰联省的最高权贵们的决议书》的丰富内容，我们就会知道，共和国繁荣时期的经济和商业政策在多大程度上是一种共同的尼德兰人利己主义的产物。它的迅速衰落始于没有总督的时期，这种衰落最明显的原因是1700年后，资产阶级地方主义和分省主义在一个又一个领域占据优势。

对法国经济史的思考，有这样一个明显的事实：到处蔓延的重商主义，至少在国内是一个转型和统一的问题，也是一种对抗外界的屏障。路易十一（1461～1483）压制勃艮第和安茹、沃尔兰和波旁的大贵族，抵制了社团狭隘的自私心，寻求在法国实行统一的度量衡，并禁止进口外国制造品。1539年的法令，允许谷物在法国国内，特别是各行省间自由贸易，提出了这样一个主张：在一个统一的政治机构中，地方应在任何时候都互相帮助和支持。1577年发布的贸易令以及1581年发布的工业令是属于领主权力的宣言，两者所具有的财政意义，都不及中央集权；这与德·洛皮塔尔时代（1560～1568年的首相）所颁布的命令的一般情况相同。黎塞留拆毁贵族堡垒的行动，常被誉为法国迈向自由贸易的最重要的步骤之一；他为建立法国海军而采取的积极措施，也是对发展一项与其他国家有关的独立商业政策做出的最重要贡献之一。

柯尔贝执政期间（1662～1683）主要是对抗市镇和行省官吏的斗争，齐罗尔认为就是这些实际阻碍了经济的进步和工商业的发展。市镇服从统一法令，部分废除了行省的大地产制，削弱了行省总督的权力，由行政长官代替。这些措施包括公路和运河工程的修建、对邮政和保险的兴趣、对技术和艺术教育的兴趣、对国家创办的展览会和模范建筑的兴趣、对私人和公共模范工业设施的兴趣。他改革了江河通行税，统一了内省的海关制度，所有这一切的目的只有一个，就是使法国人民在其君主统治下有一个在文明和政治上统一的崇高而团结的政体，并配得上国家的名义。柯尔贝的大法典，如

1667年的公民法、1669年的河流与森林的一般法规、1670年的刑法、1673年的商法，使法国实现了法律上和经济上的统一；就经济方面而言，它们甚至比1664年和1667年的关税税则更为重要，因为关税壁垒和财务管理之间的区别并没有消除。

到1748年，奥地利还未摆脱各省之间松散的联盟。但它仿效普鲁士的行政后，情况便大不相同了。从大选侯统治时期（1640～1688），普鲁士政府已经具有能力，在腓德烈·威廉一世在位期间（1713～1740）则更加能够创造财政的、经济的和军事的统一，这在当时的欧洲大陆上没有别的国家能做到，普鲁士能从最难以驾驭的境况、从领土国家分散各处并几乎彼此敌对的境况中脱离出来。并且正是在这一时期，这项工作成功地夺回了已损失的时间，并追求德意志其他地区在1600年之前已经取得的统一和自给自足。当时，普鲁士政府在勃兰登堡、波美拉尼亚、马格德堡、东普鲁士和莱茵省（克利维士和马克）进行活动，使市镇和贵族服从国家的权威，并建立了一个联合的行省行政权。普鲁士政府着手的任务是使整个贫穷的小领土国家实现真正的政治和经济统一，参与欧洲的政治，通过一项独立的贸易和工业政策，为这些北方的土地争取一个属于古老而富有的大国的地位，尽管这些土地上的人民赤贫，也缺乏海洋贸易、矿业和大量的制造业。从1680年到1786年，普鲁士行政的全部特征，都取决于它根据小而破碎的地理环境，从事统一民族的政策，来追求德意志清教徒和重商主义者的目的，并履行之前传下来的领土国家统治的任务，由此在战争与和平、政治与经济中实行了一种“伟大风格”的民族国家政策，当然也罕能超过领土国家的意义。我们目前的任务是要表明，在普鲁士的各个地方，国内的改革和中央集权、领土国家的经济转变为国民经济，与另一方面的重商主义制度之间的联系是多么密切，以及各地如何将国内政策和国外政策作为一个体系中不可或缺的组成部分加以补充。

六　重商主义

如果我们暂停一下，来探究17世纪和18世纪欧洲国家的内外经济政策，即迄今为止被定义为重商主义制度的本质特征，那么我们的目的自然就不是描述它的若干形态了。法规的一般特点是众所周知的。困难在于制成品的进口，它们的生产和出口得到了原材料出口禁令、制成品出口补贴和商业条约的支持。通过限制或禁止外来竞争，国内航运、渔业和沿海贸易得到鼓励。与殖民地开展贸易和向殖民地提供欧洲商品，都保留给母国。殖民地产品的进口必须直接取自殖民地，而不能经由欧洲其他港口；到处都有人试图通过享有特权的贸易公司和国家多方面的援助来建立直接的贸易关系。英国通过发放赏金，促进了谷物的出口，同时促进了农业的繁荣；法国则为工业的利益，阻止谷物的出口；荷兰在其后期，设法建立了一个非常大的谷物仓库，实行自由的谷物贸易制度，以确保充分的国内供给，并鼓励贸易的发展。但是，正如我们已经说过的，对这几项措施的叙述将超出本文的目的。它的一般特征是已知的，细节却还没有得到应有的科学的探究。我们在这里的唯一目的是掌握这个制度的基本概念，这样自然就能找到各种各样的表现，有的是提高关税，有的是降低关税，有的是阻止而有的却是鼓励谷物贸易。各地的想法都是这样的：当与其他国家的竞争上下波动时，便按照国家利益的要求，把国家权力纳入衡器中称量。

经过大量的舆论鼓动，在与全国经济利益相适应的情形之下，我们在普遍接受的假设中找到了一个集结点，即民族政策的思想，用国家力量对抗外部世界的保护思想，以及国家在对外斗争中对重大国家利益的支持的思想便随之而生。民族农业、民族工业、民族航运和渔业、国家货币和银行系统、国家劳动分工、国家贸易的概念，在感觉到将旧的市镇和领土国家制度转变为国家和民族的制度这一需要之前，就已经出现了。但是，一旦发生这种情况，国家的全部权力，在与其他国家和国内的关系中，就应该置于为这些集体利益服务的地位，这似乎是理所当然的事，就像前此的市镇和领土国家的政权为它们的市镇和郡县的利益服务一样。为了生存而斗争，特别是在经济生活中，与普遍的社会生活一样，无论是更小还是更大的团体和社团，都必须时刻努力着。在未来的任何时候，情况也将如此。这些时代的实践和理论，正如它们与这种普遍趋势相符合，比亚当·斯密的理论更接近现实，弗里德里希·李斯特的主要思想即是如此。

然而现在并不是我们论述这个普遍趋势的时候，我们所要做的是了解它表达自己的特殊形式及其原因，以及为什么它后来会在其他趋势出现之前迅速消失。

早期的大国没有以重商主义制度的形式表现出任何商业政策，这并不是因为纯粹个人主义经济生活的乌托邦更实际，而是因为它们不是统一的经济实体；当它们统一时，此前早已存在的经济团体以及市镇政策才转交给它们。在克伦威尔和柯尔贝时期，并不是因为货币、货币支付或工业与贸易突然联合起来完成一个新的任务，来指导人进行进出口贸易和殖民地贸易，并使它们受政府的控制。反而是因为那时从较早的和较小的社团中已经产生了许多大的国家的团体，其力量和意义是建立在它们心理和社会之和谐的基础上，而它们开始模仿的，并非查理五世在西班牙早已施行的政策，而是早期所有的市镇和领土国家所施行的政策，从推罗和西顿到雅典和迦太基，把比萨、热那亚、佛罗伦萨和威尼斯以及汉萨同盟的各市镇在当时所施行的政策，推广到整个国家和民族的广泛基础上。贸易平衡的全部学说和概念，如当时所发生的，只不过是把经济过程的概念按国家分类后的次要产物。就像这个时候，重点一直放在从特定城镇和领土国家的出口和进口上，现在人们试图把握全国整体的贸易，以这样的方式总结起来，以便更好地理解，并得出一些实际的结论。这样的分类和组合显然暗示着，像英国这样的国家，由于其孤立的位置和适度的国土面积，国民经济在早期已把它的出口和进口、货币供给和贵金属的来源等，展现在观察者的面前了。

所有的经济和政治生活都建立在心理上的群众运动、群众情感和群众观念的基础上，并围绕着一个中心点。那个时代可以开始本着自由贸易的精神来思考和行动，它把国家发展到最好的状态视为理所当然，而把为之付出的辛劳和花费的一切代价抛在脑后；一个有着世界主义情绪、国际交通的大制度和大事业、人性化的国际法和到处传播的个人主义文学的时代，早已开始融于世界经济的思想和趋势中了。17 世纪，人们刚从地方情绪上升到民族情绪，国际法也尚不存在。天主教国家之间的旧纽带已经被打破，当时所有的思想运动都集中于新的民族生活；那种生活的脉搏跳动得越有力、越响亮，它就越能感到它的个性，就越不可避免地阻止自己用严厉的利己主义把自己与外界隔绝开来。每个新的政治团体的形式，都要有一种强烈的和独占的社团情感，作为它们的力量根基。对它来说，争取自给自足和独立的斗争是很自然的，就像一种毫不犹豫地进行激烈竞争的精神，目的是要赶上、超越和粉碎它总认为是敌人的对手。当时的商业政策完全以自给自足的规律为指导，而实现自给自足后的努力，自然在国家的青春期中，以一种特别猛烈和片面的形式表现出来。

所有国家经济利益的自然和谐学说都是错误的，正如当时认为一个国家的利益总是对另一个国家不利的观点一样。后者的见解，不仅根源于前此市镇和领土国家之间顽固的斗争，而且当东印度香料群岛、美洲银矿的占有权，经过战争和流血冲突而落入多个国家之手的时候，这种见解更加强化了。似乎不可避免的是，一个国家在另一个国家插足后不得不后撤。事实上，所有的社会团体，因此也包括其中的经济团体——首先是市镇和郡县，然后是国家和各邦——都以一种双重的关系相互联系。一种相互补充的作用与反作用的关系，一种依赖、剥削和争夺霸权的关系。后者是原始的，只是在几百年和几千年的发展过程中，这种对立才慢慢缓和。即使在今天，经济强国也寻求在所有国际关系中利用它们的经济优势，保持弱国对它们的依赖。即使在今天，在任何半开化的民族或部落中，英国人或法国人确立了自己的地位，首先是为抵偿债权而创立的奴隶制和不利的贸易平衡的危险，随后则是政治兼并和经济剥削的危险——虽然这在事实上，可能会变成对半开化的民族和部落的一种经济教导。

在17世纪和18世纪，各国之间的关系，尤其是经济关系，是特别仇视和对立的，因为新的经济和政治创造，系初次尝试它们的力量，又因为这些显著的政治权力，都是初次被用作追求商业、农业和工业的目的——似乎只要正确使用这些力量，便可以给每个国家带来数不尽的财富。古往今来，历史常以同等的态度对待国家权力和国家财富，但也许它们从未像那时那样紧密地联系在一起。在当时对大国的诱惑，是用它们的政治权力，与它们的经济竞争对手发生冲突，并在可能的情况下使其毁灭，这种力量太过强大，致使它们屡屡不肯屈服，或无视国际法，或扭曲国际法，来达到它们的目的。即使在名义上的和平时期，商业竞争也退化为一种不宣而战的敌对状态：它使各国陷入了一场又一场的战争，使所有的战争都朝着贸易、工业和获取殖民地的方向发展，这是前所未有的。

人们常常注意到，宗教战争之后，经济和商业利益支配着欧洲各国的整个对外政策。的确，即使是古斯塔夫·阿道夫远征德意志，也只是波罗的海贸易博弈的一个步骤。同样，后来的瑞典战争，目的是征服波兰，而俄罗斯对波罗的海的瑞典和德意志行省的侵略，是为了取得和控制波罗的海的贸易权。

在东印度群岛，有着古代东方的商品、珍珠和香料的供货来源，捷足先登的是葡萄牙人，他们以闻所未闻的残酷手段，毁灭了阿拉伯人的贸易，并将只能与葡萄牙人贸易的规则强加给所有的亚洲部落和国家。因此，在后来的时代，荷兰人能够把葡萄牙人赶出去后，为自己在香料贸易中获得类似的垄断地位，并通过计谋和商业才能，使其他欧洲人无法染指，如果需要，还可以用残酷的暴力和流血，使东方民族在商业上受其支配。荷兰人曾夸耀他们为宗教自由和摆脱西班牙束缚而英勇斗争，我们用轻描淡写的眼光，将其视为长达一个世纪的为征服东印度群岛而进行的战争，以及在同样长的时间里，对西班牙运银舰队与西班牙美洲殖民地贸易的掠夺和袭击。这些荷兰人，因为他们老早降低关税而受到我们时代的自由贸易主义者的赞扬，殊不知他们是世界上有史以来最严厉、最好战的重商主义者之后的第一批垄断者。如果没有荷兰的通行证，欧洲和亚洲的任何商船都不允许在东印度水域通行，而这个通行证只能用黄金购得。他们用武力和条约，封锁了比利时港口安特卫普，不许其通商；他们压服了普鲁士在非洲的殖民地，以及无数其他国家的殖民地。因此，在国内，他们禁止所有捕鲱鱼的人把他们的货物带到荷兰市场以外的任何地方，禁止他们与外人交接，或者运送他们船只的工具到国外去。虽然起初他们对进出口货物征收低税，但只要他们认为可以促进荷兰的利益，就不断地采取武断的禁令；1671 年，他们对法国进口货课以重税；而 18 世纪，当他们变得过于优柔寡断，不愿为自己的商业目的而发动战争时，他们诉诸了最极端的保护主义。在繁荣时期，他们几乎无间断地发动战争，并且是商业目的的战争；17 世纪时，他们比任何国家都显示出了高明的技术，所以能在他们的战争中得到新的商业利益。他们对垄断的顽固追求引发了英国航海法令和柯尔贝关税税则的颁布；并激起英法两国采取类似的政策，即用武力追求狭隘的重商主义目标。英国与荷兰之间的战争，按照诺尔登所说的，说到底就是为了维持航海法令。1672 年法国入侵荷兰，也算回应了他们对柯尔贝关税的愚蠢而过分的报复。

西班牙王位继承战争，与 1689 ~ 1697 年的大联盟战争类似，主要的参战国英国与荷兰，联合起来一致反对法国日益增长的工商业优势，反对法国同西班牙殖民地政府间贸易联合所产生的危险。直到 18 世纪中叶，这场利润丰厚的西属美洲的贸易之争，才引起英法两国的对立。欧洲制造业对西班牙美洲殖民地的供应只能通过西印度群岛的走私贸易或通过西班牙，即经过西班牙的商埠市镇来实现。西班牙工业只提供了部分需求，问题是，西班牙将允许谁参与贸易——它是否会对走私视而不见，如果会，会在多大程度上、由谁来打击走私；法国是否能够绕过英国，或者英国绕过法国，进入西班牙和西印度群岛。1739 ~ 1748 年，英国同西班牙的战争，在 1774 年演变为同西班牙和法国的战争。其主要目的，就是为英国和西属美洲之间的走私贸易争取一条自由的道路，被称为“走私者的战争”。

众所周知，七年战争的起因是英法在北美殖民地之间的对抗。俄亥俄和密西西比是否应该为罗马种族或是条顿种族提供殖民和贸易的场所，以及未来一百年或两百年的海上霸主和商业霸权是属于英国还是法国，这些都成为经济上的争执。在这个争执中，普鲁士王国卷入进来，因为它不能容忍它的老联盟法国在汉诺威，也就是在德意志攻击它的老敌人英国。为了在这场商业和殖民战争中捍卫德意志的中立，它自己也卷入了这场战争；1757 年，当它勇敢的军队在罗斯巴赫和其他地方击败法国人时，它们同时决定了关于世界贸易和未来殖民发展的重大问题。没有普鲁士军队和英国舰队的胜利，英国到今天也不会有世界范围内的贸易，美利坚合众国就不会存在。或许今日在加尔各答和孟买也说着法语，和当时在俄亥俄与密西西比一样。

英国商业范围的扩大和霸权的取得可以追溯到 1756 ~ 1763 年战争的胜利。但是，在拿破仑战争期间，英国达到了用武力征服殖民地，并在商业嫉妒的驱使下破坏法国、荷兰、德国和丹麦等国商船队的历史高峰。英法的商战，一边是英国舰队的无耻暴行，一边是大陆封锁，构成了商战时代可怕的结局。从此，另一种精神开始在商业政策和国际道德中产生，尽管旧的传统还没有完全被克服，而且只要存在着独立的政治经济生活与各个民族的利益，它就永远也不可能完全被克服。

七　国家联合

1600~1800年充满长期战争，每次持续几年甚至几十年，并把经济对象作为它们的主要目标。1689年，大联盟公开宣布它们的目标是摧毁法国的商业；联盟国，甚至中立国禁止对法国的一切贸易，丝毫不顾及国际公法；所有这一切都以时代精神的真面目展现出来。国家对经济竞争的热情已上升到如此高的程度，以至于只有在这样的战争中，它才能得到充分的表达和满足。在和平的休战期，人们满足的，是用禁令、关税和航海法的暗斗来代替海战；他们在和平年代所做的，是在一定程度上比在战争时期更多地关注国际法的微弱的声音——这本身就具有了一种中庸的国际情感。

国际法的唯一意义，就是对国家过度竞争的抗议。所有国际法都建立在下述概念上：从道德的观点来看，国家和民族应形成一个大的联合。自从欧洲人失去了由教皇和帝国创立的联合体的情感之后，他们一直在寻找一些其他可以激励联合的学说。他们在重新觉醒的“自然法”中找到了这一点。但是，自然法的特殊意义，首先是人类的奋斗，其次，在自然法中想要争辩的要点，是当时正在进行的经济和商业斗争的产物。

在最早获得大规模殖民地的国家中，西班牙和葡萄牙从教皇那里获得了整个海洋世界的一部分，并被教皇指定为它们的专属财产，所以当自然法出现时，便把海洋自由的学说推进一步。1609年，格劳秀斯以这种方式为他的荷兰同胞创造了一种合法的辩护，让他们继承葡萄牙和西班牙的旧领地，英国人则拥护领海的相反学说，表明英国享有不列颠海的独家统治权，以使他们免受荷兰人在航海和渔业方面的竞争的压迫。丹麦向其海洋主权提出申诉，作为其松德海峡征收暴虐的通行税的理由；波罗的海其他强国，也站在同一立场，不许大选侯创立舰队。的确，海洋自由这一原则慢慢地得到了普遍认同，但起初，每个国家都只承认给它带来了一些好处的特殊学说。

当时几乎所有的战争都是以欧洲“均势”的名义进行的。但是，起初这只是从国际法中取来的一句话，用来为大国的每一次反复无常、对国际关系的每一次干预以及对小国命运的每一次干涉辩解：这是一个面具，它掩盖了西方列强无声的阴谋，以阻止新势力如普鲁士的崛起，并使其贸易和整个经济生活都需要依赖外部。

逐渐发展的比较温和的原理，即对小国比较有利的原理，可以用“自由船只，自由货物”来概括。但是英国从未奉行，并以置若罔闻的厚颜无耻的态度，采用受民族利己主义操纵的海军裁判所的决议，在战争时期，不断地损害各地的中立国贸易，却无法毁灭它。布夏在1797年指出，过去的144年里，英国有66年在最血腥的海战中度过。一方面他们都或多或少地以武力征服殖民地；另一方面则破坏中立贸易，即较小国家的贸易。

英国人的袭击离我们这个时代最近，他们也强有力地影响着德意志。因此，用今天的标准来衡量，我们倾向于对他们进行最严厉的谴责。然而总体上说来，他们并无过错，因为所有的商业强国都是用同等的手段对待弱国的。虽然我们谴责整个时期在政治－商业斗争中的过分行为，并看到到处都夹杂着许多不公正和错误，然而，我们必须承认，这种情绪和谬误是新国家政策和发展民族经济所必然伴生的。我们又必须感到，不应该赞扬那些没有实行这种政策的国家和政府，而那些知道如何以比其他国家更巧妙、更有力和更有系统的方式实施这种政策的国家和政府则为例外。所以，显然这些政府理解应当怎样迅速地、大胆地和目的鲜明地利用它们的舰队和海军、海关税则和航海法令，来服务国家和国家的经济利益，从而获得在战争、财富和工业繁荣中的领导地位。即使它们常常从事过分的战争，又只受半吊子真理学说的指导，并通过暴力和榨取的手段敛财，但同时，它们也给它们的人民以经济生活所必需的权利基础，并给予其经济发展相应的推力；它们为国家的奋斗提供了伟大的目标；它们为落后的国家创造和解放了前所未有的或沉睡的力量。在这些战争中所发生的野蛮和不公正的事情，自然应该在每个国家的民族和经济成功的光辉中被忽视。由此我们明白，人们想了解的只是克伦威尔或柯尔贝能否促进整个民族的繁荣，而不是他是否在某些方面对外人不义。历史的正义也没有更多的要求了：它赞同政府的制度，若其能在一定时期内帮助本国人民实现民族伟大和道德统一的宏伟目标，并能在国内外采取适当的手段；并且，从邻国人民用本国模范行政的眼光来看，这种制度救赎了民族的残酷性和国家的利己主义。

无论如何，有一件事是清楚的，一个单一的联合无法从席卷整个欧洲诸国的洪流中退出，而且总是有一个较小的国家在向上发展。在这样一个国际政治和经济斗争十分激烈的时期，不倾尽全力自我防卫的，将被无情粉碎。早在 16 世纪德意志就明显处于不利的地位，因为它既没有像法国一样在民族和政治经济上的统一，也没有像英、法一样开始实施重商主义的条例。这在 17 世纪更为明显。西部的陆军和海军强国不仅把德意志赶出了它在早期殖民扩张中占领的少数领土，而且日益威胁到它长期占据的商业领域。汉萨同盟的商人到处被排斥。德意志大河的港口一个接一个地落入外人手中：莱茵河归法国、荷兰及西班牙保护，威悉河归瑞典，易北河归丹麦，奥得河也归瑞典，维斯瓦河则归波兰人统治。这些外来统治者在河口征收的通行税，在许多情况下是有意为之的最后一击。当荷兰人用差等的关税摧毁了汉萨同盟在他们各市镇中的贸易时，当他们和英国通过暴力和没收船只的手段，使德国与西班牙和葡萄牙的直接贸易陷于不可能时，荷兰人巧妙地利用了他们在莱茵河和波罗的海日益增长的势力，使德意志本身在各种经营中都处于从属的地位。作为德国原材料的唯一或最重要的采购商和印度香料的唯一供应商，他们获得了几乎令人无法容忍的垄断地位，这种垄断在 1600 ~ 1750 年通过德国对荷兰货币市场的无条件依赖达到了极点。荷兰关注的是印度的货物，而法国留意的则是制造品和有艺术价值的物件。那些不受荷兰商业管理者统治的汉萨同盟的市镇，成了英国债权人的奴隶。丹麦则要通过征收松德河和易北河的通行税以及它的商业公司，来摧毁德意志的航业、渔业和贸易。上述情况对德意志产生的严重影响，不仅在三十年战争时期，而且持续了三个世纪之久，到那时西部列强都已牢固地建立了它们新的政治经济体制。利用海上和商业力量，与残酷的国际法的支持，对弱国与缺乏经验民族所强施的外交，加上充斥阴谋、无利可图和背信弃义的商业条约的技巧，它们便公开地采取半真半假的学说，以为一国贸易的利益，常常是而且必然是对他国不利的。1670～1750年，从德意志可以听到关于商业无法独立、关于法国制造业、关于各诸侯国领地的商人遍及全国的悲痛哀歌。对帝国政府可怜的处境的控诉如潮水般涌来，但它无法提供任何援助，而且控诉正像雪崩一样激增。德意志的经济状况，如当时著名的经济作家所呼唤的，是决定于雷根斯堡国会的议员的利益。最后，所有的呼声，学者的或人民的，都达成一致，这里只有一条出路了；我们必须像荷兰、法国和英国之前对我们所做的那样去做，我们必须杜绝外货，我们必须再次成为我们自己的主人。事实无情地、清楚地告诉他们，在最先进的国家以最严酷的民族利己主义，用金融、立法和武力的一切武器，用航海法和禁航法，用舰队和海军裁判所，用公司，用国家指导和支配下的贸易，为生存进行集体斗争，它们若不成为铁锤就一定成为铁砧。

从1680年到1780年，德意志的问题不是重商主义政策是必要的还是可取的，关于这方面，它是一致为人所赞同并认为是适宜的。重商主义的理想虽然有时以夸张的形式表现出来，或以片面的经济理论尖锐地表现出来，但实际上只不过是一场为建立一个健全的国家和一个健全的国民经济，并为推翻地方和行省的经济制度的强硬斗争。它们意味着德意志对自己未来的信念，摆脱对外国的商业依赖，这种依赖正变得越来越难以忍受，并指导国家走上经济自给自足的道路。普鲁士军队的胜利与国家的财政和商业政策，取得了相同的结果。这时，它们把普鲁士提升到与欧洲列强并驾齐驱的地位。

国家内部经济政策的困难就在于此：普鲁士邦，不是一个国家，只包括有限的几个行省，同时当它采用保护制度对抗法国、荷兰和英国时，必将会排斥德意志其他邻邦。真正需要阐释的，是普鲁士邦还停留在领土国家开发的半衰期。可以说，它还处在与汉堡、莱比锡、但泽、波兰、萨克森和其他邻近地域的商业辩论的早期。与这些邻邦相比，它可以利用它的自然优势，通过一个封闭和排他性的组合把各行省捆绑在一起。

八　结论

关于重商主义制度的历史意义，我们已经达到了一般研究的结论。我们的论点基于这样一个命题，即尽管个人和家庭在从事劳动、生产、贸易和消费，但对较大的社会团体来说，是以共同的态度和行动（包括智力的和实践的），创造了所有这些关乎内外的社会经济设施。而依恃于它的，一般来说，是一个时代的经济政策；具体来说，是一个时代的商业政策。我们看到了对经济团结的情感和共识，无论来自内部还是外部，最后必然会同时创造出一种团体的利己主义。每一个时代的商业政策都受到这些利己主义的推动。

其次，我们强调了这样一个命题，即历史进步主要包括建立越来越大的联合，以取代小联合，成为经济政策的控制者。在我们看来，17、18 世纪似乎是现代国家和现代国民经济诞生的时期。因此，以一种苛刻和粗鲁的、自私的国家商业政策为特征则成为必然。这种政策在细节上是否受正确的指导，取决于统治者的个人方针和智慧；它作为一个整体是否合理，或者作为一个整体是否有成功的可能性，则往往取决于它是否伴随着国家和经济生活的大幅上升。

保持不断扩大的社会联合体的这一思想，在 19 世纪的进步，超越了 18 世纪的重商主义政策，有赖于各邦联盟的建立、海关和贸易事务所的结合，以及所有文明国家道德和法律的结合，那时正是现代国际法越来越多地通过一系列国际条约而产生的时期。

当然，在这些现象的旁边还有另一种同样重要的相互联系的现象，这也有助于解释 19 世纪和 17、18 世纪的对比。各社会团体之间的斗争，有时是军事上的，有时仅仅是经济上的，随着文明的发展，存在着采取更高的品格，放弃其最粗野和最野蛮的武器的趋势。这种本能增强了某种休戚相关的利益，一种有利的交互作用和一种双方都能从中获益的商品交换。这样一来，市镇和领土国家之间的斗争便随之而软化及调和，直到在更大的社会团体，即国家的基础上，它便诉诸道德的势力，并有义务在更大的社会中教育和援助较弱的成员。

因此，18 世纪高尚的世界主义思想开始向人们灌输这样一种思想，即在国际竞争达到顶峰的时候，欧洲国家在经济斗争中需要改变政策。自美国独立战争后，自南美洲殖民地脱离母国获得独立后，在维持旧的、残酷的殖民政策变得越来越困难之后，在国际法取得进展（没有人比腓特烈大帝更积极地为之奋斗）后，在国际贸易互惠原则颁布之后，一种更高尚的斗争成为可能。毫无疑问，我们必须把这场运动视为——在1860～1875年的自由贸易时代，第一次达到最高水准，尽管被过分地和片面地称颂着——人类努力的一大进步。人们可能会说，17、18世纪创造了现代国民经济，19世纪则使它们之间的关系人性化。这就是我们的观点，我们能够使自己不受限制地把自己从欲念的猜疑中解放出来，陈述这场痛苦的商业斗争、英国私掠船只和殖民地征服战争，与18世纪的禁止法规和航海法，就像陈述我们这个时代的理想一样。

然而，我们必须同样强调，抨击旧重商主义制度后从乌托邦发展出来的文学意识形态运动，对公众舆论的转变虽有促进作用，但离现实生活非常遥远。在我们今天看来，这难道不像是命运的讽刺吗？就是那具有同一情形的英国，在1750～1800年，通过关税和海战，常常运用非常的暴力，更常常运用最顽固的民族自私心达到其商业霸权的顶峰，也正是英国，同时向世界宣布这一学说，认为只有个人的利己主义是正义的，民族和国家的利己主义永远不可能是正义的。这一学说能够使每一块土地上的所有个人梦想者进行无国籍竞争，使所有国家的经济利益和谐共处吗？

我们这个时代的任务就是从更高的角度来观察这两个时期，对这两个时期的理论和理想、真实的心理动机和实践结果给予应有的重视。如此，我们方能更好地理解它们。

1883年9月30日

·书评·

探寻历史叙事背后的理论基础

——评《工业革命：历史、理论与诠释》

王　锐*

现代社会离不开工业化，实现工业化更是鸦片战争以后几代中国人梦寐以求之事。从曾国藩、左宗棠等人修建兵工厂，到张謇以状元身份弃官从商，再到辛亥革命之后民族资本家努力在中国发展民族工业，在国家主权缺失、帝国主义压迫、国内政局动荡、农村经济破产的状况下，近代中国的工业化道路显得坎坷而崎岖。新中国成立之后，向工业化进军成为中国共产党人的重要奋斗目标。周恩来总理在1954年指出："如果我们不建设起强大的现代化的工业、现代化的农业、现代化的交通运输业和现代化的国防，我们就不能摆脱落后和贫困，我们的革命就不能达到目的"，"我国原来是一个落后的农业国，现在要把我国建设成为一个强大的社会主义的现代化的工业国家，这是一个很伟大而艰巨的任务"。[①] 今天中国综合国力的提升，离不开新中国前三十年建立起来的较为完整的工业体系。

因此，较为全面地理解工业化，特别是被马克思主义经典作家视为改变世界面貌的工业革命的历史过程与基本内涵，对于关心中国工业发展的人来说至为重要。进一步而言，这种理解很大程度上是根植于人们对近代以来工

* 王锐，华东师范大学历史系。

① 周恩来：《把我国建设成为强大的社会主义的现代化的工业国家》，《周恩来选集》下卷，人民出版社，1984，第132、144页。

业发展历史流变的认识。不同的历史叙事会形塑不同的工业观；不同的工业观，包括与之相关的发展观，更是会形成差异极大的审视近代中国工业变迁的视角、立场与观点。就此而言，回到问题的起点，辨析各种关于工业革命的理论以及在此基础上形成的历史叙事，就显得极有意义。往远了说，在今天中国与世界形势发生深刻变化的背景下，许多在这二十余年颇为流行的历史叙事其实都值得拿来重新予以审视，特别是辨析清楚它们背后的理论根基、意识形态特征及现实指向。只有做到这一点，窃以为才是真正意义上的“学术创新”，而非只是在旧有的叙事及意识形态想象之上叠床架屋。

在《工业革命：历史、理论与诠释》一书里，作者详尽梳理了从马克思、恩格斯到加州学派关于工业革命的论述。不但扼要地介绍了各家各派的基本观点，而且辨析其背后的学术旨趣与理论基础，特别是将各种不同观点置于其形成的历史背景中，分析这些观点对于工业革命的阐释背后具有怎样的现实指向。读罢全书，基本可以对近代以降不同的工业革命观有一个较为全面的掌握，不但知晓各种观点具体内容，还能大体明晰为什么会这么说。正如作者所言：“本书将介绍工业革命研究的基本文献，揭示这些文献背后的叙事传统，分析这些文献所依据的理论以及它们自身创造的理论，呈现不同立场的学者如何从不同的角度诠释工业革命。”①

一　工业革命与资本主义

众所周知，第一次运用“工业革命”这个概念来详细分析近代工业发展过程的当属革命导师恩格斯。他在发表于1844年的《英国状况　十八世纪》一文中，尝试运用历史唯物主义理论详尽叙述工业革命所引起的社会经济变动，并分析这种变动对于不同社会阶级的影响。对此作者进行了颇为详细的介绍，并指出：“恩格斯的分析也形成了一种历史叙事，即英国的工业革命是从棉纺织业出现的技术变革引发工业体系连锁变化的进程，技术变化带来了工厂制等制度变革，而工厂的出现又带来社会连锁反应，促成了工

① 严鹏、陈文佳：《工业革命：历史、理论与诠释》，社会科学文献出版社，2019，第9页。

人的无产阶级化。”[1] 当然，恩格斯的工业革命论，重点在于揭露资本主义大工业生产方式之下工人阶级的悲惨境遇，这在他的代表作《英国工人阶级状况》中有集中论述。在由资本家操控的大工厂中，工人日复一日地进行单调而繁重的劳动，“越是感到自己是人，他就越痛恨自己的工作，因为他感觉这种工作是被迫的，对他自己来说是没有目的的，他为什么工作呢？是由于喜欢干活？是由于本能？绝不是这样，他是为了钱，为了和工作本身毫无关系的东西而工作”。顺带一提，胡适晚年曾饱含深情地说 19 世纪乃“大英帝国统治下的和平”，并称“大英帝国在将近一百年的岁月里，是这个世界一个伟大的稳定力量”。如果从无产阶级的视角看，很可能不知那时的英国有何“伟大”之处。不过，由此却可看到 20 世纪某些中国人对于工业革命后的世界历史的独特理解。

作者指出：“恩格斯以罕见的天才创立了一套关于工业革命的历史叙事，而这套叙事将在数十年后影响到工业革命故乡对于自身历史的认知。”[2] 这一点在倾向于费边主义的史家汤因比（与著有《历史研究》的那位并非同一人）身上有十分明显的体现。他在叙述工业革命过程时，着眼于决定财富分配的制度，揭露这场巨大变革所带来的阶级分化，并质疑近代早期鼓吹自由竞争的经济学家。当然，与马克思、恩格斯不同，他将解决这些问题的方法寄托于重振基督教福音派。与之相似，法国史学家保尔·芒图在《十八世纪产业革命》里认为工业革命的结果是“大工业”的兴起，大量工人在工厂里造作复杂的机器，工业组织越发庞大繁复，推动资本主义的发展，致使“整个世界不过是一个大市场而已，各国大工业互相争夺的这个大市场犹如一个战场”。但人们在惊叹工业革命的巨大成就时，不应忽视“在极富和极贫的对照下，那些今天仍然摆在我们面前的社会问题”。这一分析视角，在英国学者阿什利的《英国的经济组织》一书里也有呈现。

总之，虽然这些学者与马克思、恩格斯所坚持的革命道路有所不同，但都对工业革命所造成的社会后果持批判、反思的态度，而非一味地替资本主义与自由竞争唱赞歌。后来运用新文化史视角研究工业革命中女工与童工命

---

① 严鹏、陈文佳：《工业革命：历史、理论与诠释》，第 18 页。

② 严鹏、陈文佳：《工业革命：历史、理论与诠释》，第 22 页。

运的论著，在价值观上也与这些前贤一脉相承。[①] 今天中国似乎又兴起了一股世界史热，这固然有助于扩大全球视野，但国人在思考世界历史的进程时，窃以为以上提到的这些早期工业革命研究者的观点实应予以重视。

二 是经济学，还是意识形态？

在《反杜林论》中，恩格斯描绘了一种“意识形态家”：“我们的意识形态家可以随心所欲地要花招，他从大门扔出去的历史事实，又从窗户进来了，而当他以为自己制定了适用于一切世界和一切时代的伦理学说和法的学说的时候，他实际上是为他那个时代的保守潮流或革命潮流制作了一幅因脱离现实基础而扭曲的、像在凹镜面上反映出来的头足倒置的画像。”之所以如此，是因为这样的人“不是从他周围人们的现实社会关系，而是从‘社会’的概念或所谓最简单的要素中构造出道德和法”。[②] 这一点在冷战时期所谓“自由主义”阵营的工业革命史论述里有十分明显的体现。

在1951年9月举行的“朝圣山学社”会议上，一些旨在为古典自由主义辩护的史学家着力于解构带有社会主义倾向的工业革命叙事，希望赋予工业革命更多正面评价。在阿什顿眼里，工业革命不但提高了生产力，而且使工人阶级从中受益，生活水平水涨船高，因此早期工业革命史研究中的结论并不正确。他强调：“工人的生活水平起伏剧烈。工厂制度的一个好处就在于，它提供了也必须提供稳定的就业岗位，因而提高了消费的稳定性。1790～1830年间，工厂生产活动迅速提高。更多的人既作为生产者也作为消费者从工厂制度中得到了好处。”之所以如此认为，很大程度上与阿什顿坚持运用古典自由主义理论分析历史息息相关。正如作者指出的，他“处理数据的思维方式主要是通过设计构思精巧的推论来弥补直接历史证据的不足”，因此“推论的成分过大”。更有甚者，“在阿什敦的心目中，经济学指的仅仅是亚当·斯密一派的学说”。同样的，“经济学与自由主义是一体

① 严鹏、陈文佳：《工业革命：历史、理论与诠释》，第190～207页。

② 恩格斯：《反杜林论》，中共中央马克思恩格斯列宁斯大林著作编译局编译，人民出版社，2015，第101页。

的”，因此他的研究，说到底就是为了“捍卫自由主义理念”。[①]

如果说阿什顿式的研究在意识形态意图与历史叙事之间还糅合得不够“精妙”，那么曾经在中国风行一时的新制度主义经济学派无疑处理得更为细致巧妙。笔者至今记得，十余年前读本科时，不少对经济学感兴趣的同学将这一学派的著作奉为宝典。在《西方世界的兴起》一书里，诺斯开宗明义地指出：“有效率的经济组织是经济增长的关键”，而“有效率的组织需要在制度上做出安排和确立所有权以便造成一种刺激”。对此作者强调：“简单说来，《西方世界的兴起》就是为了说明私人所有权保障了个人收益，从而使个人有动力去从事能够带来经济增长的活动，因此，经济增长有赖于从制度上保护私人所有权。”[②] 基于此，诺斯建构了一个历史模型，分析近代欧洲各国的经济发展史，在此视野下，他认为英国经济之所以腾飞，是由于“国会至上和习惯法所包含的所有权将政治权力置于急于利用新经济机会的那些人手里”。可以想象，这样的历史叙事会在当代中国掀起怎样的波澜。只是诚如作者所论，诺斯的这些观点“没有直接从史料考据着手展开研究，没有通过描述历史事实来引申出结论，而是设计了一个基于经济学基本理论的逻辑自洽的框架，再将前人研究中的历史事实按照论证的需要组织进框架中”。[③] 此诚然。不过让笔者感到诡异的是，晚近却有不少运用诺斯如此这般形成的观点重新对大量近代中国的史料进行分析，进而形成更多看似史料丰赡、符合所谓史学规范的研究。这或许正像恩格斯所描绘的，“从大门扔出去的历史事实，又从窗户进来了”。

冷战期间，西方阵营里的学者急于建构一套旨在对抗马克思主义的学说。所谓“现代化”理论就诞生于这样的背景之下。而美国的冷战推手罗斯托正是建构该理论的主要参与者。如果记得三十余年前国内各种关于现代化的历史研究常常援引罗斯托的观点，就可想象其在社会主义国家的影响力。在《这一切是怎么开始的——现代经济的起源》一书里，他自言欲理解工业革命，“就必须迫使我们设法把经济同文化和社会、制度和政治的母

① 严鹏、陈文佳：《工业革命：历史、理论与诠释》，第60、61页。
② 严鹏、陈文佳：《工业革命：历史、理论与诠释》，第65页。
③ 严鹏、陈文佳：《工业革命：历史、理论与诠释》，第66页。

体联系起来。它涉及人类文明的一个伟大转折点；它能教给我们永久的知识，使我们懂得经济发展的内部规律”。[①] 这些话在一般意义上其实早就被许多研究论著提到过，本身并无过多新意。不过正如作者指出的，罗斯托将工业革命视为经济的“起飞”，“运用工业革命的历史构建了以起飞为核心的经济发展模型后，罗斯托期望的是当代世界的发展中国家与地区创造历史所昭示的种种条件去实现起飞，进而实现经济现代化”。如此这般就可以更好地“抑制社会主义革命”。[②] 只是不知罗斯托的著作曾经在中国颇为流行，是不是也是因为类似的原因呢？

三　国家的作用

19 世纪，以李斯特为代表的政治经济学历史学派学者对亚当·斯密的自由竞争理论展开批判，认为他刻意忽视或淡化国家在经济发展中的重要作用，强调对于后发国家而言，国家能力、国家政策与经济建设之间具有密切的关系。所谓“看不见的手”，很大程度上是一种意识形态建构。当然，李斯特的学说尽管可以拿来商榷，但联想到苏联解体后的“休克疗法”致使曾经傲视人间的苏联工业体系濒临衰亡，就可以证明在现代世界里，国家的作用千万不能被低估。

因此，作者从分析马克思对于资本主义原始积累的叙述开始，梳理了当代学者对于国家在经济发展中所起的重要作用的论述。这些研究尤其着眼于被视为自由主义经济典范的英国，其实在工业革命前后一直得到国家政策的大力扶持，包括制定有利于保护本国制造业的关税政策、降低本国工业所需的原材料进口税、在立法层面为本国经济发展提供便利，以及为了争夺海上霸权而发起的战争。可以说，若没有国家对于资本主义经济的大力扶持，那么英国的工业成就将大打折扣。因此作者特别提醒读者：“包括英国在内的西方国家大多是在重商主义经济的母体内孕育各自的工业革命的，这就使得

① 〔美〕W. W. 罗斯托：《这一切是怎么开始的——现代经济的起源》，黄其祥、纪坚博译，商务印书馆，1997，第 180 页。

② 严鹏、陈文佳：《工业革命：历史、理论与诠释》，第 71 页。

富国强兵的追求，不仅存在于19世纪以后的后发工业化国家中，也存在于工业革命前的英国，而这一追求在本质上不因时代和国别的不同而有所差异。”[①] 这一点对于今人在思考历史与现实问题时避免被“忽悠”，实有不小的意义。

关于国家的作用，笔者愿意补充一点。今天日本的商品被不少人视为体现了所谓“匠人精神”。但在20世纪初，当日本在朝鲜与中国东北进行侵略与扩张活动时，据长期在东亚从事新闻报道的美国记者密勒观察，日本经济扩张的手段之一就是大量生产假冒伪劣产品，向这些地区进行倾销。他以香烟为例，谈到日本商人伪造许多标着欧美香烟品牌的产品，但是“日本推出这款仿制品的目的并不是和英美烟公司的知名品牌竞争，而是要损害它在消费者群体中的品牌名誉，一旦这款香烟流向了市场，自然就会朝这个走向发展。从日本香烟生产和外国产品进入满洲地区的相关情形来看，我们很难去相信日本政府没有参与到这场骗局当中来”。[②] 当然，这样的“骗局”也绝不会是日本军国主义在亚洲的最后一次表演。

这就引出另一个问题，既然国家的作用如此关键，那么某一国家特有的文化会不会也影响到工业革命的进行呢？自韦伯的经典研究强调新教伦理与资本主义精神以来，关于这一方面不少学者也有大量论述。作者不但梳理了桑巴特、熊彼特等人影响较为深远的观点，而且详细论述了麦克洛斯基对于所谓“中产阶级美德”的研究。虽然麦氏的写作学术性与通俗性混淆，但她依然希望自己的观点能说服更多的人。在她看来，“真正的自由主义者主张：在欧洲西北部，特别是在荷兰，然后在英国，正是不同寻常的企业家的尊严和个人自由，在社会重新评价企业家精神和生活的帮助下，带来了不同寻常的国家财富”。自然，在资本主义社会里，金钱关系实为一切社会关系的枢纽，成功发财的人总会被后人不断称颂，并被赋予各种各样的华美名词。因此正如作者所说，“她的全部著作只不过是要为资本主义辩护罢了”。[③] 只是在今天，会不会有人却将这种“辩护”视为“真理”呢？

---

① 严鹏、陈文佳：《工业革命：历史、理论与诠释》，第158页。

② 〔美〕汤姆斯·F. 密勒：《亚洲的决裂：1909年前远东的兴衰》，郭彤等译，北京航空航天大学出版社，2019，第208～209页。

③ 严鹏、陈文佳：《工业革命：历史、理论与诠释》，第184页。

四　全球视野如何可能?

在本书的末尾，作者分析了晚近颇为流行的全球史研究。这一研究范式旨在打破“西方中心论”，强调从世界其他地区的视角来看待工业革命，从全球经济变动的角度来分析某一地区的具体状况。此外，尤其着眼于论证近代西方的崛起实为偶然现象，并无先前许多论述中所说的充满必然性。因此，这一研究范式特别聚焦于中国、印度等地在14～18世纪时的社会经济状况。但是作者指出，这样的研究范式自然有其创新之处，但在研究方法上依靠不少只能自证的理论假说，一旦其他研究者不将这种假说视为理所当然，那么接下来的论证就很难说服人。尤有进者，这些研究大量依据已有的研究成果，导致在根本上并不能形成新的叙事，只是对之前的历史叙事进行重新解读而已。说到底，非A也是A的一部分。对此作者指出：“古典经济学已经为今天的历史研究植入了一种预设的意识形态结论，使研究者稍不留神就会在亚当·斯密已画好的框架内从事用历史资料‘论证’主流理论的工作。”[①] 不过即便如此，随着视野的扩大，人们至少有可能认识到“古典经济学在当时的迅速传播，与其说是因为斯密发现了经济运转的规律，不如说是因为斯密及其继承者的学说能最有效地迎合英国工厂主们在新形势下的利益。然后，学术演化虽嵌入社会演化中，但亦自成逻辑，通过19世纪逐渐形成的现代学术体制自我繁殖。故时过境迁，社会行动者的利益或又发生改变，学术界既有的范式却可能形成稳定的意识形态霸权，反过来宰制社会行动者，使他们的选择与行动未必符合他们真实的利益”。[②] 这种类似于马克思所说的意识形态的“颠倒”有无克服的可能？这不仅仅是工业革命史研究中的问题，更是关乎我们今天需要什么样的历史观的大问题。

① 严鹏、陈文佳：《工业革命：历史、理论与诠释》，第226页。

② 严鹏、陈文佳：《工业革命：历史、理论与诠释》，第228～229页。

工业和信息化部工业文化发展中心 2018年重点工作简述

孙 星*

一 理论研究

出版《工业文化》专著修订版。在《工业文化》第一版基础之上，吸收两年来理论研究的新成果，对原书做了比较全面的修改、完善和补充，全书内容更新超过60%。

开展工业文化理论研究。联合高等院校、科研机构等社会力量继续开展工业文化基础理论研究，就“工业文化与传统文化关系及核心价值理念塑造研究”“产品的文化定价权”“工业美学”“工业文化对地区发展的作用机制研究”等课题，公开征集合作研究单位，并取得初步研究成果。

二 对部支撑

（一）新中国工业档案文献展

今年，中心承办了工信部与国家档案局联合主办的“不忘初心 奋发

* 孙星，工业和信息化部工业文化发展中心。

图强——新中国工业档案文献展”重大政治任务。在时间紧、任务重的情况下，集全中心之力，认真贯彻落实领导同志的指示精神，本着科学办展、专业办展的方针，成立了工业档案文献专家组。在专家组的指导下，制订并完善了巡展活动总体方案、展览脚本、展陈策划和宣传方案，对接协调地方，做好展览搭建、人员培训、后勤保障、系列宣传等工作，出色完成了沈阳、北京、南京、上海等八地巡展活动，累计参观人数近10万人。展览效果得到了部领导、地方政府领导和工业战线老领导，以及社会各界的高度评价。

（二）其他支撑工作

面向部人事教育司做好工匠精神支撑服务，梳理并答复了20余份工匠精神培育、技能人才培养主题的人大建议及政协提案。

参与“中国优秀工业设计奖”组织、评审等相关工作。参加了全国工艺美术行业管理部门座谈会，就第一批传统工艺振兴目录、工美行业高级职称改革办法、工美商业税收改革等提出行业发展问题和建议。

三　产业发展

（一）工业遗产

出台《国家工业遗产管理暂行办法》。开展了国家工业遗产管理相关研究，经过一年多的实地调研、座谈研讨、征求意见以及修改完善，11月5日工业和信息化部正式发布并实施《国家工业遗产管理暂行办法》。

全国工业遗产摸底调查。3月，工业和信息化部下发通知，组织全国工信系统开展工业遗产摸底调查工作，共收集了近千项工业遗产项目资料，在此基础上初步建立了全国工业遗产数据信息库，形成了摸底情况总结报告。

认定第二批国家工业遗产。认真总结2017年工作经验，开展第二批国家工业遗产认定工作，通过组织申报、形式审查、专家初审、专家复审、现场核查、公示等程序，工业和信息化部于11月15日向社会正式公布了第二批认定名单。

（二）工业博物馆

全国工业博物馆摸底调查。3月，工业和信息化部下发通知，组织全国工信系统开展工业博物馆摸底调查工作，共收集了480余项具有较高价值的工业博物馆项目基础资料，形成了摸底情况总结报告。在此基础上，建设了全国工业博物馆数据库及网站，通过网络采集数据、图片等详细信息，逐步构建起中国工业博物馆的网络图。

全国工业博物馆体系建设。加强工业博物馆基础工作，在国家、省市、行业、企业、个人等层面探索全国工业博物馆体系建设。推动工业博物馆提升讲述工业发展历史、传播工业文明、普及工业知识的能力。

成立全国工业博物馆联盟。12月18日，来自全国29家联盟发起单位和相关机构代表在北京成立了全国工业博物馆联盟。联盟旨在推进全国范围内的工业博物馆事业发展和相关组织交流合作，实现资源统筹开发和高效利用，整体提升工业博物馆的社会影响力。

（三）工艺美术

地方调研与合作。2018年，陆续开展北京、湖南、福建等地方企业调研工作，完成了莆田市涵江区工艺美术产业规划编制。共同主办了第十三届中国（莆田）海峡工艺品博览会及中国（莆田）新中式生活高峰论坛，组织了第五届世界佛教大会中“圆融”佛教与艺术展览部分等特色活动。此外，着力维护工艺美术培训品牌，继续举办全国工艺美术行业创新发展培训班。

国际交流与合作。与蒙古国文化局签署了文化展览合作备忘录，与俄罗斯布里亚特共和国文化部达成交流意向，与昆士兰技术与继续教育学院共同开发工艺美术海外专业培训项目。

（四）工业设计

深入推进与地方协会、院校、企业之间产学研用战略合作，举办各类工业设计赛事、展览及活动，拓展工业设计产业市场项目。2018年，共建了金浦九号苏州设计小镇，与合肥市工业设计协会签署战略合作协议。举办了“2018年服务设计国际论坛暨服务设计国际工作坊”、“2018中国航空创意设计大赛”、“三月珠海·女性视界——2018珠海国际福祉文化与产业服务设计创新论坛”、2018第二届“徐工杯”绿色创新设计大赛、“第二届国际体验设计研究高峰论坛”、“2018国际3D打印嘉年华活动”等系列活动。

四　合作交流

（一）高等院校

重点推进中国工业文化发展研究会、清华大学工业文化研究院筹建工作。同时，不断完善社会合作机制，充分利用好与华中师范大学、长春理工大学、西北工业大学、上海交通大学共建机构，实现强强联合、资源共享，推动理论研究与教学实践深入融合；与北京工业大学、北京服装学院、广东工业大学、北京理工大学珠海学院共建机构，开展相关产业研究。

（二）职业院校

深化与职业院校的合作，共建工业文化研究与人才培养机构，加快工业文化进校园。与教育部职业院校文化素质教育指导委员会共同成立职业院校工业文化研究院和劳动教育研究院，两个研究院首批分别下设21家和36家研究中心。

五　传播推广

（一）第三届中国工业文化高峰论坛

1月，中心成功举办了第三届中国工业文化高峰论坛，张峰同志出席会议并致辞，许科敏同志介绍了我部推进工业文化工作的有关情况，朱宏任同志、尤政院士等10余位各领域权威嘉宾围绕“新时代新思想新征程——弘扬工业文化建设制造强国”的主题做了主旨演讲。会上还举办了工业文学研讨会、工业文化发展研讨会等两个分论坛。作为中心舆论宣传的品牌项目，高峰论坛已经成为我国研讨工业文化建设经验、交流工业文化成果、深化工业文化产业对接、建设工业文化合作网络的重要平台。

（二）第二届中国工业文学作品大赛

8 月，中心启动了第二届中国工业文学作品大赛活动，邀请了中国作协创作联络部作为联合主办单位，提升了大赛活动的影响力和号召力。中心按照要求，进一步合理设置赛制、丰富奖项类别、扩大作品题材，首创了作家沙龙系列活动，进一步加深了社会公众认知度，增进了组织方与参赛方互动交流，本届大赛的投稿数量和稿件质量相较首届同期有了大幅提升。

（三）系列工业影视作品

为唱响中国工业精神，中心深挖社会资源、加大工作力度，组织策划了多部工业题材影视作品。推动“六个一”工程《工业之魂》纪录片工作，完成了剧本编写，举办了开机仪式，组织赴中国商飞、中铁装备、五谷铜业公司等企业的拍摄工作。与陕西文化产业投资控股（集团）有限公司共同拍摄《中国制造之起飞》电视剧，完成了西飞公司、商飞公司等企业调研采访工作。

（四）新闻宣传矩阵

中心抓住社会关注的重要领域与重大活动，联合中央权威媒体，大力宣导工业文化理念，重点介绍核心业务领域。

宣传文章。中心统筹媒体渠道与自有渠道，坚持主动发声、加强引导，2018 年中心领导陆续在《传媒》、《军工文化》及瞭望智库网站发表了多篇主题文章。据统计，2018 年《人民日报》刊登了 1 篇工业文化重要活动的评论报道，新华社新媒体中心刊登了 5 篇新闻报道，中央人民广播电台、《经济日报》、《光明日报》等中央媒体各类报道 10 余次。

出版专业刊物。积极推进《新时代企业家精神》编辑出版工作。定期编撰《工艺美术产业白皮书》《工业遗产研究参考》《电子政务与政务公开研究参考》《工业通信业财经动态》等专业刊物。

2018年华中师范大学中国工业文化研究中心发展综述

陈文佳[*]

2018年是华中师范大学中国工业文化研究中心（以下简称“中心”）成立的第二年。在2017年开创性工作的基础上，本年度，中心继续推进各项常规工作，在理论研究、工业文化教育与传播等方面，取得了新的成绩，获得了各界的肯定。本文将回顾与总结中心2018年的各项重要工作，而中心的工作也从一个侧面反映了过去一年中国工业文化事业的发展。

一　中心成员参加第三届中国工业文化高峰论坛

2018年1月20日，第三届中国工业文化高峰论坛在北京成功举行。本次论坛由工业和信息化部指导，工业和信息化部工业文化发展中心主办，中国企业联合会企业文化建设委员会协办，是一次全国性、高规格、高水平的工业文化领域盛会。来自工业和信息化部有关司局、各地主管部门，高等院校、科研院所，及行业协会、领军企业等400余位代表齐聚一堂，围绕“新时代新思想新征程——弘扬工业文化建设制造强国”的会议主题，共同研讨加快中国特色工业文化发展，助力制造强国和网络强国建设的新思路、新路径和新举措。华中师范大学中国工业文化研究中心的部分领导与研究人员应邀出席了论坛。

* 陈文佳，华中师范大学中国工业文化研究中心，福建省福州第二中学。

工业和信息化部党组成员、总工程师张峰在致辞时指出，工业文化是中国特色社会主义文化在工业领域的具体体现，是社会主义文化的重要组成部分，理应在繁荣社会主义文化、提高国家文化软实力进程中发挥积极作用。大力推进中国特色工业文化建设，既是实施制造强国战略的有力举措，也是繁荣社会主义文化的重要途径。

中国企业联合会、中国企业家协会常务副会长兼理事长、工业和信息化部原党组成员、总工程师朱宏任，清华大学副校长、中国工程院院士尤政，工业和信息化部产业政策司司长许科敏，新华社新媒体中心党委书记、董事长陈凯星，中国兵器工业集团董事、东北工业集团董事长、党委书记于中赤，陕西文化产业投资控股（集团）有限公司党委书记、董事长王勇，本溪城市文化生态发展有限公司执行董事、总经理姜昱，全国劳动模范、全国时代楷模、鞍钢冷轧厂特级技师李超，中华技能大奖获得者、中国航天科技集团有限公司特级技师王连友等10余名专家学者、优秀企业和产业工人代表，围绕论坛主题分别做了主题发言。工业和信息化部工业文化发展中心主任罗民主持了会议。

1月20日下午，工业文化发展研讨会作为高峰论坛分论坛成功举办。50余名代表齐聚一堂，共同研讨加快中国特色工业文化发展的新思路、新举措。工业和信息化部产业政策司钱航副司长出席研讨会。钱航认为，工业文化是中国特色社会主义文化在工业领域的具体体现，是社会主义先进文化的重要组成部分，理应在繁荣社会主义文化、提高国家文化软实力进程中发挥积极作用。钱航强调，目前推动工业文化发展中存在研究体系碎片化等困难与挑战，要紧密围绕两个强国建设，充分调动社会各方面资源，夯实研究基础，加快培养专业化的人才队伍，提升全民工业文化素养。工业和信息化部工业文化发展中心副主任孙星就中心推动工业文化发展的总体情况做了重点介绍，提出下一步发展工业文化的工作设想。

与会专家代表围绕工业文化的理论创新、课程设置、教学实践、工作体系、人才培养、国际交流以及工业文化产业发展等方面进行了热烈讨论，一致赞同成立工业文化发展研究会，合力营造工业文化发展的环境氛围，努力开创我国工业文化发展新局面。

华中师范大学社科处副处长刘中兴、中国工业文化研究中心副主任严鹏分别做了发言。在过去的一年里，在各级领导和各方的大力支持下，华中师范大学中国工业文化研究中心发挥学科优势与学校特色，在工业文化基础理论研究及工业文化基础教育研究与实践方面取得了新进展。2017年9月，从中心毕业的福州二中教师陈文佳，在全国中学首开工业文化课程，实现了在基础教育领域传播工业文化的突破，并以该校为试点继续展开教学实践和相关研究。2017年12月，由华中师范大学副校长、中心主任彭南生和副主任严鹏共同主编的《工业文化研究》创刊，这是首家公开出版发行的以工业文化研究为主旨的刊物，得到了相关领导与学术界同人的大力支持。同时，严鹏撰写的《富强竞赛——工业文化与国家兴衰》出版，作为“工业文化系列丛书”的一种，首次系统梳理了近代以来经济大国的工业文化发展史，剖析了工业文化与国家兴衰间的关系。中心参会代表均表示，在新的一年里，中心将继续为推动中国工业文化事业的发展而努力。

二　中心成员参加第二届福建省工业文化发展座谈会

2018年3月10日，第二届福建省工业文化发展座谈会暨会员企业新春交流会成功举办。本次活动由福建省工业文化协会主办，龙合智能装备制造有限公司承办，漳州市天洋机械有限公司特别支持，同时得到了广大会员代表的积极参与。中心副主任严鹏应邀参与了活动。

3月10日上午，与会代表们率先来到红色革命根据地古田会址。与会代表们先后参观古田会议现场、毛泽东办公室等，深入了解红色革命历史，学习古田会议精神。大家纷纷表示此次古田之行意义非凡，深切体会到了“星星之火，可以燎原”的革命真理，认识到中国革命的胜利来之不易。

参观了古田会址后，与会代表们驱车前往协会副会长单位龙合智能装备制造有限公司（以下简称“龙合智能”）。当天下午，第二届福建省工业文化发展座谈会暨会员企业新春交流会正式开始，会议由协会秘书长陈良财主持。会长周松奕就协会 2017 年的主要工作内容及 2018 年工作计划进行了汇报。2017 年，协会在走访考察会员企业、组织会员企业交流、邀请权威专家入企指导、拍摄《八闽工匠》工业微纪录片以及助力会员企业品牌推广、促成会员企业项目合作等方面做了大量工作，2018 年协会将继续做好服务会员工作、加强会员企业之间的交流，并在大家集思广益的基础上，全力做好厦门市工业专题纪录片摄制工作，组织《寻找中国制造隐形冠军》厦门卷、漳州卷等各地市书籍编印等事项，为促进福建省工业文化发展、推动制造强省建设提供助力。

会上，严鹏做了工业文化主题演讲。严鹏指出，福建的工业文化发展走在全国前列，福建省工业文化协会作为全国首家省级工业文化协会，充分发挥平台资源优势，紧紧抓住工业文化发展的主线开展工作，在宣贯工业文化理念、培育工匠精神、助力企业转型升级等方面取得显著成效，对我国其他省区市的工业文化发展具有很好的参考和借鉴意义。

“工业文化是工业的基因，是工业的 DNA”，人民出版社通识分社编审、首席专家魏志强说道。此外，魏志强还从中国经济的主要问题、解决问题的顶层设计方案以及新时代隐形冠军发展战略等方面做了权威解读，为当前工业企业如何发展指明方向，赢得与会人员阵阵热烈的掌声。“魏志强生动的演讲，让我对工业有了更深刻的认识，坚定了我们工业人振兴工业的信念。”龙合智能董事长杨静表示，“很感谢协会给会员企业这么好的一次的机会，希望以后多举办这样的活动，同时也很感谢一年多来协会秘书处做的大量工作，让我们感受到工业人找到了自己的家”。

熊猫传奇日用品科技有限公司董事长杨景森接受采访时说：“通过协会可以看到不同企业的优势在哪里、发展方向在哪里，这是很宝贵的一个平台。”

聚焦工业文化，共赢未来发展。周松奕会长强调，随着十九大国家战略要求重点发展实体经济，相信协会这个工业人的大家庭，在政策春风的吹拂下会发展得越来越好，欢迎更多的企业加入协会大家庭。同时，周松奕也指出，协会希望通过平台力量，为更多的工业企业鼓与呼，为推动福建工业发展做出更大的贡献。

座谈会上还举行了福建省首届工业文化摄影大赛颁奖仪式，分别为一等奖、二等奖、三等奖获得者颁发奖杯、证书及奖金。严鹏副主任参与了颁奖。

中心作为利用高校平台打造的智库，自成立以来积极参与了各类工业文化发展事业，包括与各类协会的紧密合作，共同为中国工业文化事业的发展贡献力量。

三　福建省福州第二中学开设工业文化系列课程

继2017年9月在全国中学首开工业文化课程后，2018年3月20日，中心兼职研究员、福州二中陈文佳老师继续开设工业文化系列课程“工业时代的文艺史”，在基础教育领域探索“工业文化进校园”的有效形式与途径。

党的十九大报告指出，要“激发和保护企业家精神，鼓励更多社会主体投身创新创业”，要“弘扬劳模精神和工匠精神，营造劳动光荣的社会风尚和精益求精的敬业风气”，这对在新时代发展中国特色工业文化提出了新的要求。青少年是祖国的未来，基础教育阶段是人在成长过程中形成世界观、人生观和价值观的重要阶段。世界制造业强国的历史与现实经验表明，在基础教育中渗透工业文化要素，对于培养企业家精神与工匠精神、吸引高端人才进入制造业领域，以及在整个社会营造崇尚实体经济的氛围，都具有非常重要的作用。有鉴于此，中心结合学校作为重点师范大学的特色与优势，向来重视研究工业文化基础教育相关问题，陈文佳老师作为中心培养的学生，在福州二中的工作岗位上，也积极进行了实践探索。

2017年11月，在西北工业大学召开了工业文化理论与教育发展研讨会，中心副主任严鹏与陈文佳老师皆应邀参加并进行研讨。此次福州二中继续开设工业文化系列课程，是对会议精神的贯彻与落实。未来，相关教学实践与研究活动还将继续展开。华中师范大学中国工业文化研究中心不仅将以福州二中作为试点进行相关的教研活动，还将从理论上探讨总结工业文化基础教育的规律，形成研究成果与可推广的经验，促进新时代中国特色工业文化的发展。

图1 福建省福州第二中学工业文化选修课课堂

2018年11月，中心与福州二中签订了设立华中师范大学中国工业文化研究中心福建省福州第二中学工业文化教育基地协议书，议定双方在工业文化教育与课程建设等方面开展合作。

四 中心举办“近代工业文化遗产保护与研究”学术研讨会

2018年5月23日，“近代工业文化遗产保护与研究”学术研讨会在安徽芜湖召开。会议由华中师范大学中国近代史研究所与安徽师范大学历史与社会学院共同举办，华中师范大学副校长、中国工业文化研究中心主任彭南生教授出席并做主题报告，指出工业文化遗产具有睹物思人、见贤思齐的教育功能，应从精神文化、物质文化和制度文化等角度对工业文化遗产开展综合性研究。

芜湖是华中师范大学老校长、中国近代史研究所名誉所长章开沅教授的故乡，保留着章氏家族在近代开办企业留下的工业遗产。此次章开沅教授亦出席会议并捐赠文物，安徽师范大学校长张庆亮教授表达了感谢。华中师范大学中国近代史研究所原所长、长江学者朱英教授，华中师范大学中国近代史研究所虞和平特聘教授，安徽师范大学历史与社会学院马陵合教授，江汉大学涂文学教授，南京大学李玉教授，芜湖市博物馆徐蕾馆长，章氏家族后人代表等出席了会议。在讨论中，与会专家学者表示，工业文化遗产的保护应开辟地方政府、高校、企业共同参与的新模式，在机制上要有所创新。在总结发言中，华中师范大学原党委书记、中国近代史研究所所长马敏教授指出，章氏家族在芜湖兴办的企业是近代中国民族工业的活化石，对区域工业文化遗产的研究具有重要意义，今后要在学术研究的基础上将保护与利用工作有效地推进。

图2　“近代工业文化遗产保护与研究”学术研讨会现场

研讨会结束后，专家学者赴芜湖、马鞍山等地的工业遗址进行实地调研。

五　工信部领导来中心调研与指导工作

2018年5月25日上午，工信部总经济师王新哲来华中师范大学中国工业文化研究中心调研并指导工作。参加调研的领导有工信部财务司吴义国副司长、工信部装备工业司瞿国春副司长、工信部财务司综合处徐少红处长、工信部财务司边春鹏同志、工信部工业文化发展中心孙星副主任、湖北省经信委王祺扬主任、湖北省经信委产业政策处尹传铭处长、湖北省经信委机械汽车产业处郑岳嘉处长。华中师范大学蔡红生副校长，社科处刘中兴副处长，历史文化学院吴琦院长、寇富安书记、付海晏副院长，中国工业文化研究中心师生，杭州恒苍飞帆高培源先生等参加了座谈。

蔡红生副校长在欢迎致辞中表示，华中师范大学具有研究工业文化的深厚学术底蕴，在国内高校工业文化研究与教学上开风气之先，学校将继续支持中国工业文化研究中心的发展。湖北省经信委王祺扬主任发表讲话，指出一流的企业、一流的产业做文化，省经信委将大力支持工业文化事业发展，加强与研究中心的合作，湖北作为工业大省，争取能够有更多精深的研究成果面世，通过做有实效、有传承、有催生的事情，来促进制造强省的建设。

中心严鹏副主任进行了工作汇报。2018 年，中心在工业文化基础理论研究方面，将推出系列学术论文，强化对于质量品牌的研究，做好培育世界级先进制造业集群的研究项目，挖掘湖北工业文化资源以服务地方。中心将紧紧围绕纪念改革开放四十年这一大事，以《工业文化研究》集刊为平台组织工业史研究专题稿件。中心将依托大连光洋高档数控机床产业园先进制造业人机互动青少年体验项目，构建工业文化旅游理论，探索以工业文化架构工业旅游的创新形式；中心还将继续依托福州二中等试点，协助社会专业机构打造青少年工业文化教育综合体，将工业文化进校园落到实处。

汇报结束后，王新哲总经济师做了总结发言，指出习近平总书记在不同场合深刻阐述过文化自信，工业文化在文化自信中起什么作用，值得学者和工业界深入思考。苗圩部长高度重视工业文化，在 2017 年和 2018 年的工作报告中都提到了工业文化问题。就目前来说，工业文化的研究，特别是向社会各层级的普及，是一个重大课题。要将工业文化研究与社会主义核心价值观的践行结合起来，高校要思考怎么培养人，培养什么样的人。王新哲总经济师表示，对于华中师范大学建设工业文化研究中心，有关方面将全力支持，共同将工业文化作为一个事业来发展。

图3　工信部总经济师王新哲在中心座谈

座谈结束后，中心成员均表示，在各级领导的关怀与支持下，中心将以更大的干劲，更加努力地研究与传播工业文化，拿出更多实实在在的成果来服务社会。

六　中心协办“中国传统手工业在近现代的转变与发展”学术研讨会

2018年7月6~7日，“中国传统手工业在近现代的转变与发展”学术研讨会在宜昌顺利召开。本次会议由中国工业经济联合会、中国社会科学院当代中国研究所、华中师范大学中国工业文化研究中心、《中国工业史·综合卷》编委会共同主办，三峡大学马克思主义学院、三峡大学宜昌地方志研究所承办。来自中国工业经济联合会、中国社会科学院经济研究所、中国社会科学院工业经济研究所、清华大学、华中师范大学、中央财经大学、中国纺织工业协会、无锡市档案局、三峡大学、科学出版社和中国工业报社等十几家国内单位的30多位专家、学者参加了会议。

华中师范大学副校长、中国工业文化研究中心主任彭南生教授做了《半工业化：中国近代手工业发展转型的一种描述》的主题发言。中国工业文化研究中心副主任严鹏做了《福州市二轻工业的发展与衰落（1949~

2004)》的论文报告，中心研究员邵彦涛做了《手工业与机器工业的交织：近代兰州毛纺织业的发展》的论文报告。会议进行了热烈的讨论，取得了预期的效果。

图 4　“中国传统手工业在近现代的转变与发展”学术研讨会现场

中国传统手工业有着悠久的历史，在漫长的岁月里形成了优良的文化传统，至今仍滋养着工艺美术等行业，中心将依托彭南生教授主持的重大攻关项目，继续深化对手工业历史与轻工业经济的研究，服务工艺美术等行业的发展。

七　“十三五”国家重点出版项目《简明中国工业史（1815～2015）》出版

2018 年，“十三五”国家重点出版物出版规划项目《简明中国工业史（1815～2015）》由电子工业出版社出版。该书由中心副主任严鹏撰写，系中心近期的重要成果。

工业文化是工业发展的精神内核，对工业化起着软性而持久的影响。工业文化不是无本之木、无源之水，而是在历史演化过程中逐渐形成的，各国工业文化在具有共性规律的同时，具有由国情塑造的特点。因此，历史是人们学习与传承工业文化的最好的老师之一。从工业文化遗产的角度说，工业史本身也属于非物质工业遗产的重要内容，是评定工业遗产价值的主要标准与依据，也是工业遗产发挥其教育功能的载体之一。一部简明清晰的工业史著作，有利于认识工业文化的发展历程，加深对于工业文化的理解，从而在传承优良工业文化的基础上实现工业文化的创新。

《简明中国工业史（1815～2015）》以30万字的篇幅，梳理了中国工业从传统到现代、从丧失世界制造业份额第一到重登世界工厂王座的壮阔历程，是一本具有教科书功能的适合各类读者了解中国工业史的专著。作者严鹏长期在华中师范大学从事工业史的研究与教学工作，曾出版关于中国机械工业、纺织工业历史的学术专著，并面向本科生开设“中国近现代工业史”专业课，《简明中国工业史（1815～2015）》是研究与教学的产物。该书一方面在有限的篇幅里力求学术性，精心挑选史料作为案例，规范引注文献；另一方面又努力照顾非专业读者的阅读体验，行文流畅，叙事简洁，使非专业读者在进一步深入了解中国工业史前能够对中国工业的发展脉络有一个最基本的清楚认识。作为一本专著，《简明中国工业史（1815～2015）》不同于一般的教科书，渗透有作者的个性，但全书力求平实，对争议性问题尽可能平衡各种观点，述而不论，能够起到入门教科书的作用。

《简明中国工业史（1815～2015）》是“工业文化与工匠精神的传承”系列丛书中的一种，该丛书的另外两本专著亦由中心研究人员承担撰写，预计将于2020年出版。

八　中心成员参加工业文化共建机构探讨会

2018年11月30日，由工业和信息化部工业文化发展中心主办、长春理工大学承办的工业文化共建机构研讨会在吉林省长春市召开。来自华中师范大学、长春理工大学、西北工业大学等高校的共建机构代表，以及南京航空航天大学、北京科技大学、吉林大学、东北师范大学等高校的专家、教师和学生代表参加了此次研讨，共同探讨工业文化机构共建的机制和未来推进工业文化发展的思路与重点工作。

工信部工业文化发展中心孙星副主任出席会议并做主旨发言，诠释了工业文化建设对推动制造强国建设、提高中国工业发展质量水平的重要意义和作用，介绍了近年来中心在理论研究、推动产业发展、举办特色活动等方面开展的重点工作，解读了《工业文化》一书中提出的“工业美学”“工业伦理”“产品的文化定价权”“工业文化外溢”等理论，并就工业文化机构共建和工作开展提出了指导意见。

严鹏、董文强、聂洪光分别代表共建机构做了主题发言，介绍了机构的基本情况、成立以来开展的主要工作、取得的阶段性进展及下一步工作打算。参会代表就提高工业文化机构共建的水平和层次、加快工业文化发展的思路和路径、未来工业文化建设的方向和重点工作等问题进行了热烈研讨，共同策划了一批工业文化建设和宣传推广项目。

中心副主任严鹏在发言中介绍了该中心 2018 年的主要工作及取得的成绩，并介绍该中心 2019 年的工作规划包括：（1）策划并出版“工业文化通识丛书”，该丛书之第一种专著《工业革命：历史、理论与诠释》已完稿并交付出版社；（2）策划并出版以介绍各地工业文化为主要内容的“中国工业文化概论丛书”，2019 年预计可推出湖北卷与福建卷；（3）继续从事工业经济演化、工匠精神、产业政策、工业文学、工业遗产等领域的理论研究，并参与青少年工业文化教育与工业研学旅游的实践工作。此外，中心将继续编辑《工业文化研究》专刊、承担企业史研究项目、开设工业文化与工业旅游课程等常规工作。

11 月 29 日，工业文化发展中心在长春召开了工业文化理论研究课题成果的验收会，对华中师范大学、北京科技大学、长春理工大学等高校承担课题的成果进行了验收。

九　《工业文化研究》第 2 辑出版

2018 年底，中心刊物《工业文化研究》第 2 辑由社会科学文献出版社正式出版。刊物由中心主任彭南生、副主任严鹏共同主编，工信部总经济师王新哲为刊物写了《大力弘扬和加快培育新时代中国工业精神——新中国工业档案文献巡展题记》的代寄语。本辑主题为“纪念改革开放四十年：中国工业的大转型”，共收录18篇文章，内容涉及工业史研究、工业遗产研究、工业旅游研究、工业文化理论研究等，并增设了工业调研专栏，进一步完善了刊物的栏目结构设置，拓展了工业文化研究的范围，增强了刊物的资料性与文献价值。

总的来说，华中师范中国工业文化研究中心在2018年取得了长足的发展，除以上重点工作外，还创办了网站，参与了职业院校工业文化教育的指导工作，开始从事工业文化研学工作，并应邀参加新中国工业档案文献巡展首展开幕式等。回顾总结，可以发现中心工作有以下几个特点：（1）中心常规工作基本步入正轨，基础研究、网络宣传、合作交流等工作均按部就班，但是受人力、资源等制约，中心若干工作还带有初创阶段不完善的色彩。（2）中心在工业文化方面的研究工作已经更为深入，这一点从2018年度中心推出的主要研究著作与此前著作的对比可以很清楚地看出来。（3）中心的工作反映了中国工业文化事业的动向，也受到整个工业文化事业发展的影响。2018年中心工作的一个显著特点，是与全国青少年工业文化教育平台、武汉学知修远等专业机构的紧密合作，介入工业文化研学等领域，将工业文化由理论真正转化为教育实践。可以预见，在全国各类工业文化研究机构不断创建的大环境下，中心未来必将发挥华中师范大学的优势，继续沿着理论研究与教育实践这两个主要方向重点突破。

Contents

Abstract: Industrial tourism is the extension of industrial culture and a tool for the exhibition and dissemination of industrial culture. Different from the general cultural tourism, industrial tourism is a kind of tourism attached to industry, which should serve the development of industry but also be subject to the development of industry. The industrial spirit with the connotation of entrepreneurship and craftsmanship is the cultural core of industrial tourism and the real culture of the industrial tourism. However, the exhibition and dissemination of industrial spirit in industrial tourism must follow the basic laws of tourism, and strive to satisfy the industrial cultural experience of industrial tourists, so as to realize muti-layered values such as economic value, cultural value and social value. Taizhou Jack Sewing Machine Co. , LTD. , which is based on the strength of leading enterprises in the industry, used entrepreneurship and craftsmanship as the core, the intelligent production workshops and industrial Internet as attractions, will spread industrial culture through the development of industrial tourism, and help Taizhou private economy to achieve new glory.

Keywords: industrial tourism; industrial culture; cultural tourism; Jack sewing machine

Development of Japanese Industrial Hands-on Inquiry Based Learning *Liu Yue*

Abstract: Compared with other countries in the world, the industrial-research tourism of Japan has a mature development system because of the earlier development. In Japan, there are abundant industrial enterprises and cultural facilities involved in the industrial-research tourism . From the perspective of the service objects of the industrial-research tourism , it mainly serves for the research education of primary and secondary school students, and includes the other forms. The powerful promotion of the Japanese government, the need of enterprise transformation and the restructuring of social consumption structure are important reasons for the progress of Japan's industrial-research tourism. The systematization and extensiveness of Japan's industrial research and the construction of social industrial cultural atmosphere have enlightening and reference significance for the research of the industrial culture in our country.

Keywords: industrial-research tourism; education; Japan

From Mercantilism to Protectionism: Change of French Economic Nationalism *Zhou Xiaolan*

Abstract: Generally speaking, economic nationalism is a principle advocating state intervention in the economy, which has different manifestations in different times in modern France. Mercantilism, the first manifestation of this theoretical principle, was constructed by the theorists La Fermas and Monchretian, and entered the decision-making level of the government under the promotion of Richelieu. It was implemented under the guidance of Colbert in the 14th Dynasty of Louis. In the age of enlightenment, the principle was challenged by the physiocrats, but it was shown in a new form under the flood of the Great Revolution. Unable to cope with the more competitive British manufactured goods, the Revolutionary government adopted a trade embargo, banning the import of British products. This kind of embargoes changed to a more systematic and strict continental blockade policy during the Napoleonic era, which declared war on Britain economically and ultimately failed. However, economic nationalism did not disappear completely, on the contrary, the successive governments after the fall of the empire adopted protectionist policies in the economic field, especially in trade for various reasons.

Keywords: economic nationalism; mercantilism; embargoes; protectionism; modern France

The Postwar Trade Frictions Between The United States and Japan

Lin Yanying

Abstract: The purpose of this article is to use the framework of the system theory in the 20th century to not only comb the historical evolution of the postwar trade frictions between The United States and Japan, but also discuss its causes. The postwar trade frictions between The United States and Japan can be roughly divided into three periods: the early trade frictions from the late 1950s to early 1970s, the expansion from the early 1970s to early 1980s, and the overall escalation of trade frictions from the early 1980s to the early 1990s. From the perspective of the system theory in the 20th century, the US-Japan trade friction after the early 1970s was caused by the imbalance of the economic and political relations between the US and Japan. Behind the change in economic relations is the decline of the mass production system represented by the United States and the rise of the muti-variety and low-quantity production system represented by Japan after the oil crisis.

Keywords: the postwar trade frictions between The United States and Japan; international order; enterprise system; the system of 21th century; modern capitalism

Study of History and Industrial Heritage of Tsingtao Beer *Qin Mengyao*

Abstract: As the leader of beer industry in China, Tsingtao Beer is a shining card of Qingdao and even China's beer industry. It not only carries profound connotation and historical and cultural deposits. , but also leaves rich industrial heritage for future generations in the process of development. The industrial heritage of Tsingtao Beer contains both material cultural heritage and intangible cultural heritage. The combination of the two fully embodies the modern connotation of Tsingtao Beer industrial heritage and contains various values, including historical value, social value, technical value, economic value, cultural value and aesthetic value. By carrying out the activities of industrial tourism and industrial culture on campus, the contemporary value of the industrial heritage of Tsingtao Beer can be fully explored and the industrial culture of Tsingtao Beer, even the whole beer industry can be continuously enriched and updated.

Keywords: Tsingtao Beer; industrial heritage; industrial tourism; middle school history

Early History and Industrial Heritage of Tomioka Seishijou *Li Ruifeng*

Abstract: In 1853, the United States used gunboats to bully Japan to open its door, and then signed the Treaty of Amity between Japan and the United States, which opened a new page in Japanese history. Since then Japan has been drawn into the world capitalist system. The Meiji Restoration in 1868 was an important turning point for Japan to embark on capitalist modernization. In order to realize the goal of enriching the country and strengthening the army, earn foreign exchange and realize the accumulation of capital, the Meiji government supported and transformed the industries such as raw silk and shipbuilding. Raw silk industry in Japan has an important industrial foundation, and in the era of Meiji Restoration opportunity, it became an important export industry in modern Japan through the government support, technological transformation and other transformation. Its high-quality raw silk earned Japan huge amounts of foreign exchange and laid the foundation for Japan's capitalist industrialization. Tomioka Silk Factory is a state-owned raw silk enterprise operated in Japan in 1872. With the support of the government, Tomioka Silk Factory introduced advanced foreign equipment and established new systems, popularized the technology of silk making in Japan, which made great contributions to the development of Japan's raw silk industry, and left important cultural heritage. Taking the early establishment process of Tomioka Silk Factory as an example, this paper will discuss the progress and development of Japan's industrialization under the Meiji era in detail, and introduce its rich industrial cultural heritage. It was early Tomioka style technological change and the role of model factories that transformed Japanese industry.

Keywords: Japanese capitalism; The Meiji Restoration; Raw silk industry; Tomioka Silk Factory; industrial heritage

Knowledge Production of Reproduction Technology Combined with Satirical Art: Study of Satirical Newspaper in German Democratic Republic

Huang Minghui

Abstract: The cultural industry of early capitalism is an industry combining technology, commerce and propaganda. Even before the film industry began, the public had benefited from the spread of printing and had access to a great deal of graphic images. Religious Icons placed in homes, banners and large posters hung on the walls of buildings, or book-market newspapers in the 17th century in major cities such as Amsterdam and Lyon, France, were the medium through which education and propaganda spread and expanded. This paper first discusses how the technology of mechanical reproduction affects people's visual experience, and then analyzes how the Satirical newspaper of the German Democratic Republic era relied on this technology to convey ideas. The features of mass reproduction and portability open up new ways of creation for art and also bring new visual experience for viewers. In German Democratic Republic under the Soviet Communist Party, people started alternative knowledge production through the satirical newspaper, which is a kind of reflection and disillusionment of the current situation after laughter.

Keywords: mechanical copy; German Democratic Republic; Satirical newspaper; knowledge production

稿 约

一、《工业文化研究》由华中师范大学中国工业文化研究中心主办，华中师范大学中国工业文化研究中心编辑，社会科学文献出版社出版。2017年创刊，每年出版一辑。

二、本刊为工业文化研究专业刊物，登载工业文化研究领域原创性的优秀学术成果，对基础理论研究、历史与案例研究以及政策与应用研究兼容并重。

三、工业文化内容丰富，本刊与华中师范大学中国工业文化研究中心特色相结合，常设专栏为：工业文化理论、工业史研究、工业遗产研究、工业旅游研究、企业家精神研究、工匠精神研究、工业文化教育研究、书评、文献翻译、工业史料等。从2018年起，本刊将于每期发布前一年度之工业文化发展述评。

四、本刊每期将选择一个或两个重点专题组稿，并适当刊载非专题稿件。

五、来稿字数不限。

六、来稿务请遵循学术规范，遵守国家有关著作权、文字、标点符号和数字使用的法律和技术规范。并请作者参照本刊已刊论文之格式调整注释等格式。

七、来稿请附英文题目及300字左右的中英文内容摘要和5个以内关键词。

八、为便于联系，来稿请注明作者姓名、工作单位、职称、通信地址、电话、电子邮箱等信息。

九、稿件寄出后三个月内未收到采用通知者，请自行处理。因编辑部人员有限，恕不回复未采用稿件之电邮。

十、稿件请发送电子版至：gongyewenhua@ sina. com。

图书在版编目（CIP）数据

工业文化研究．第3辑，工业旅游与工业研学：文化内涵和教育意义/彭南生，严鹏主编．--北京：社会科学文献出版社，2020.10

ISBN 978-7-5201-6854-0

Ⅰ．①工… Ⅱ．①彭… ②严… Ⅲ．①工业-文化遗产-研究 Ⅳ．①T-05

中国版本图书馆CIP数据核字（2020）第121338号

工业文化研究 第3辑 工业旅游与工业研学：文化内涵和教育意义

主 编／彭南生 严 鹏

出 版 人／谢寿光
责任编辑／宋荣欣
文稿编辑／徐 花

出 版／社会科学文献出版社·历史学分社（010）59367256
地址：北京市北三环中路甲29号院华龙大厦 邮编：100029
网址：www.ssap.com.cn

发 行／市场营销中心（010）59367081 59367083

印 装／三河市尚艺印装有限公司

规 格／开 本：787mm×1092mm 1/16
印 张：17.5 字 数：275千字

版 次／2020年10月第1版 2020年10月第1次印刷

书 号／ISBN 978-7-5201-6854-0

定 价／89.00元